普通高等教育"十一五"国家级规划教材

数字图像处理与分析

第4版

主　编　张　弘
副主编　袁　丁　杨一帆
参　编　曹晓光　谢凤英　李嘉锋

U0280957

机械工业出版社

本书是普通高等教育"十一五"国家级规划教材，面向数字图像处理技术及应用，结合作者及其所在实验室多年来从事数字图像处理的教学心得、科研成果，从基本概念和理论出发，系统地讲解了图像处理的基本技术和典型方法，包括图像变换、图像增强、图像复原、图像分割、图像描述与分析、数字图像的压缩编码等，并介绍了许多国际上最新的研究成果，如基于深度学习提取图像特征的网络架构。同时，本书注重理论联系实际，列举了大量工程应用实例。此外，为了方便教师安排实验和实践环节，使学生能够通过编程练习更好地学习和掌握数字图像处理的基本理论、方法、实用技术，本书还配套了详细的实验方案。

本书可作为通信工程、电子信息工程、计算机应用、信号与信息处理、生物医学工程、自动控制、遥感、农业、气象等学科的大学本科和研究生专业基础课教材，也可供上述学科及遥感和军事侦察等领域的科技工作者参考。

本书配有免费的电子课件和作者编制的基于 MATLAB、Python 和 VC++ 实现的数字图像处理软件，分别对应于本书的各章节。作者编制的图像处理软件既可作为教学演示和实验工具，也可应用于实际的图像处理工作。欢迎选用本书的教师登录 www.cmpedu.com 注册下载。

图书在版编目（CIP）数据

数字图像处理与分析/张弘主编. —4 版. —北京：机械工业出版社，2024.2（2025.2 重印）

普通高等教育"十一五"国家级规划教材

ISBN 978-7-111-75321-6

Ⅰ.①数…　Ⅱ.①张…　Ⅲ.①数字图像处理–高等学校–教材　Ⅳ.①TN911.73

中国国家版本馆 CIP 数据核字（2024）第 052367 号

机械工业出版社（北京市百万庄大街 22 号　邮政编码 100037）
策划编辑：王玉鑫　　　　　　责任编辑：王玉鑫
责任校对：杨　霞　张　征　　封面设计：王　旭
责任印制：常天培
北京机工印刷厂有限公司印刷
2025 年 2 月第 4 版第 2 次印刷
184mm×260mm · 16 印张 · 406 千字
标准书号：ISBN 978-7-111-75321-6
定价：49.80 元

电话服务　　　　　　　网络服务
客服电话：010-88361066　机　工　官　网：www.cmpbook.com
　　　　　010-88379833　机　工　官　博：weibo.com/cmp1952
　　　　　010-68326294　金　书　网：www.golden-book.com
封底无防伪标均为盗版　机工教育服务网：www.cmpedu.com

前　言

在当今数字化时代，数字图像处理技术已成为电子信息、多媒体、人工智能等领域的研究热点，也是当前世界上发展最快的领域之一。各类图像处理技术已广泛应用于航天遥感、工业生产、智能交通、生物医学、物联网等众多领域，对人类生活和社会发展起着越来越重要的作用。

本书是为高等院校编写的本科生、研究生课程教材。它系统地介绍了图像处理及分析相关的基本理论、技术和典型方法，在编写过程中注重理论联系实际。同时，本书也介绍了许多国际上最新的研究成果，如基于深度学习的特征提取方法等，使读者能够更好地学习和掌握数字图像处理的基本理论、方法、实用技术以及一些典型应用。本书共分为9章，内容包括数字图像基本知识和概念，图像变换、增强、复原、分割、分析和图像压缩编码以及一些图像处理的应用实例。同时考虑到实际编程操作是学习该技术的重要环节，书中还配备了详细的实验方案。

本书作者均长期从事数字图像处理、分析与理解等方向的科学研究工作，并具有多年数字图像处理及相关课程的教学经验。书中的图像处理示例多源于作者的科研实践，通过精心组织，有利于教师讲授和学生学习。

本书由北京航空航天大学宇航学院张弘、袁丁、曹晓光、谢凤英，北京航空航天大学人工智能学院杨一帆，北京工业大学信息学院李嘉锋共同编写。其中，第4、8章由张弘编写，第3、6章（6.2.3节、6.4节、6.5.1节除外）由袁丁编写，第5章的5.5节、第7章的7.5节和附录由杨一帆编写，第1、2、7章（7.5节除外）由曹晓光编写，第5章（5.5节除外）和第6章的6.2.3节、6.4节、6.5.1节由谢凤英编写，第9章由张弘、李嘉锋编写，全书由张弘、袁丁、杨一帆统稿。本书由北京理工大学信息工程学院赵保军教授、北京航空航天大学图像处理中心姜志国教授主审，他们在百忙之中为本书提出许多宝贵意见，在此表示感谢。北京航空航天大学图像中心周付根教授、中国石油大学（北京）机电学院姜珊老师、北方工业大学信息学院贾瑞明老师和中国传媒大学李朝辉老师在本书的编写过程中给予了无私的帮助与支持。感谢北京航空航天大学的程飞洋博士、陈浩博士、何甜博士在本书的编写过程中给予的大力支持。同时，在编写本书的过程中参考了国内外出版的大量书籍和论文，在此对相关作者深表感谢。

由于作者水平有限，书中难免有一些不当之处，敬请读者批评指正。

作　者

目　　录

第1章 绪论

1.1 数字图像

广义地讲，凡是记录在纸介质上的，拍摄在底片和照片上的，显示在电视、投影仪和计算机屏幕上的所有具有视觉效果的画面都可以称为图像。根据图像记录方式的不同，图像可分为两大类：一类是模拟图像（Analog Image），一类是数字图像（Digital Image）。模拟图像是通过某种物理量（光、电等）的强弱变化来记录图像上各点的亮度信息的，如模拟电视图像；而数字图像则完全是用数字（即计算机存储的数据）来记录图像各点的亮度信息的。

所谓数字图像处理（Digital Image Processing），就是指用数字计算机及其他相关的数字技术，对数字图像施加某种或某些运算和处理，从而达到某种预期的处理目的。例如，经过某些处理可以改善某个数字图像的亮度和对比度，这在数字图像处理中被称为图像对比度拉伸。

1.1.1 数字图像的基本概念

当光辐射能量照在客观存在的物体上，经其反射或透射得到反射光能量或透射光能量，或由发光物体本身发出的光能量，人类用眼睛感受这些外界的光能量，经过视神经、传导神经后在大脑中重现的景物的视觉信息，是最原始的图像。同理，由人类设计制造的成像装置感受外界的光能量形成的结果也是图像，例如相机拍摄的底片和照片、电影摄影机拍摄的电影片段、电视摄像机拍摄的电视节目片段等都属于图像的范畴。自然图像是连续的，或者说，在采用数字化表示和数字计算机存储处理之前，图像是连续的，这时的图像称为模拟图像或连续图像。

什么是数字图像？数字图像是由模拟图像数字化或离散化得到的，组成数字图像的基本单位是像素（Pixel），也就是说，数字图像是像素的集合。例如，常见的二维静止黑白图像是以像素为元素的矩阵，每个像素上的值代表图像在该位置的亮度，称为图像的灰度值。数字图像像素具有整数坐标和整数灰度值。

由模拟图像得到数字图像的过程，是将空间上和亮度上连续的模拟图像进行离散化处理，也就是数字化（Digitizing）。数字化得到的数字图像，是由行和列双向排列的像素组成的，像素的值就是灰度值（Gray-level），彩色图像的像素值是三基色颜色值。下面介绍与数字图像相关的重要概念和术语。

1. 景物

通常把人眼所看到的客观存在的世界称为景物（Scene），或者把相机所拍摄的客观世界称为景物。

2. 图像

图像（Image）就是视觉景物的某种形式的表示和记录。

3. 数字图像

数字图像是由模拟图像数字化得到的、以像素为基本元素的、可以用数字计算机或数字电路存储和处理的图像。

4. 像素

像素(或像元)是数字图像的基本元素，像素是在模拟图像数字化时对连续空间进行离散化得到的。每个像素具有整数行(高)和列(宽)位置坐标，同时每个像素都具有整数灰度值或颜色值。

5. 灰度

灰度表示像素所在位置的亮度，灰度值是在模拟图像数字化时对亮度进行离散化得到的。彩色图像一般采用红、绿、蓝三基色的颜色值。

6. 数字化

将一幅图像从其原来的模拟形式转换成数字形式的处理过程，称作数字化，如图1-1所示。在数字信号学中，数字化也称为A/D转换(数字图像是分布在二维空间坐标上的数字信号)。

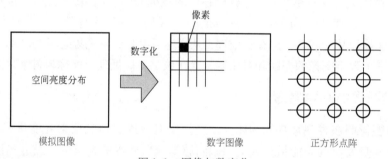

图 1-1　图像与数字化

7. 空间分辨率

数字图像的空间分辨率是数字图像的重要参数之一，又分为绝对分辨率和相对分辨率。绝对分辨率描述的是每个像素所对应的实际物理尺寸的大小；相对分辨率描述的是图像数字化过程中对空间坐标离散化处理的精度，也就是相对同样的景物采用不同大小的点阵去采样。空间分辨率越高，数字图像所表达的景物细节越丰富，但图像的数字化、存储、传输和处理的代价也越大。工程上，为每种应用选择适当和折中的图像空间分辨率是一个重要的和敏感的问题。

1.1.2　数字图像的基本特点

随着数字技术和数字计算机技术的飞速发展，数字图像处理技术在20多年的时间里，迅速发展成为一门独立的有强大生命力的学科，其应用领域十分广泛。

1. 图像是人类信息获取的重要手段

图像与人类视觉系统紧密相关，在人类各种感官系统中，视觉是获取外界信息最主要和最重要的一种方式，因此，图像是最重要的数据和信息之一。

2. 数字图像的分辨率逐步提高

数字图像具有行和列二维坐标，数字图像的像素个数是其行数和列数的乘积。现代数字图像的数据量巨大，图像既需要占用海量存储空间和数据通信信道，又需要花费大量的计算机处理时间。高清晰度、高分辨率、高保真度成为数字图像的发展目标和方向。

3. 数字图像可以充分利用现代化的数字通信和信息传输技术

早在20世纪20年代，人们利用巴特兰(Bartlane)电缆图片传输系统，穿过大西洋传送了第一幅数字图像，使图像传输的时间从一个多星期减少到三小时，使人们感受到数字图像传输的巨大优越性。由于采用现代化的数字通信技术，如全球的无线网、有线网和因特网，现代数字图像实现了广域的、快速的数据传输和共享，并且，数字图像的传输和共享将进一步朝全球化、高速化和实时化方向发展。

4. 数字图像可以长期保存和永不失真

数字图像的存储形式是计算机文件，采用磁盘、磁带和光盘等可以完全复制的介质进行存放，因此比模拟图像更易于保存和调阅，不会因保存时间过长而发生图像信息失真或丢失现象。

1.2 数字图像处理

1.2.1 数字图像处理的基本特点

在计算机处理出现以前，图像处理都是采用光学照相处理和光学透镜滤波处理等模拟方法来进行的。所谓数字图像处理，就是指用数字计算机及其他相关的数字技术，对数字图像施加某种或某些运算和处理，从而达到某种预期的处理目的。随着计算机技术和图像处理技术的发展，用计算机或数字电路进行数字图像处理已经越来越显示出它的优越性。

数字图像处理无论在灵活性，还是在精度和再现性方面都有着模拟图像处理无法比拟的优点。在模拟处理中，要提高一个数量级的精度，必须对模拟处理装置进行大幅度改进。而数字处理能利用程序自由地进行各种处理，并且能达到较高的精度。另外，由于半导体技术的不断进步，以普遍使用的微处理器为基础的图像处理专用高速处理器，以及以集成电路存储器为基础的图像存储和显示设备的成功开发，都进一步加快了数字图像处理技术的发展和实用化。

数字图像处理具有的最大特点是，由于图像信息量大导致处理工作量巨大、处理时间长，并占用大量存储空间。以 1000 万像素数字照相机图像为例，一幅彩色图像取 3648 列（宽）和 2736 行（高），像素数为 3648 × 2736，其颜色值为红绿蓝（RGB）三基色，用 24bit 的二进制来表示，那么该图像的信息量即为：3648 × 2736 × 24bit = 239542272bit = 29241KB = 28.556MB。处理这样大信息量的图像，必然导致计算机内存和外存的大量占用，以及处理运算量增大和处理时间延长。所以现代数字图像处理对计算机的配置和规格提出了较高要求，只有大容量和高速计算机才能胜任。而计算机本身又在飞速发展，更新换代极快，反过来刺激和推动了数字图像处理技术的发展和应用。

1.2.2 数字图像处理的主要研究内容

数字图像处理的主要研究内容和用途包括如下几个方面：

（1）图像增强 图像增强的目的是增强图像中的有用信息，削弱干扰和噪声，以便于观察、识别和进一步分析处理，增强后的图像未必与原图一致。如图 1-2 所示，将图 a 进行灰度拉伸，可以提高图像的对比度，使图像中的细节和层次更加清晰，图 b 为灰度拉伸处理结果。

（2）图像几何处理 对图像进行几何处理，使其几何坐标、几何位置和几何形状发生改变。几何处理用来实现图像的几何变形，产生各种变形效果；也可以用来实现几何校正，纠正图像因各种原因产生的畸变。

（3）图像复原 由于成像时相机相对运动、聚焦和噪声等原因，数字图像可能被模糊化，图像复原是将退化和模糊的图像尽量恢复原样，复原图像要尽可能地与原图保持一致。

a) 原始图像   b) 灰度拉伸处理图像

图 1-2　图像增强

如图 1-3 所示，图 a 为一幅由于摄像机与被摄物体之间存在相对运动而造成模糊的图像，经过消除运动造成的模糊后，图像得到了恢复，如图 b 所示。

a) 原始图像   b) 复原处理结果图像

图 1-3　图像复原

（4）图像编码压缩　在满足图像质量基本不损失的前提下，对图像进行编码，从而有效地压缩数字图像的数据量，以便于存储和传输。例如，JPEG 图像文件格式是国际静止图像压缩专家组织提出的图像压缩存储文件格式，JPEG 压缩标准将常规图像数据压缩到大约 1/10，而视觉上基本感觉不到图像质量的损失，因此，JPEG 成为数码照片存储和互联网图像传输的主要图像压缩文件形式。

（5）图像分割　对图像进行分析和理解的第一步，通常是从图像中提取对象或对象组成部分的图像特征，例如提取对象组成部分的边界，或划分对象各组成部分的所在区域，这种处理称为图像分割。图像分割的目的是对图像中的不同对象和对象的不同部分进行分割和划分，以便于对对象进行后续的分类、识别和解释。

（6）图像数字化与重建　研究如何把一幅连续的模拟图像离散化为数字图像，以及如何从数字图像重建原始图像，或从多角度拍摄的二维数字图像重建三维图像。

以上数字图像处理的目的和用途是多种多样的，但所有这些处理在实现时的具体软硬件算法大体可以分为以下 5 种：

（1）点处理　处理图像时，每个输出图像像素灰度值仅由其在输入图像中对应的那个像素的灰度值计算而得，且每个输出像素所用的计算公式相同，这种图像处理称为点处理，对应的处理算法称为点处理算法。点处理算法主要是指图像灰度变换等增强处理。

（2）几何处理　图像几何处理是使图像几何坐标、几何位置或几何形状发生改变的处理。进行几何处理的操作称为几何变换，相应的算法称为几何变换算法。

（3）局域处理　处理图像时，每个输出图像像素灰度值由其在输入图像中对应像素及邻近像素（称之为邻域）的灰度值按不同的系数或权重综合计算而得，且每个输出像素计算公式相同，这种图像处理称为局域处理，对应的处理算法称为局域处理算法。

（4）帧间处理　如果对多帧图像进行代数运算生成某一输出图像，即每个输出图像像素灰度值由多帧输入图像中对应像素的灰度值经过加减乘除等代数运算而得，且每个输出像素所用的计算公式相同，这种图像处理称为帧间代数处理，简称帧间处理或代数处理，对应的处理算法称为帧间处理算法。帧间处理常用来对运动序列图像进行噪声抑制或运动检测等操作。

（5）全局处理　对于局域处理来说，如果将邻域扩大到整个图像，就是全局处理。换言之，处理图像时，每个输出图像像素灰度值由其在输入图像中所有像素的灰度值综合计算而得，这种图像处理称为全局处理，对应的处理算法称为全局处理算法。全局处理算法主要是指图像正交变换的各种算法。

1.3 相关学科和领域

1.3.1 数字信号处理学

数字信号处理学（Digital Signal Processing）是指用数字电路和数字计算机对信号进行数字化、滤波等处理，最典型的信号如电压、电流等是随时间变化的一维物理量。数字信号处理学的研究内容包括数字化原理和采样定理、数字滤波器、数字正交变换、数字信号编码压缩与传输等内容，其中最重要的概念包括傅里叶变换、频率、频谱、滤波器等。

数字图像是二维的数字信号，是随空间坐标变化的灰度值或颜色值，图像处理是指用数字电路和数字计算机对图像进行处理。因此，数字图像处理学也包括数字化和采样定理、图像滤波器、图像正交变换、图像编码压缩与传输等内容。

由此可见，数字信号处理与数字图像处理是紧密相关的学科，数字图像处理是数字信号处理理论的二维扩展，数字信号处理理论的进展会导致数字图像处理的新理论和方法，而数字图像处理的进展和应用又反过来会对数字信号处理提出更高的理论研究需求。

1.3.2 计算机图形学

计算机图形学（Computer Graphics）是指用计算机来实现图形的生成、表示、处理和显示，计算机图形学的研究内容包括物体或模型的数学模型、图形生成、几何透视变换、消隐（消去隐藏面）、覆盖表面纹理、光照模型和光线跟踪等。

计算机图形学通常是由数学公式经过计算，最终生成物体或模型的二维或三维仿真图形（逼真的图形可与实际图像媲美）；而数字图像处理则通常是由数字图像数据进行处理，最终识别出图像中的景物，甚至得到景物的统计参数和数学模型。因此，图形学和图像学是互逆的处理过程，二者是有本质区别的。

早期的图形通常是指由点、线、面等元素来表达的三维物体，现代计算机图形学则可以生成完全逼真的图像，再加上计算机图形学的设备也采用几乎与图像学相同的图像输入、输出和显示设备，导致人们把图形和图像的称谓混淆。也就是说，图的共性和图形的共性，容易引起图形和图像这两个概念的混淆，这是需要注意的，也是可以理解的。

1.3.3 计算机视觉

计算机视觉(Computer Vision)是研究计算机感受和理解自然景物的理论和技术，也可以是研究机器人感受和理解自然景物的理论和技术，所以也称为机器视觉(Machine Vision)。计算机视觉的研究和设计目的是仿照人类或动物的视觉系统，开发出能够感觉和理解自然景物的计算机和机器人视觉系统。

视觉是人类观察世界、认知世界的重要功能和手段。人类从外界获得的信息约有75%来自视觉系统，这既说明视觉信息量巨大，也表明人类对视觉信息有较高的利用率。人类视觉过程可看作是一个从感觉(感受图像——三维世界的二维平面投影)到认知(分析图像——由二维图像推断和理解三维世界的内容及相互关系)的复杂过程。视觉的目的是要对场景做出对观察者有意义的解释和描述，并可以根据周围环境的不同和观察者的意愿进行相应的反应和动作。

计算机视觉是指用计算机实现人的视觉功能，对客观世界的三维场景进行感知、识别和理解。因此，计算机视觉也研究数字图像和数字图像处理，但其研究重点在于视觉的立体成像的原理、图像处理方法及实现，或视觉动图像的成像原理、处理方法及实现。因此，计算机视觉与数字图像处理是紧密相关的学科领域，二者相互促进、相互依赖和相互补充。

1.4 数字图像处理的主要应用与发展趋势

视觉是人类观察世界、认知世界的重要功能和手段。图像无处不在，数字图像是由视觉图像、传感器图像数字化得到的，数字图像同样是人类或机器从外界获得信息的重要来源，其重要性和广泛应用是必然的。

数字图像处理，则是用数字电路或数字计算机对数字图像进行运算、处理或识别。现代社会中，数字图像和数字图像处理在各类专业研究、科技应用以及人们日常生活中，发挥出越来越大的作用，其应用前景十分广阔。

1.4.1 数字图像处理的主要应用

图像是人类感官系统的重要信息来源。随着数字电路技术、计算机技术、传感器技术的飞速发展，利用数字电路和计算机实现的数字图像处理，近几十年来不仅从理论上而且从技术上得到了全面的发展，数字图像处理已经迅速成为一门独立而具有强大生命力的学科。

1. 遥感图像应用

遥感分为航空遥感和航天遥感，航空遥感和航天遥感的主要目的是成像以及遥感图像的处理和应用。遥感技术的传感器包括了对可见光、红外、微波等不同波段的射线的成像，由于采用了不同的遥感平台、不同的波段、不同的时间对地面进行远距离观测，可以获得各种分辨率的地面遥感图像，其数据极其庞大，习惯上称为海量数据。

1972年美国开始陆续发射地球资源卫星(Landsat)，其空间分辨率为80m左右，目前的空间分辨率已达到15m。其他的美国民用遥感卫星，包括1m分辨率的商业卫星IKONOS及0.6m分辨率全色图像和2.4m分辨率多光谱图像的商业卫星QuickBird。法国则从1986年开始陆续发射SPOT卫星，目前可提供10m分辨率的全色图像和20m分辨率的多光谱图像。我国从1985年以来陆续研制发射了国土资源普查卫星，卫星图像数据因此得到了广泛的应用。

遥感图像可以广泛地应用在资源调查(地质构造、探矿等)、灾害监测(森林火灾、水灾等)、农林规划(农作物估产、防护林建设等)、城市规划(道路建设、桥梁建设等)、环境保护(石油或有毒物质泄漏等)、军事侦察(目标定位、核设施检测、军队部署等)等各个领域。

遥感图像的数字化处理包括许多工作,最典型的处理包括:遥感图像的几何校正与几何配准、遥感图像的辐射校正、多光谱和多传感器遥感图像的数据融合、遥感图像的地物分类和目标识别及快速算法等。其中,对遥感图像的地物分类和目标识别称为图像判读,早期的图像判读和分析工作多采用大量专业判读人员来完成,由于人的视觉系统对图像的判读存在不同程度的主观因素影响,视觉疲劳和视觉局限还经常导致漏判和错判,所以自动判读成为主要趋势。现在,拥有高档计算机的数字图像处理系统可以实现自动分类和识别,以协助判读人员完成图像判读分析,这样既节省人力,又提高速度,说明了数字图像处理技术在遥感图像应用中的重要地位。图 1-4 所示为某城市遥感图像。

图 1-4 某城市遥感图像示例

2. 医学图像应用

医院里与图像相关的科室很多,如放射影像科、超声科、胃肠镜科、气管镜科、病理科等,其中所用的医学成像设备包括 X 射线、CR/DR、CT、MR(核磁共振)、剪影机、造影机、黑白/彩色 B 超、电子显微镜、胃肠镜、气管镜等。此外,PACS(图像存档与传输网络系统)更是将病人的检查图像传送到每个大夫的计算机中。所以,数字图像与数字图像处理技术,在基础医学和临床应用中都具有广泛的应用潜力,并已经开始发挥重要作用。

例如,在对生物医学显微图像的处理分析方面(血检、尿检等),红白细胞、细菌、杂质等的分析原来都是采用显微镜目视判读,所以检验结果基本都是定性的。采用数字图像处理和分析系统以后,由计算机处理和识别软件代替人眼,不仅大大减少了目视判读工作量,检验结果也实现了定量化,精度大幅提高。

CT(Computed Tomography)的中文含义是断层摄影计算成像,其核心是对人体断层进行多角度 X 射线成像,然后利用这些多角度数据计算人体断层上每个点的密度值,最终得到断层图像。CT 技术是数字图像处理的分支——图像重建理论和方法的重要应用。

3. 工业和实验图像应用

工业和实验领域中的图像和图像处理的应用很多,例如产品和大型部件的无损探伤、产品质量的自动检测与控制、自动化装配线和生产线、流体力学实验图像处理(喷气发动机尾焰图像分析、流场定量测量图像测速等),以及机器人和机器车的视觉系统等。

4. 办公室自动化图像应用

数字图像与数字图像处理在办公室自动化方面的应用包括邮政编码图像识别、OCR(字符识别系统)、自动判卷系统、各类图样自动识别与录入系统等。这些应用有效地减少了人类的烦琐劳动,提高了生产率。

5. 军事公安图像应用

军事、公安方面的应用的特点是高精尖,数字图像与数字图像处理的算法和设备(尤其军用的)都是最高档的和最先进的,图像分辨率、成像速度等技术指标甚至是保密的。军事应用主要是各种侦察照片的自动识别与判读、目标的自动检测识别与跟踪技术(用于预警、导弹末制导等)。公安应用则包括指纹识别、面孔识别、视网膜识别、印章鉴定、笔迹鉴定、枪弹纹理鉴定等。其他的应用如交通监控、机动车号牌自动识别(用于自动门卫和高速路收费站)、银行和居民小区治安监控,也已经开始采用数字图像和数字图像处理的技术。

6. 文化艺术图像应用

数字图像与数字图像处理在影视制作、文化艺术方面的应用很多,典型的例子包括电视画面的数字编辑、动画片的制作、电影特技镜头制作、平面广告制作、家装方案效果图设计、服装效果图设计、发型效果图设计、文物资料照片复制和修复等。在体育运动领域,数字图像处理与识别可用来进行运动员动作自动分析评价和比赛自动记分等。

7. 图像数据传输应用

图像数据传输的关键之一是压缩数据量。图像的数据量和传输量十分巨大,如当前彩色电视信号的传输速率应达到 100Mbit/s 以上。图像的压缩编码是图像数据传输技术的关键。JPEG 和 MPEG 是常见的国际静止图像压缩标准和国际动态图像压缩标准,已经广泛地应用在图像的存储、刻盘、互联网传输,以及卫星传输、无线传输等场合,而压缩标准的基础就是数字图像处理学的图像编码理论,也是图像处理的重要应用之一。

图 1-5 为各种应用图像示例。

1.4.2 数字图像处理的发展趋势

1. 从低分辨率向高分辨率发展

随着图像传感器分辨率和计算机运算速度的不断提高,图像存储器内存、计算机内存及外部设备存储容量的不断增大,数字图像由低分辨率向高分辨率不断发展,数字图像处理的运算量也越来越大,对处理和显示设备的要求也越来越高。

例如,数字照相机的分辨率由最早的 640×480 像素(30 万像素,20 世纪 90 年代初)发展到现在的 2000 万~3000 万像素,已经完全达到普通 135 胶片相机的出图质量,成为家用相机的首选。

2. 从二维(2D)向三维(3D)发展

三维图像获取及处理技术主要通过全息摄影实现,或通过断层扫描与图像重建实现。随着图像技术和计算机技术的发展,三维图像不再只是科幻电影中的某个镜头,而已经在军事上得到广泛应用,并已逐步进入人们的日常生活。例如现代医院的 CT、MR 等设备都是三维成像与重建设备,高档的超声设备也出现了三维成像与重建功能,这些设备对于人们的身体健康检查和治疗正发挥着日益重要的作用。

3. 从静止图像向动态图像发展

同样随着传感器分辨率和计算机运算速度的提高,计算机内存及外存容量的增大,数字图像由静止图像和静止图像处理为主,发展到静止图像和动态图像并存并相互补充相互促进的局面,例如 VCD、DVD、数字摄像机、数字电视和 MP4 等影视设备,以及数字电影的制作和发行,都是动态图像技术推广应用的最好体现。

4. 从单态图像向多态图像发展

多态图像是指对于同一目标、景物或场景,采用不同的图像传感器或在不同条件下获取图像,然后对这些图像进行综合处理和应用。例如,军事上为了满足目标侦察的需要,可以用可见光、红外、SAR(合成孔径雷达)遥感对同一可疑地点进行扫描成像,并在不同时间段跟踪扫描,形成多态图像。又如,医院为了有效检查某种疑难病症,可以将病灶位置的 CT、

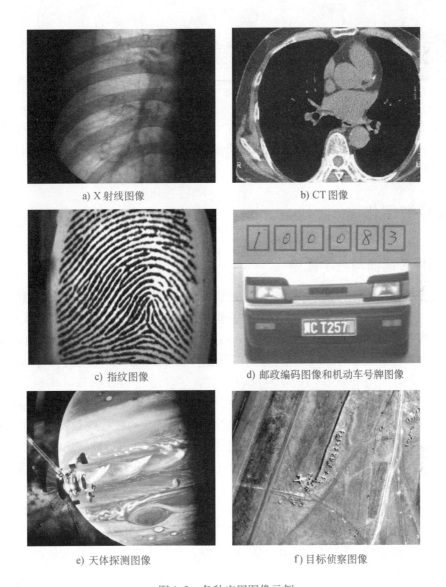

a) X射线图像

b) CT图像

c) 指纹图像

d) 邮政编码图像和机动车号牌图像

e) 天体探测图像

f) 目标侦察图像

图1-5 各种应用图像示例

MR、超声的图像进行综合对比和分析。多态图像对成像设备、计算机软硬件以及操作人员提出了更高的要求。

5. 从图像处理向图像理解发展

图像处理技术发展至今，人们已经不再满足于通过图像分割、图像增强等技术所提供的直观视觉信息，而是希望通过更深层次的图像处理、应用技术去替代人眼的功能，弥补人眼视觉的某些缺陷，通过图像算法对深层信息的利用，达到理解图像、分析图像的目的。

习 题

1-1 结合专业工作和日常生活，谈谈数字图像处理的应用。

1-2 数字图像处理与计算机图形学的关系是怎样的？

第2章　图像处理基础知识

本章简要介绍了数字图像的相关概念和数字图像处理的相关基础知识,是后续各章内容介绍的基础,其主要内容包括:数字成像与图像数字化;图像数据结构和彩色图像原理;图像文件存储格式等。

2.1　图像数字化

2.1.1　图像传感器与数字成像

数字图像是由模拟图像数字化得到的,完成数字化操作的装置就是图像传感器及其计算机接口,习惯上称为数字成像系统。例如,最常见的可见光图像传感器和成像系统有数字照相机、数字摄像机和扫描仪等,这些设备可以分别用于现场景物的数字化成像和纸介质图片的数字化成像,这些设备中核心的图像传感器器件通常采用CCD(电荷偶合器件)阵列或CCD线阵。

图像传感器及成像系统分为主动和被动两种。主动传感器带有主动照射源,照射源将光线或其他射线(如X射线)投射到景物上,经过景物表面的反射吸收或景物内部的吸收衰减,传感器接收景物表面的反射射线能量或透射射线能量,并对其进行数字化成像。被动传感器则利用自然光照明或景物主动发出的辐射(如红外辐射),接收到景物的漫反射射线能量或主动辐射射线能量,并对其进行数字化成像。

民用数字成像系统常见的成像形式包括:可见光成像、X射线成像、CT成像、MR核磁共振成像、超声成像、红外成像、全息成像等。军用数字成像系统常见的成像形式包括:可见光成像、红外成像、SAR(合成孔径雷达)成像、全息成像等。

1. CCD传感器

CCD的中文含义是电荷耦合器件(Charged Coupled Device),CCD传感器可以用来感应可见光的光强。数字照相机中所用的CCD是一个CCD二维阵列,外形和大小与计算机的数字电路芯片相像,CCD阵列就安排在芯片表面。CCD在数字照相机中的位置就设置在传统相机的底片位置,其作用就像传统相机的底片一样,在镜头的焦点位置感应光线的强弱。可以将CCD想象成一颗颗微小的感应粒子,铺满在光学镜头后方,当光线从镜头透过,投射到CCD表面时,每个CCD感应粒子就会产生相应强度的电荷和电流,后续电路将感应到的电信号转换成数字信号并储存起来。通常,CCD阵列的像素数目越多,收集到的图像就会越清晰,图像分辨率就越高。

以二维阵列形式排列的CCD芯片,最高可以封装 4000×4000 或更多CCD单元的固定阵列,目前是CCD的主要应用形式。CCD阵列的一个最典型的应用是数字照相机,俗称DC(Digital Camera),其核心是一个高分辨率的CCD阵列,用于采集静止图像(即数码照片);另一个典型的应用是数字摄像机,俗称DV(Digital Video Camera),其核心是一个高速的CCD阵列,用于采集视频图像(即数码电影)。另外,输出模拟电视信号的视频摄像头也广泛采用 CCD 阵列作为前端的传感器。

扫描仪中使用的 CCD 一般是线阵排列，CCD 线阵每次可以扫一行，而扫描仪的机械传动装置控制 CCD 线阵与被扫描的模拟图像介质之间的相对运动，实现全图的扫描，如图 2-1 所示。

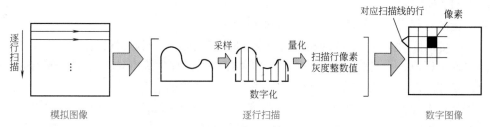

图 2-1　扫描仪的图像数字化过程原理图

2. CMOS 传感器

CMOS 的中文含义是互补性金属氧化物半导体（Complementary Metal-Oxide Semiconductor），CMOS 在微处理器、闪存和特定用途集成电路（ASIC）的半导体技术上占有绝对重要的地位。CMOS 和 CCD 一样都是可用来感受光线变化的半导体，CMOS 主要是利用硅和锗这两种元素做成的半导体，通过 CMOS 上带负电和带正电的晶体管来实现感受光线变化的功能，这两个互补效应晶体管所产生的电流可以被处理芯片记录和解读成图像数据。CMOS 传感器用来感应可见光的光强时，通常也封装成阵列形式，用法与 CCD 阵列基本相同。

CMOS 的结构相对简单，生产工艺与现有的大规模集成电路生产工艺相同，因此生产成本低。从原理上讲，CMOS 的信号是以点为单位的电荷信号，而 CCD 是以行为单位的电流信号，前者更为敏感，速度也更快，更为省电。

目前 CMOS 技术发展还不成熟，普通 CMOS 传感器因其噪声较大而被应用在低端的、廉价的成像设备中，如网络电话摄像头、监控用无线摄像头等。因为早期设计的 CMOS 在处理快速变化的图像时，由于电流变化过于频繁而会产生过热的现象，导致这些廉价低档的 CMOS 传感器容易出现噪点，成像质量比较差。然而，目前高端的 CMOS 已经推出，其成像质量并不比一般 CCD 差，在专业级单片数字照相机领域，CMOS 传感器因其更高的成像质量而被广泛采用。

2.1.2　数字化原理

1. 数学模型

模拟图像的数学模型是一个二元函数 $f(x,y)$，该函数反映了图像上点坐标 (x,y) 与该点上的光线能量值之间的对应关系，注意此时的坐标值和函数值都是连续的，是实数值。

显然，由于 $f(x,y)$ 的函数值是能量的记录，是非负有界的实数，满足式（2-1）。同时，一幅实际图像的尺寸是有限的，一般定义 $f(x,y)$ 在某一矩形域中

$$0 \leqslant f(x,y) \leqslant A \tag{2-1}$$

从广义上说，图像是自然界景物的客观反映。以照片形式或初级记录介质保存的图像是连续的，计算机无法接收和处理这种空间连续分布和亮度取值连续分布的图像。因此若要用计算机来处理图像信息，就需要将一幅模拟图像 $f(x,y)$ 进行数字化，所以，图像数字化就是将连续图像离散化。

模拟图像数字化后得到数字图像。数字图像的数学模型仍然可以用二元函数 $f(x,y)$ 来表示，但是注意此时的坐标值和函数值都是离散的，是整数值。对于灰度图像来说，数字图像 $f(x,y)$ 的函数值表示图像上点坐标 (x,y) 的亮度值，称为灰度值。

2. 采样和量化

数字化的过程主要包括两个方面：采样和量化。

采样就是把位置空间上连续的模拟图像变换成离散点的集合的一种操作，即对图像 $f(x,y)$ 的空间位置坐标 (x,y) 离散化以获取离散点的函数值的过程称为图像的采样，各离散点称为采样点，采样点对应模拟图像数字化得到的数字图像像素的行和列。

量化就是把图像各个采样点上连续的亮度空间变换成离散值或整数值的一种操作，这种对采样点上图像的亮度幅值 f 进行离散化的过程称为图像量化。量化得到的整数值就是像素的灰度值，量化所允许的整数值总阶称为灰度级或灰度级数。

模拟图像的数字化经历采样和量化两个过程，把数字化过程分解为两个过程，更多的是具有理论的意义。事实上，采样和量化这两个过程是紧密相关和不可分割的，而且是同时完成的，在很多成像系统中，可以观察到原始的模拟图像和数字化后的数字图像，却很难分别观察到单独的采样和量化的工作过程。

数字图像的分辨率是图像数字化精度的衡量指标之一。图像的空间分辨率是在图像采样过程中选择和产生的，图像的亮度分辨率是在图像量化过程中选择和产生的。空间分辨率用来衡量数字图像对模拟图像空间坐标数字化的精度，亮度分辨率是指对应同一模拟图像的亮度分布进行量化操作所采用的不同量化级数，也就是说可以用不同的灰度级数来表示同一图像的亮度分布。

3. 采样定理

理论上，图像分辨率的选择由数字信号处理学的采样定理（奈奎斯特定理）来规定。

设对模拟图像 $f(x,y)$ 按等间距网格均匀采样，x、y 方向上的采样间隔分别为 Δx、Δy。定义采样函数，采样后的图像 $f_s(x,y)$ 应等于原模拟图像 $f(x,y)$ 与采样函数（见图 2-2）的乘积

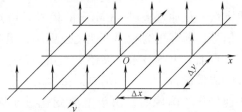

图 2-2 采样函数

$$s(x,y) = \sum_{m=-\infty}^{+\infty} \sum_{n=-\infty}^{+\infty} \delta(x - m\Delta x, y - n\Delta y) \tag{2-2}$$

$$f_s(x,y) = f(x,y)s(x,y) \tag{2-3}$$

设 $f(x,y)$ 的傅里叶变换为 $F(u,v)$，其中 (u,v) 是傅里叶变换域即图像频率域上的坐标。若 u_c 和 v_c 分别是模拟图像 $f(x,y)$ 对应的 $F(u,v)$ 函数的最大空间频率，则只要采样间隔满足条件 $\Delta x \leqslant \dfrac{1}{2u_c}$ 和 $\Delta y \leqslant \dfrac{1}{2v_c}$，此时模拟图像 $f(x,y)$ 的采样结果 $f_s(x,y)$ 可以精确地、无失真地重建原图像 $f(x,y)$。

在图像空间频率最大值确定的情况下，采样定理规定了完全重建该图像的最大采样间隔，也就是说，实际采样时至少应保证采样间隔不大于采样定理规定的采样间隔。反过来说，当实际采样时的采样间隔确定以后，采样定理则规定了图像中具有哪些空间频率的图像信号是可以完全重建的，即采样后的图像将达到何种程度的空间分辨率。

一般来说，采样间隔越小，图像空间分辨率越高，图像的细节质量越好，但需要的成像

设备、传输信道和存储容量的开销也越大。所以，工程上需要根据不同的应用，折中选择合理的图像数字化采样间隔，既保证应用所需要的足够高的分辨率，又保证各种开销不超出可以接受的范围。

2.2　图像数据结构

2.2.1　图像模式

1. 灰度图像

灰度图像是数字图像最基本的形式，灰度图像可以由黑白照片数字化得到，或对彩色图像进行去色处理得到。灰度图像只表达图像的亮度信息而没有颜色信息，因此，灰度图像的每个像素点上只包含一个量化的灰度级（即灰度值），用来表示该点的亮度水平，并且通常用 1 个字节（8 位二进制位）来存储灰度值。典型的灰度图像如图 2-3 所示。

如果灰度值用 1 个字节表示，则可以表示的正整数范围是 0 ~ 255，也就是说，像素灰度值取值在 0 ~ 255 之间，灰度级数为 256 级。注意到人眼对灰度的分辨能力通常在 20 ~ 60 级，因此，灰度值以字节为单位存储既保证了人眼的分辨能力，又符合计算机数据寻址的习惯。在特殊应用中，可能需要采用更高的灰度级数，如 CT 图像的灰度级数高达数千级，需要采用 12 位或 16 位二进制位存储数据，但这类图像通常都采用专用的显示设备和软件来进行显示和处理。

2. 二值图像

二值图像是灰度图像经过二值化处理后的结果，二值图像只有两个灰度级 0 和 1，理论上只需要 1 位二进制位来表示。在文字识别、图样识别等应用中，灰度图像一般要经过二值化处理得到二值图像，二值图像中的黑或白分别用来表示不需要进一步处理的背景和需要进一步处理的前景目标，以便于对目标进行识别。图 2-4 所示为图 2-3 灰度图像经过二值化处理后得到的二值图像。

图 2-3　灰度图像

图 2-4　二值图像

3. 彩色图像

彩色图像的数据不仅包含亮度信息，还包含有颜色信息。颜色的表示方法是多样化的，最常见的是三基色模型，如 RGB（Red/Green/Blue，红/绿/蓝）三基色模型，通过调整 RGB 三基色的比例可以合成很多种颜色。因此，RGB 模型在各种彩色成像设备和彩色显示设备中使用，常规的彩色图像也都是用 RGB 三基色来表示的，每个像素包括红绿蓝三种颜色的数据，每个数据用 1 个字节(8 位二进制位)表示，则每个像素的数据为 3 个字节(即 24 位二进制位)，这就是人们常说的 24 位真彩色。

2.2.2 彩色空间

彩色空间是用来表示像素颜色的数学模型，又被称为彩色模型。

1. RGB 彩色空间

几乎所有的彩色成像设备和彩色显示设备都采用 RGB 三基色，不仅如此，数字图像文件常用的存储形式也以 RGB 三基色为主，由 RGB 三基色为坐标形成的空间称为 RGB 彩色空间。

根据色度学原理，自然界的各种颜色光都可由红、绿、蓝三种颜色的光按不同比例混合而成，同样，自然界的各种颜色光都可分解成不同比例的红、绿、蓝三种颜色光，因此将红、绿、蓝三种颜色称为三基色。

图 2-5 所示是 RGB 三基色合成其他颜色、RGB 彩色空间以及基色间的关系。由图 2-5a 可以看出，青色可以由绿色和蓝色合成，洋红(或品红)可以由红色和蓝色合成，黄色可以由红色和绿色合成，而青色、洋红和黄色恰好是 CMY(Cyan/Magenta/Yellow)三基色。当 RGB 三基色以等比例或等量进行混合时，可以得到黑、灰或白色，而采用不同比例进行混合时，就得到千变万化的颜色。

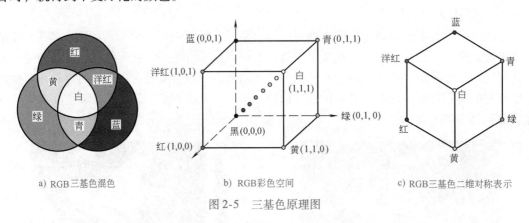

a) RGB三基色混色　　　　b) RGB彩色空间　　　　c) RGB三基色二维对称表示

图 2-5　三基色原理图

在 RGB 彩色空间中，任意彩色光 L 的配色方程为

$$L = r[R] + g[G] + b[B] \tag{2-4}$$

式中，$r[R]$、$g[G]$、$b[B]$ 为彩色光 L 的三基色分量或百分比。

2. CMY 彩色空间

自然界物体按颜色光的形成方式划分为两类：发光物体和不发光物体。发光物体称为有源物体，不发光物体称为无源物体。有源物体是自身发出光波的物体，其颜色由物体发出的光波决定，因此采用 RGB 三基色相加模型和 RGB 彩色空间描述。有源物体的例子有彩色电视、彩色显示器等。

无源物体是不发出光波的物体，其颜色由该物体吸收或反射哪些光波来决定，因此采用 CMY 三基色相减模型和 CMY 彩色空间描述。例如，在彩色印刷和彩色打印时，纸张不能发射光线而只能反射光线，因此，彩色印刷机和彩色打印机只能通过一些能够吸收特定光波和反射其他光波的油墨和颜料以及它们的不同比例的混合来印出千变万化的颜色。

油墨和颜料的三基色是 CMY（Cyan/Magenta/Yellow，青/洋红/黄）而不是 RGB，CMY 三基色的特点是油墨和颜料用得越多，颜色越暗（或越黑），所以将 CMY 称为三减色，而 RGB 被称为三加色。理论上讲，等量的 CMY 可以合成黑色，但实际上纯黑色是很难合成出来的，所以彩色印刷机和彩色打印机要提供专门的黑色油墨，被人们称为四色印刷，四色印刷的彩色模型为 CMYK 模型。

3. HSI 彩色空间

另一种常见的彩色模型是 HSI（Hue/Saturation/Intensity，色调/饱和度/强度）模型，这种采用色调和饱和度来描述颜色的模型，是从人类的色视觉机理出发而提出的。

色调表示颜色，颜色与彩色光的波长有关，将颜色按红橙黄绿青蓝紫的顺序排列定义色调值，并且用角度值（0°～360°）来表示。例如红、黄、绿、青、蓝、洋红的角度值分别为 0°、60°、120°、180°、240° 和 300°。

饱和度表示色的纯度，也就是彩色光中掺杂白光的程度。白光越多饱和度越低，白光越少饱和度越高且颜色越纯。饱和度的取值采用百分数（0%～100%），0% 表示灰色光或白光，100% 表示纯色光。

强度表示人眼感受到彩色光的颜色的强弱程度，它与彩色光的能量大小（或彩色光的亮度）有关，因此有时也用亮度（Brightness）来表示。

通常把色调和饱和度统称为色度，用来表示颜色的类别与深浅程度。人类的视觉系统对亮度的敏感程度远强于对颜色浓淡的敏感程度，与 RGB 彩色空间相比，人类视觉系统的这种特性用 HSI 彩色空间来解释更为适合。HSI 彩色描述对人来说是自然的、直观的，符合人的视觉特性。HSI 模型对开发基于彩色描述的图像处理方法也是一个较为理想的工具，例如在 HSI 彩色空间中，可以通过算法直接对色调、饱和度和亮度独立地进行操作。采用 HSI 彩色空间有时可以减少彩色图像处理的复杂性，提高处理的快速性，同时更接近人对彩色的认识和解释。

HSI 彩色空间是一个圆锥形的空间模型，如图 2-6a 所示。圆锥模型可以将色调、强度以及饱和度的关系变化清楚地表现出来。圆锥形空间的竖直轴表示光强 I，顶部最亮表示白色，底部最暗表示黑色，中间是在最亮和最暗之间过渡的灰度。圆锥形空间中部的水平面圆周是表示色调 H 的角度坐标，如图 2-6b 所示。

在处理彩色图像时，为了处理的方便，经常要把 RGB 三基色表示的图像数据转换成 HSI 数据。RGB 彩色空间转换到 HSI 彩色空间的转换公式为

$$I = \frac{R + G + B}{3} \qquad (2\text{-}5)$$

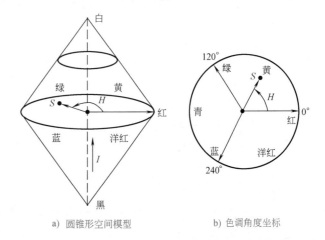

a) 圆锥形空间模型　　b) 色调角度坐标

图 2-6　HSI 彩色空间示意图

$$H = \begin{cases} \theta & B \leqslant G \\ 360° - \theta & B > G \end{cases} \tag{2-6}$$

式中，$\theta = \arccos\left\{\dfrac{\dfrac{1}{2}[(R-G)+(R-B)]}{[(R-G)^2+(R-G)(R-B)]^{1/2}}\right\}$。

$$S = 1 - \left[\frac{\min(R,G,B)}{I}\right] \tag{2-7}$$

2.2.3　图像存储的数据结构

数字图像可以用矩阵来表示，因此可以采用矩阵理论和矩阵算法对数字图像进行分析和处理。最典型的例子是灰度图像，如图 2-7 所示。灰度图像的像素数据就是一个矩阵，矩阵的行对应图像的高（单位为像素），矩阵的列对应图像的宽（单位为像素），矩阵的元素对应图像的像素，矩阵元素的值就是像素的灰度值。注意：按照 C 语言的习惯图像矩阵的左上角坐标取(0,0)。

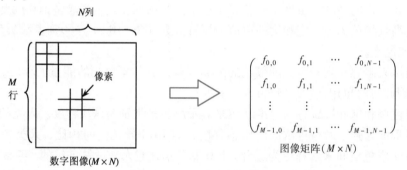

图 2-7　数字图像与图像矩阵

由于数字图像可以表示为矩阵的形式，所以在计算机数字图像处理程序中，通常用二维数组来存放图像数据，如图 2-8 所示。二维数组的行对应图像的高，二维数组的列对应图像的宽，二维数组的元素对应图像的像素，二维数组元素的值就是像素的灰度值。采用二维数组来存储数字图像，符合二维图像的行列特性，同时也便于程序的寻址操作，使得计算机图像编程十分方便。

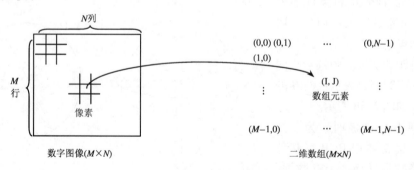

图 2-8　数字图像与二维数组

2.3　图像文件格式

数字图像通常存放在计算机的外存中，如硬盘、光盘等，在需要进行显示和处理时才被调入内存的数组中。数字图像在外存中的存储形式是图像文件，图像必须按照某个已知的、公认的数据存储顺序和结构进行存储，才能使不同的程序对图像文件进行打开或存盘操作，实现数据共享。图像数据在文件中的存储顺序和结构称为图像文件格式。目前广为使用的图像文件格式有许多种，常见的格式包括 BMP、GIF、JPEG、TIFF、PSD、DICOM、MPEG 等。在各种图像文件格式中，一部分是由软硬件厂商提出并被广泛接受和采用的格式，如 BMP、GIF 和 PSD；另一部分是由一些国际标准组织提出的格式，如 JPEG、TIFF、DICOM 和 MPEG。其中 JPEG 是国际静止图像压缩标准组织提出的格式，TIFF 是由部分厂商组织提出的格式，DICOM 是医学图像国际标准组织提出的医学图像专用格式，而 MPEG 是国际动态图像压缩标准组织提出的动态图像压缩格式。

2.3.1　BMP 文件格式

BMP 文件格式是 Windows 操作系统推荐和支持的图像文件格式，是一种将内存或显示器的图像数据不经过压缩而直接按位存储的文件格式，所以称为位图（Bitmap）文件，因其文件扩展名为 bmp，故称为 BMP 文件。BMP 文件的扩展名为 bmp 或 dib，BMP 文件主要分为 DIB 格式和 DDB 格式。DIB 格式是与设备无关的 BMP 文件格式，是最常用的图像文件格式之一，可用来存储未压缩图像；DDB 格式是与设备有关的 BMP 文件格式，用来存储与某个显示设备或打印设备内存兼容的未压缩图像，以便于图像在内存和外存之间进行快速交换。对于图像数据文件的常规存盘，DDB 格式一般不常用。

BMP 文件的 DIB 格式是未压缩的图像数据格式，同时又是与 Windows 显示或打印设备无关的图像数据格式，具有很强的通用性。另外，Windows 提供调用接口函数可以直接显示内存 DIB 图像，因此，BMP 文件的 DIB 格式不仅是图像存盘文件格式，许多 Windows 图像处理程序也选用它作为内存图像数据的格式。也就是说，图像处理程序的内存图像也可能不是一个简单的二维数组，而是一个以 DIB 格式申请的数据空间，这说明 DIB 格式具有重要意义。

DIB 格式的 BMP 文件结构图如图 2-9 所示，DIB 格式将图像文件分成 4 部分：位图文件头（Bitmap File Header）、位图信息头（Bitmap Info Header）、位图调色板（选项，Color Map 或 Color Palette）和位图数据（即图像数据，Data Bits 或 Data Body）。

位图文件头的 C 语言结构名为 BITMAPFILEHEADER，位图文件头结构的长度是固定的，为 14 个字节，其定义如下：

```
typedef struct tagBITMAPFILEHEADER
{
    WORD bfType;         //位图文件的类型,必须为 BM
    DWORD bfSize;        //位图文件的大小,以字节为单位
    WORD bfReserved1;    //位图文件保留字,必须为 0
    WORD bfReserved2;    //位图文件保留字,必须为 0
    DWORD bfOffBits;     //位图数据的起始位置,以相对于位图文件头的偏移量
                         //表示,以字节为单位
} BITMAPFILEHEADER,FAR * LPBITMAPFILEHEADER,* PBITMAPFILEHEADER;
```

位图文件头结构的各个域详细说明如下：

- bfType：指定文件类型，必须是 0x424D，即字符串 "BM"，也就是说所有的 "*. bmp" 文件的头两个字节都是 "BM"。

```
HEADER
BITMAPFILEHEADER
    0      bftype;                   文件类型,一般以 "BM" 标识
    2      bfsize;                   实际图像数据长度
    6      reserved1;
    8      reserved2;
    10     offset;                   图像数据的起始位置
BITMAPINFOHEADER
    14     bisize;                   本结构长度,为 40
    18     biwidth;                  图像宽度
    22     biheight;                 图像高度
    26     biplanes;                 分量数
    28     bibitcount;               每像素所占位数
    30     bicompression;
    34     bisizeimage;
    40     bixpelspermeter;          分辨率
    44     biypelspermeter;
    48     biclrused;                调色板中用到的颜色数
    52     biclrimportant;

COLORMAP(如果图像为真彩色,则没有调色板)
          RGBOUAD(color entrys;[R,G,B,res])

BODY
          Image data
```

图 2-9 BMP 文件结构图

- bfSize:指定文件大小,包括这 14 个字节。
- bfReserved1,bfReserved2:Windows 保留字,暂不用。
- bfOffBits:从文件头到实际的位图数据的领衔字节,图 2-9 中前三个部分的长度之和。

位图信息头的结构名为 BITMAPINFOHEADER,它也是一个 C 语言结构,该结构的长度也是固定的,为 40 个字节(WORD 为无符号 16 位整数,DWORD 为无符号 32 位整数,LONG 为 32 位整数)。其定义如下:

typedef struct tagBITMAPINFOHEADER
{
    DWORD biSize;   //本结构所占用字节数
    LONG biWidth;   //位图的宽度,以像素为单位
    LONG biHeight;   //位图的高度,以像素为单位
    WORD biPlanes;   //目标设备的级别,必须为 1
    WORD biBitCount   //每个像素所需的位数,必须是 1(双色)、4(16 色)、
                              //8(256 色)或 24(真彩色)之一
    DWORD biCompression;   //位图压缩类型,必须是 0(不压缩)、1(BI_RLE8
                              //压缩类型)或 2(BI_RLE4 压缩类型)之一
    DWORD biSizeImage;   //位图的大小,以字节为单位
    LONG biXPelsPerMeter;   //位图水平分辨率,每米像素数
    LONG biYPelsPerMeter;   //位图垂直分辨率,每米像素数
    DWORD biClrUsed;   //位图实际使用的颜色表中的颜色数
    DWORD biClrImportant;   //位图显示过程中重要的颜色数
} BITMAPINFOHEADER,FAR * LPBITMAPINFOHEADER,* PBITMAPINFOHEADER;

位图信息头结构各个域的详细说明如下：

- biSize：指定这个结构的长度，为 40 个字节。
- biWidth：指定图像的宽度，单位是像素。
- biHeight：指定图像的高度，单位是像素。
- biPlanes：必须是 1。
- biBitCount：指定表示颜色时要用到的位数，常用的值为 1（黑白图像）、4（16 色）、8（256 色）、24（真彩色），新的 BMP 格式支持 32 位。
- biCompression：指定位图是否压缩，有效的值为 BI_RGB（未经压缩），BI_RLE8，BI_RLE4，BI_BITFILEDS（均为 Windows 定义常量）。这里只讨论未经压缩的情况，即 biCompression = BI_RGB。
- biSizeImage：指定实际的位图数据占用的字节数，biSizeImage = biWidth * biHeight。需要注意的是上述公式中的 biWidth 必须是大于或等于 biWidth 的 4 的整数倍的数中最小的一个数（不一定等于 biWidth）。如果 biCompression 为 BI_RGB，该项可以为 0。
- biXPelsPerMeter：指定目标设备的水平分辨率，单位是像素/米。
- biYPelsPerMeter：指定目标设备的垂直分辨率，单位是像素/米。
- biClrUsed：指定实际用到的颜色数，如果该值为零，则用到的颜色数为 2 的 biBit-Count 次幂。
- biClrImportant：指定本图像中重要的颜色数，如果该值为零，则认为所有的颜色都是重要的。

第三部分为调色板（Palette）。有些位图（如 16 色、256 色彩色图）需要调色板，有些位图（如真彩色图）则不需要调色板，真彩色图的 BITMAPINFOHEADER 后面直接就是位图数据。注意：DIB 不支持灰度图，但可以用 256 色的彩色位图形式存储灰度图，只要将其调色板定义为 256 级灰度（令 RGB 值相等）即可。

调色板实际上是一个数组，数组元素个数由 biClrUsed 指定（如果该值为零，则由 biBit-Count 指定，即 2 的 biBitCount 次幂个元素）。数组中的每个元素的类型是一个 RGBQUAD 结构，占 4 个字节，其定义如下：

```
typedef struct tagRGBQUAD
{
    BYTE rgbBlue;
    BYTE rgbGreen;
    BYTE rgbRed;
    BYTE rgbReserved;
} RGBQUAD;
```

RGBQUAD 结构的各个域的详细说明如下：

- rgbBlue：该颜色的蓝色分量。
- rgbGreen：该颜色的绿色分量。
- rgbRed：该颜色的红色分量。
- rgbReserved：保留字节，暂不用。

位图文件头描述了位图文件的文件信息，而位图信息头和颜色表描述了位图图像的信息，位图信息头和颜色表合在一起也被定义了一个 C 语言结构，即 BITMAPINFO 结构。BIT-

MAPINFO 结构定义如下:

```
typedef struct tagBITMAPINFO
{
    BITMAPINFOHEADER bmiHeader;          //位图信息头
    RGBQUAD bmiColors[1];                //位图颜色表第一个颜色
} BITMAPINFO;
```

　　紧跟在位图文件头、位图信息头和颜色表之后的,就是位图数据(即图像数据)了。对于用到调色板的位图,图像数据就是该像素颜色在调色板中的索引值;对于真彩色图,图像数据就是实际的 R、G、B 值,而存储顺序是 B、G、R。以下分别就 2 色、16 色、256 色和真彩色位图的位图数据进行说明:

- 对于 2 色位图,用 1 位就可以表示该像素的颜色(一般 0 表示黑,1 表示白),所以 1 个字节可能存储 8 个像素的颜色值。
- 对于 16 色位图,用 4 位可以表示一个像素的颜色。所以 1 个字节可以存储 2 个像素的颜色值。
- 对于 256 色位图,1 个字节刚好存储 1 个像素的颜色值。
- 对于真彩色位图,3 个字节才能表示 1 个像素的颜色值。

　　需要注意两点:

　　1) Windows 规定一个扫描行所占的字节数必须是 4 的倍数(即以 long 为单位),不足的以 0 填充,一个扫描行所占的字节数的 C 语言计算方法如下:

DataSizePerLine = (biWidth * biBitCount + 31)/8;　　//计算一个扫描行所占的字节数
DataSizePerLine = DataSizePerLine/4 * 4;　　//字节数必须是 4 的倍数

位图数据的大小(不压缩情况下)计算如下:

DataSize = DataSizePerLine * biHeight;

　　2) 一般来说,BMP 文件的数据是从下到上、从左到右的,也就是说,图像坐标零点在左下角。从 BMP 文件的位图数据中最先读到的是图像最下面一行的左边第一个像素,然后是左边第二个像素……接下来是倒数第二行的左边第一个像素,左边第二个像素……依次类推,最后得到的是最上面一行最右边的一个像素。

2.3.2　GIF 文件格式

　　GIF(Graphics Interchange Format)文件格式是由 CompuServe 公司设计和开发的文件存储格式,用于存储图形,也可以用来存储 256 色图像。GIF 文件的扩展名为 gif。早期的 GIF 文件被用来存储单帧 256 色图像,新版 GIF 文件格式(GIF89a 格式)则支持多帧图像和透明背景。由于 GIF 格式支持的颜色数少并采用无损压缩而使文件数据量减少,同时还支持多帧图像存储,因此 GIF 格式在国际互联网上得到了广泛的应用,被用来存储多帧小图像并连续显示形成动画效果,在网页中绝大多数闪烁显示的动画都是 GIF 格式的图像。

　　GIF 图像文件以数据块(Block)为单位来存储图像的相关信息。一个 GIF 文件由表示图形/图像的数据块、数据子块以及显示该图形/图像的控制信息块组成,称为 GIF 数据流(Data Stream)。GIF 文件格式采用 LZW 无损压缩算法来存储图像数据,并且允许用户为图像设置背景的透明属性。GIF 文件格式允许在一个 GIF 文件中存放多幅彩色图形/图像,使它们可以像播放幻灯片那样连续显示,产生动画效果。

2.3.3　TIFF 文件格式

TIFF(Tagged Image File Format)文件格式是相对经典的、功能很强的图像文件存储格式，由部分与图像存储相关的厂商(Aldus、Microsoft 公司等)为桌面印刷出版系统研制开发的。TIFF 文件的扩展名为 tif 或 tiff。TIFF 格式包括了一些常见的图像压缩算法，如 RLE 无损压缩算法和 LZW 无损压缩算法等。在国际压缩标准的 JPEG 图像文件格式出现之前，TIFF 格式几乎是最常见的图像存储格式。

正如 TIFF 文件名称 Tagged Image File Format 所描述的，TIFF 文件格式的关键是标签(Tag)，TIFF 中的所有数据都由一个标签来引导，也就是说所有数据都打上标签(Tagged)，标签值表示所引导的数据的含义和数据类型。例如图像的大小、图像的扫描参数、图像的作者、图像的说明以及图像数据本身都用不同的标签引导。

TIFF 文件格式的结构大体上由文件头、图像文件目录、目录表项和图像数据等组成，TIFF 文件可以支持多种压缩方法。定义标签可使数据不必严格按照某个固定的顺序存放，也就是说，除了文件的大结构以外，TIFF 不需要约定具体数据的存放顺序。因为每个数据都有标签，由标签来引导，程序读写数据时只要先解释标签，就知道后续的数据是哪一个数据，以及数据的长度。TIFF 规定了一个公共标签集合，所有的图像处理程序在读写 TIFF 时都必须以公共标签集合为准来读写数据。TIFF 还允许用户自定义私有标签，私有标签引导用户的自定义数据，即在 TIFF 文件中存放不需要其他图像处理程序读写的数据。由于采用标签，使 TIFF 文件格式的灵活性大为增强，并可以在 TIFF 文件中存储扩展数据和私有数据，而原则上不影响其他程序正常调阅 TIFF 文件中的图像数据。

2.3.4　JPEG 文件格式

JPEG 文件格式是由(国际)联合图像专家组(Joint Photographic Experts Group)提出的静止图像压缩标准文件格式，该组织是由 ISO(国际标准化组织)与 CCITT(国际电报电话咨询委员会)联合成立的专家组，所以 JPEG 标准是由 ISO 与 CCITT 共同制定的，是面向常规彩色图像及其他静止图像的一种压缩标准。JPEG 文件的扩展名为 jpg 或 jpeg。JPEG 文件可用于存储灰度图像和真彩色图像，可以有效压缩图像的数据量，压缩倍数大约在十倍量级。由于 JPEG 高效的压缩效率和国际标准化，在数字照相机、彩色传真、电话会议等领域被广泛用于存储和传输静止图像、印刷图片及新闻图片等，也是目前主流的数码照片存储文件格式。

JPEG 文件格式的压缩方法主要采用预测编码(DPCM)、离散余弦变换(DCT)以及熵编码，以去除冗余的图像灰度和彩色数据，其压缩效率极高，图像所需存储量减少至原来的10%左右。但必须注意的是，JPEG 的压缩方案是有损压缩，即解压缩恢复的图像与原图存在灰度和颜色数据上的轻微误差，不过这种误差在视觉上难于察觉，这样的压缩方案有时被称为视觉无失真压缩。

2.3.5　DICOM 文件格式

DICOM(Digital Imaging and Communications in Medicine)文件格式是医学图像文件存储格式，DICOM 是由 NEMA(National Electrical Manufacturers Association)为各类医学图像数据的存档、传输和共享而起草和颁布的。DICOM 格式支持几乎所有的医学数字成像设备，如CT、MR、DR、超声、内窥镜、电子显微镜等，已成为现代医学图像存储传输技术和医学影像学的主要组成部分。DICOM 文件的常见扩展名为 dcm。

DICOM 文件格式也采用与 TIFF 文件格式原理相类似的标签(Tag)，所有数据(包括病人信息、诊断信息、成像设备信息和图像数据)都由一个标签来引导，所有数据也都打上标签(Tagged)，标签值表示所引导的数据的含义和类型。由于采用数据标签、支持所有医学成像设备和支持图像存档传输等原因，DICOM 文件格式成为非常灵活和复杂的应用图像文件格式。

2.4　图像质量评价

绝大多数情况下，图像处理的目的是为了改善图像的(视觉)质量，因此，如何评价图像的质量成为一个十分重要的问题。例如，图像增强的处理目的是以各种可能的形式突出图像中感兴趣的区域，抑制图像中的随机噪声，提高图像的视觉质量。图像复原的处理目的是建立图像质量退化的数学模型，对图像质量退化进行相应的补偿，包括运动模糊补偿、焦距模糊补偿以及噪声消除等。图像编码压缩的目的则是在尽可能保持图像质量(无损或有损压缩)的条件下，对图像数据进行编码压缩以减少数据存储量和传输量。这些处理都涉及图像质量评价问题。

由于人类视觉和视觉系统的高度复杂性，图像质量评价事实上一直是一个十分困难的问题，可以说迄今为止还没有一种权威的、系统的和得到公认的评价体系和评价方法。目前常见的评价方法分为客观定量指标和主观评价两种。

2.4.1　图像质量的客观评价

图像质量的客观评价是指提出某个或某些定量参数和指标来描述图像质量。例如在图像压缩时，评价质量的定量参数可以选用解压缩图像对基准图的误差参数，常见的定量参数是方均误差 MSE 和峰值信噪比 PSNR。

$$\text{MSE} = \frac{1}{M \times N} \sum_x \sum_y \left[f_r(x,y) - f(x,y) \right]^2 \tag{2-8}$$

$$\text{PSNR} = 10 \times \log_{10} \frac{(f_{max} - f_{min})^2}{\text{MSE}} \tag{2-9}$$

式中，M、N 分别对应图像的列数和行数；$f(x,y)$、$f_r(x,y)$ 分别为原始图像和解压缩重建的图像；f_{max}、f_{min} 分别对应图像灰度的最大值和最小值(通常取 255 和 0)。

图像质量的客观评价的另一种方法是采用测试卡。在测定电视的显示质量、数字照相机和扫描仪的成像质量时，常用不同的标准测试卡来完成。例如在测定数字照相机的分辨率时，通常用专业的标准分辨率测试卡(见图 2-10)进行照相，然后利用配套软件对测试卡图像进行观察和计算，可以测出数字照相机分辨率(线数)。

客观评价的特点是采用客观指标和定量指标，评价结果原则上不受人为的干预和影响。但是，由于目前的定量参数还不能或者不完全能反映人类视觉的本质，对图像质量的客观评价指标经常与视觉的评价有偏差，甚至有时结论完全相反。

2.4.2　图像质量的主观评价

图像质量的主观评价是指采用目视观察和主观感觉评价图像的质量。

主观评价的方法类似于体操比赛的评分，由数名裁判组成评分小组，根据规则要求和评

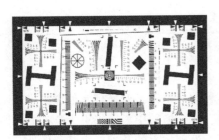 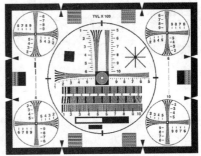

a) ISO 12233 标准分辨率测试卡　　　　　　b) IEEE 标准分辨率测试卡

图 2-10　分辨率测试卡示例

分标准对体操运动员的比赛动作进行打分，评分结果取总和或平均值。有些比赛还采取去掉最高和最低分的方法，以减少带有倾向性打分的影响。

　　图像主观评价的"裁判"可以由未经训练的普通观察者来担任，或由专业图像判读员和图像专家来担任，也可以由未经训练的普通观察者和专业图像判读员分组（普通组和专家组）进行评价。评价时需要事先制定评分标准以及评分规则，然后依据标准和规则进行分组评价工作，表 2-1 所列为各国进行图像评价的评分标准的例子。

表 2-1　各国进行图像评价的评分标准

损　　　伤		质　　　量		比　　　较	
每级的主观质量	国　别	每级的主观质量	国　别	比较的衡量	国　别
五级标准　5. 不能察觉 4. 刚察觉不讨厌 3. 有点讨厌 2. 很讨厌 1. 不能用	原联邦德国、日本等	五级标准　5. 优 4. 良 3. 中 2. 次 1. 劣	原联邦德国、日本、英国	五级标准　+2　好得多 +1　好 0　相同 -1　坏 -2　坏得多	原联邦德国、美国等
六级标准　1. 不能察觉 2. 刚觉察到 3. 明显但不妨碍 4. 稍有妨碍 5. 明显妨碍 6. 极妨碍(不能用)	英国、EBU 等	六级标准　6. 优 5. 良 4. 中 3. 稍次 2. 次 1. 极次	美国、EBU 等	七级标准　+3　好得多 +2　好 +1　稍好 0　相同 -1　稍坏 -2　坏 -3　坏得多	EBU 等

　　图像主观评价的特点是主观性和定性评价，评价结果受人为影响和干扰多。但由于目前的图像客观评价的指标和参数尚不能完全反映主观视觉对图像质量的评价，所以图像主观评价还是最重要的评价方法之一。

习　　题

2-1　举例说明日常生活中观察到的数字图像成像系统及其成像原理。

2-2　试说明图像数字化与图像空间分辨率的关系。

2-3　采样定理对模拟图像数字化过程的基本要求是什么？

2-4　试用 VC ++ 语言的 MSDN 编程实例中的 BMP 文件显示的相关源程序，进行编译连接，并完成打开 BMP 图像文件和在窗口中显示的实验。

第3章 图像变换

图像变换是指将空间域的图像信号通过某种数学映射，变换到其他域中进行图像分析的技术手段。某些在空间域难以描述的信号特征，在变换域中表现得更为直观，方便后续更为快速地获取图像的有效信息，因此成为很多图像处理技术的基础，也是图像处理领域的重要研究内容。在利用图像变换进行图像处理时，首先需要将空间域信息按一定的规则变换到新的域中，在该域中对信息进行处理后，再按照相应的逆规则变换回原始空间域中。图像变换在图像增强、图像复原、图像压缩编码、图像分析等多个领域都得到了广泛的应用。本章主要介绍三种重要的正交变换方法，即傅里叶变换、余弦变换与小波变换，以及这些变换在图像处理技术中的基本应用。

3.1 傅里叶变换及其应用

傅里叶变换是正交变换的一种。在信号处理领域，通过傅里叶变换可以将时间域信号变换到频率域中进行处理，因此傅里叶变换是信号处理领域的一种十分重要的算法。在数字图像处理技术中，利用二维离散傅里叶变换可以将图像的空间域信息变换到频率域中，实现频率域滤波、图像复原、纹理分析，以及特征提取等功能。本节将首先介绍傅里叶级数，然后介绍一维连续傅里叶变换及采样定理，并通过对连续函数采样得到一维离散傅里叶变换，进而推广至二维离散傅里叶变换。此外，还将介绍傅里叶变换的一些重要性质，以及傅里叶变换在图像处理中的基本应用。

3.1.1 基本概念

1. 傅里叶级数

法国数学家傅里叶（Fourier）1822年在其代表作《热的分析理论》中提出，任何周期函数都可表示为不同频率的正弦函数或余弦函数的加权之和，即傅里叶级数。对于非周期函数，若其曲线下方面积是有限的，则也可用正弦函数或余弦函数乘以权重的积分表示该函数，即傅里叶变换。用傅里叶级数或傅里叶变换表示的函数可由逆过程完全重建，且不丢失任何信息。如前所述，周期为 T 的连续变量 t 的函数 $f(t)$，可以表示为乘以适当系数的正弦函数或余弦函数的和。这个和就是傅里叶级数，形式如下：

$$f(t) = \sum_{n=-\infty}^{\infty} c_n e^{j\frac{2\pi n}{T}t} \tag{3-1}$$

式中

$$c_n = \frac{1}{T} \int_{-T/2}^{T/2} f(t) e^{-j\frac{2\pi n}{T}t} dt \tag{3-2}$$

为系数，$n = 0, \pm 1, \pm 2, \cdots$。

2. 一维连续傅里叶变换

设 $f(t)$ 是一个连续的时间信号，若 $f(t) \in L^2$，即

$$\int_{-\infty}^{\infty} |f(t)|^2 dt < \infty \tag{3-3}$$

且满足狄利克雷（Dirichlet）条件，即只有有限个间断点、有限个极值点和绝对可积，则 $f(t)$ 的傅里叶变换 $\Im$ 存在，定义为

$$\Im(f(t)) = F(\mu) = \int_{-\infty}^{\infty} f(t) e^{-j2\pi\mu t} dt \tag{3-4}$$

反之，若 $F(\mu)$ 已知，可通过傅里叶反变换得到 $f(t)$：

$$f(t) = \int_{-\infty}^{\infty} F(\mu) e^{j2\pi\mu t} d\mu \tag{3-5}$$

使用欧拉公式，可将式（3-4）写为

$$F(\mu) = \int_{-\infty}^{\infty} f(t) [\cos(2\pi\mu t) - j\sin(2\pi\mu t)] dt \tag{3-6}$$

$f(t)$ 一般是实数，因此 $F(\mu)$ 通常是复数：

$$F(\mu) = R(\mu) + jI(\mu) = |F(\mu)| e^{j\Phi(\mu)} \tag{3-7}$$

式中，幅度

$$|F(\mu)| = \sqrt{R^2(\mu) + I^2(\mu)} \tag{3-8}$$

称为傅里叶频谱（或频谱），而

$$\Phi(\mu) = \arctan \frac{I(\mu)}{R(\mu)} \tag{3-9}$$

称为相角或相位谱。

例 3-1 假设 $f(t)$ 是一维方波信号，即

$$f(t) = \begin{cases} A & |t| \leqslant \dfrac{\tau}{2} \\ 0 & |t| > \dfrac{\tau}{2} \end{cases}$$

其傅里叶变换由式（3-6）可得

$$F(\mu) = \int_{-\infty}^{\infty} f(t) e^{-j2\pi\mu t} dt = \int_{-\tau}^{\tau} A e^{-j2\pi\mu t} dt$$

$$= \frac{A}{j2\pi\mu\tau} \left(e^{\frac{j2\pi\mu\tau}{2}} - e^{\frac{-j2\pi\mu\tau}{2}} \right) = A\tau \frac{\sin(\pi\mu\tau)}{\pi\mu\tau} = A\tau\,\mathrm{sinc}(\pi\mu\tau)$$

图 3-1 是 $f(t)$ 和该函数的傅里叶变换及其频谱。

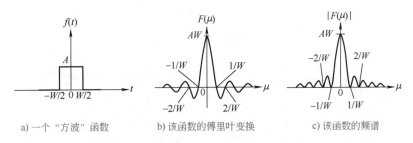

a）一个"方波"函数　　　b）该函数的傅里叶变换　　　c）该函数的频谱

图 3-1　函数傅里叶变换及其频谱

3. 卷积

卷积是通过两个函数 f 和 h 的相互作用，生成第三个函数的一种数学运算，其本质是一

种特殊的积分变换。对于连续变量 t 的两个连续函数 $f(t)$ 和 $h(t)$ 的卷积，可采用积分代替求和，并采用★算子表示卷积运算，定义为

$$f(t) \bigstar h(t) = \int_{-\infty}^{\infty} f(\tau) h(t - \tau) \mathrm{d}\tau \qquad (3\text{-}10)$$

令 $H(\mu) = J(h(t))$，易证 $J(h(t - \tau)) = H(\mu) \mathrm{e}^{-\mathrm{j}2\pi\mu\tau}$，则 $f(t) \bigstar h(t)$ 的傅里叶变换为

$$\begin{aligned}
Jf(t) \bigstar h(t) &= \int_{-\infty}^{+\infty} \Big[\int_{-\infty}^{+\infty} f(\tau) h(t - \tau) \mathrm{d}\tau \Big] \mathrm{e}^{-\mathrm{j}2\pi\mu t} \mathrm{d}t \\
&= \int_{-\infty}^{+\infty} f(\tau) \Big[\int_{-\infty}^{+\infty} h(t - \tau) \mathrm{e}^{-\mathrm{j}2\pi\mu t} \mathrm{d}t \Big] \mathrm{d}\tau \\
&= \int_{-\infty}^{+\infty} f(\tau) \big[H(\mu) \mathrm{e}^{-\mathrm{j}2\pi\mu\tau} \big] \mathrm{d}\tau = H(\mu) \int_{-\infty}^{\infty} f(\tau) \mathrm{e}^{-\mathrm{j}2\pi\mu\tau} \mathrm{d}\tau \\
&= H(\mu) F(\mu)
\end{aligned} \qquad (3\text{-}11)$$

类似地，可证

$$J(f(t) \cdot h(t)) = H(\mu) \bigstar F(\mu) \qquad (3\text{-}12)$$

若将 t 的域称为空间域，将 μ 的域称为频率域，那么由式（3-11）可知，空间域中两个函数的卷积的傅里叶变换，等于频率域中两个函数傅里叶变换的乘积。反之，若有两个变换的乘积，则可通过计算其傅里叶反变换得到空间域的卷积。

卷积也是图像处理技术中非常重要的工具，可用于空间域滤波和频率域滤波。定义一定尺寸的卷积核后，卷积由旋转180°的卷积核的中心与信号中某个元素重合时，核上的元素与对应位置的像素相乘再求和得到。

大小为 $m \times n$ 的核 w 与图像 $f(x,y)$ 的卷积 $w(x,y) \bigstar f(x,y)$ 定义为

$$w(x,y) \bigstar f(x,y) = \sum_{s=-a}^{a} \sum_{t=-b}^{b} w(s,t) f(x - s, y - t) \qquad (3\text{-}13)$$

为了使 $m \times n$ 的卷积核中心访问图像中的每个像素，需在图像的顶部和底部分别至少补充 $(m-1)/2$ 行 0 值，在图像的左侧和右侧至少分别补充 $(n-1)/2$ 列 0 值。通过填充 0 值，使得 w（旋转180°后）的最右侧元素与 f 的原点重合，w（旋转180°后）的最左侧元素与 f 的最后一个像素重合，从而得到完全卷积结果。图 3-2 显示了二维卷积核与一幅图像的卷积。

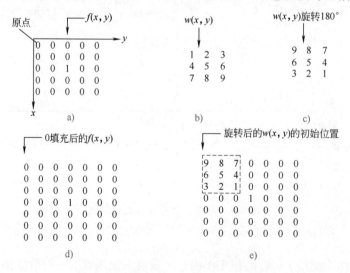

图 3-2　二维卷积核与一幅图像的卷积

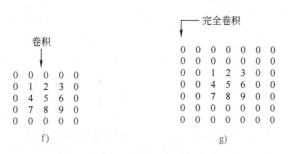

图 3-2 二维卷积核与一幅图像的卷积（续）

3.1.2 采样和采样函数的傅里叶变换

计算机处理的信号均为离散信号，因此必须将连续函数转换为一系列的离散值，才可以利用计算机程序进行处理。连续函数的离散化需要通过采样和量化来实现。而且，只有使用满足要求的采样频率对连续函数进行采样，才能够由采样得到的样本集合恢复出原始连续函数，不丢失信息。下面阐述采样定理和采样过程。

1. 采样

冲激函数及其采样性质是线性系统和傅里叶变换研究的核心。连续变量 t 在 $t=0$ 处的单位冲激表示为

$$\delta(t) = \begin{cases} \infty & t = 0 \\ 0 & t \neq 0 \end{cases} \tag{3-14}$$

且满足

$$\int_{-\infty}^{+\infty} \delta(t)\,\mathrm{d}t = 1 \tag{3-15}$$

自然地，若将 t 解释为时间，冲激就可视为具有无限幅度、持续时间为 0、具有单位面积的尖峰信号。从而可得冲激具有关于积分的采样性质

$$\int_{-\infty}^{\infty} f(t)\delta(t)\,\mathrm{d}t = f(0) \tag{3-16}$$

假设 $f(t)$ 在 $t=0$ 处是连续的，实际中该假设通常是满足的。采样性质仅得到函数 $f(t)$ 在冲激位置 $t=0$ 处的值。一般地，将任意一点 t_0 的冲激表示为 $\delta(t-t_0)$。此时

$$\int_{-\infty}^{\infty} f(t)\delta(t-t_0)\,\mathrm{d}t = f(t_0) \tag{3-17}$$

可得到函数在冲激位置 t_0 处的值。

冲激串 $s_{\Delta T}(t)$ 可看作由无穷多个单位冲激函数的和所构成，且周期为 ΔT 的周期函数，即

$$s_{\Delta T}(t) = \sum_{k=-\infty}^{\infty} \delta(t - k\Delta T) \tag{3-18}$$

图 3-3a 显示了 $t=t_0$ 处的一个冲激，图 3-3b 显示了一个冲激串。连续变量的冲激用上箭头表示，以模拟无限的高度和零宽度。

考虑一个连续函数 $f(t)$，以自变量 t 的均匀间隔 ΔT 对函数采样，即采样率为 $1/\Delta T$，如图 3-4 所示。假设该函数关于 t 从 $-\infty$ 扩展到 $+\infty$，$\tilde{f}(t)$ 表示采样后的函数，即

$$\tilde{f}(t) = f(t)s_{\Delta T}(t) = \sum_{n=-\infty}^{\infty} f(t)\delta(t - n\Delta T) \tag{3-19}$$

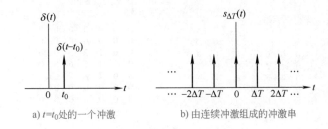

a) $t=t_0$ 处的一个冲激   b) 由连续冲激组成的冲激串

图 3-3　连续冲激及其组成的冲激串

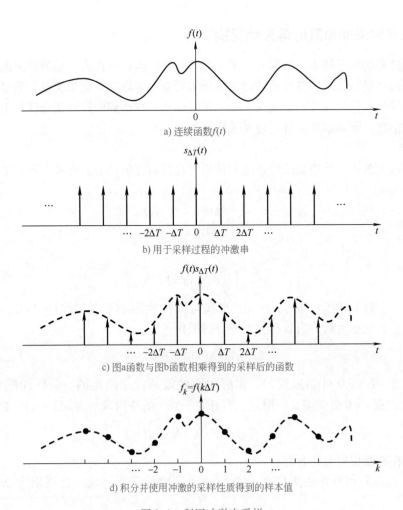

a) 连续函数 $f(t)$

b) 用于采样过程的冲激串

c) 图a函数与图b函数相乘得到的采样后的函数

d) 积分并使用冲激的采样性质得到的样本值

图 3-4　利用冲激串采样

由式（3-17）可知，采样序列中任意一个采样的值 f_k 由下式给出

$$f_k = \int_{-\infty}^{\infty} f(t)\delta(t - k\Delta T)\,\mathrm{d}t = f(k\Delta T) \tag{3-20}$$

2. 采样后函数的傅里叶变换

利用式（3-17）给出的采样性质，可得 $t = t_0$ 处一个冲激的傅里叶变换是

$$\Im(\delta(t - t_0)) = F(\mu) = \int_{-\infty}^{\infty} \delta(t - t_0)\mathrm{e}^{-\mathrm{j}2\pi\mu t}\,\mathrm{d}t = \mathrm{e}^{-\mathrm{j}2\pi\mu t_0} \tag{3-21}$$

此外，由傅里叶变换及其反变换的表达式形式易得

$$J\left(e^{j\frac{2\pi n}{\Delta T}t}\right) = \delta\left(\mu - \frac{n}{\Delta T}\right) \tag{3-22}$$

从而冲激串 $s_{\Delta T}(t)$ 的傅里叶变换为

$$S(\mu) = J(s_{\Delta T}(t)) = J\left(\frac{1}{\Delta T}\sum_{n=-\infty}^{\infty}e^{j\frac{2\pi n}{\Delta T}t}\right) = \frac{1}{\Delta T}J\left(\sum_{n=-\infty}^{\infty}e^{j\frac{2\pi n}{\Delta T}t}\right) = \frac{1}{\Delta T}\sum_{n=-\infty}^{\infty}\delta\left(\mu - \frac{n}{\Delta T}\right) \tag{3-23}$$

由式(3-12) 可见采样后的函数 $\tilde{f}(t)$ 的傅里叶变换 $\tilde{F}(\mu)$ 是

$$\tilde{F}(\mu) = J(\tilde{f}(t)) = J(f(t)s_{\Delta T}(t)) = F(\mu) \star S(\mu) \tag{3-24}$$

即

$$\begin{aligned}
\tilde{F}(\mu) &= F(\mu) \star S(\mu) = \int_{-\infty}^{\infty}F(\tau)S(\mu - \tau)\mathrm{d}\tau \\
&= \frac{1}{\Delta T}\int_{-\infty}^{\infty}F(\tau)\sum_{n=-\infty}^{\infty}\delta\left(\mu - \tau - \frac{n}{\Delta T}\right)\mathrm{d}\tau \\
&= \frac{1}{\Delta T}\sum_{n=-\infty}^{\infty}\int_{-\infty}^{\infty}F(\tau)\delta\left(\mu - \tau - \frac{n}{\Delta T}\right)\mathrm{d}\tau \\
&= \frac{1}{\Delta T}\sum_{n=-\infty}^{\infty}F\left(\mu - \frac{n}{\Delta T}\right) \tag{3-25}
\end{aligned}$$

式中最后一步由式(3-17) 中给出的冲激函数的采样性质得到。式(3-25) 表明 $\tilde{F}(\mu)$ 是原函数 $f(t)$ 的傅里叶变换的一个无限的、周期的副本序列。

3. 采样定理

图 3-5 是前述结果的图示。如果副本之间的间隔足够大，那么就能从 $\tilde{F}(\mu)$ 中提取一个等于 $F(\mu)$ 的周期。根据图 3-5b，如果 $1/(2\Delta T) > \mu_{\max}$ 或

$$\frac{1}{\Delta T} > 2\mu_{\max} \tag{3-26}$$

就可以保证足够的间隔，此时为过采样。

定理 3-1　采样定理以超过函数的最高频率 2 倍的采样率来得到样本，那么函数就能够完全由其样本集合复原。

完全等于最高频率 2 倍的采样率称为奈奎斯特率，如图 3-5c 所示，此时为临界采样。若低于奈奎斯特率进行采样，则发生欠采样，信号发生混叠，如图 3-5d 所示。

图 3-6 说明了以高于奈奎斯特率的采样率对函数进行采样时，由 $\tilde{F}(\mu)$ 复原 $F(\mu)$ 的过程。在频率域中定义

$$H(\mu) = \begin{cases} \Delta T & -\mu_{\max} \leqslant \mu \leqslant \mu_{\max} \\ 0 & 其他 \end{cases} \tag{3-27}$$

以 $H(\mu)$ 乘以图 3-6a 中的周期序列时，该函数就分离出了以原点为中心的周期。即 $F(\mu)$ 由 $H(\mu)$ 和 $\tilde{F}(\mu)$ 相乘得到

$$F(\mu) = H(\mu)\tilde{F}(\mu) \tag{3-28}$$

然后，由 $F(\mu)$ 的傅里叶反变换即可复原 $f(t)$

$$f(t) = \int_{-\infty}^{\infty}F(\mu)e^{j2\pi\mu t}\mathrm{d}\mu \tag{3-29}$$

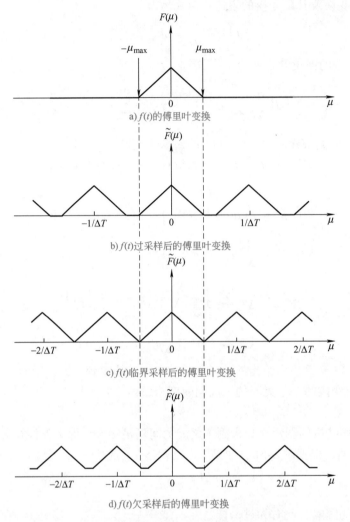

图 3-5 $f(t)$ 采样后的傅里叶变换

如图 3-5d 所示,当采样频率 $1/\Delta T > 2\mu_{max}$ 发生欠采样,不能从 $\tilde{F}(\mu)$ 中提取一个等于 $F(\mu)$ 的周期,从而造成信号混叠。在信号处理领域,混叠是指采样后不同信号变得彼此无法区分的采样现象。

通常情况下,混叠总是出现在采样后的信号中。例如带限函数 $f(t)$ 在区间 $[0, T]$ 内可用 $f(t)h(t)$ 表示,其中

$$h(t) = \begin{cases} 1 & 0 \leqslant t \leqslant T \\ 0 & 其他 \end{cases} \tag{3-30}$$

由图 3-1b 可知,$h(t)$ 的傅里叶变换 $H(\mu)$ 有左右两个方向无限扩展的频率分量,则 $f(t)h(t)$ 的傅里叶变换 $F(\mu) \ast H(\mu)$ 也就有两个方向无限扩展的频率分量。因此有限持续时间函数不可能是带限的,必然会发生信号混叠。

虽然在处理有限长度的采样时不可避免地会出现混叠,但是通过低通滤波来衰减其高频,可以降低混叠的影响,此步骤须在函数采样之前完成。低通滤波的内容将在第 4 章详细介绍。

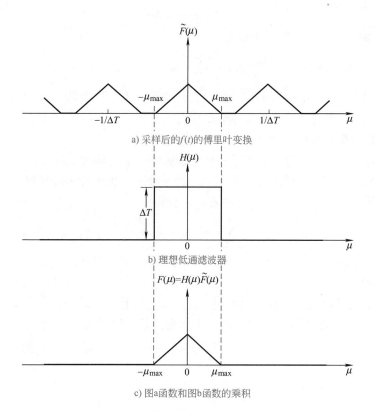

a) 采样后的$f(t)$的傅里叶变换

b) 理想低通滤波器

c) 图a函数和图b函数的乘积

图 3-6　由 $\widetilde{F}(\mu)$ 复原 $F(\mu)$ 的过程

3.1.3　离散傅里叶变换

1. 一维离散傅里叶变换

考虑对连续函数 $f(t)$ 等间隔采样，假设采样 N 次，得到一个离散序列 $\{f(0),$ $f(1)$，$f(2)$，$\cdots$，$f(N-1)\}$。令 x 为离散实变量，u 为离散频率变量，则一维离散傅里叶变换（DFT）与反变换（IDFT）定义为

$$F(u)=\sum_{x=0}^{N-1}f(n)\mathrm{e}^{-\mathrm{j}2\pi ux/N}\qquad u=0,1,\cdots,N-1 \tag{3-31}$$

和

$$f(x)=\frac{1}{N}\sum_{u=0}^{N-1}F(u)\mathrm{e}^{\mathrm{j}2\pi ux/N}\qquad x=0,1,\cdots,N-1 \tag{3-32}$$

称 $F(u)$ 与 $f(x)$ 为傅里叶变换对。

由欧拉公式，式(3-31)及式(3-32)可写为

$$F(u)=\sum_{x=0}^{N-1}f(n)\left[\cos(2\pi ux/N)-\mathrm{j}\sin(2\pi ux/N)\right]u=0,1,\cdots,N-1 \tag{3-33}$$

$$f(x)=\frac{1}{N}\sum_{u=0}^{N-1}F(u)\left[\cos(2\pi ux/N)+\mathrm{j}\sin(2\pi ux/N)\right]x=0,1,\cdots,N-1 \tag{3-34}$$

由式(3-33)和式(3-34)可知一维离散傅里叶变换及其反变换是无限周期函数，即

$$F(u)=F(u+N) \tag{3-35}$$

$$f(x) = f(x + N) \tag{3-36}$$

式(3-10)的一维卷积的离散卷积是

$$f(x) \star h(x) = \sum_{n=0}^{N-1} f(n)h(x-n) \qquad x = 0,1,\cdots,N-1 \tag{3-37}$$

由于式(3-37)中，$f(x)$ 是周期函数，所以它们的卷积也是周期的。式(3-37)给出了周期卷积的一个周期，因此这个公式通常称为循环卷积。

2. 二维离散傅里叶变换

本小节将前面几节介绍的单个变量的概念扩展到两个变量的情形。

（1）二维采样和二维采样定理 我们将一维采样和二维采样定理拓展到二维的情形。

二维采样可用一个采样函数（二维冲激串）获得

$$s_{\Delta T \Delta Z}(t,z) = \sum_{m=-\infty}^{\infty} \sum_{n=-\infty}^{\infty} \delta(t - m\Delta T, z - n\Delta Z) \tag{3-38}$$

式中，ΔT 和 ΔZ 是连续函数 $f(t,z)$ 沿 t 和 z 轴的样本间隔。用 $s_{\Delta T \Delta Z}(t,z)$ 乘以 $f(t,z)$ 即可得到采样后的函数。

若函数 $f(t,z)$ 的傅里叶变换在区间 $[-\mu_{\max}, \mu_{\max}]$ 和 $[-\nu_{\max}, \nu_{\max}]$ 构成的频率区域之外为0，称该函数为带限函数。二维采样定理指出，若采样率满足

$$\frac{1}{\Delta T} > 2\mu_{\max} \tag{3-39}$$

和

$$\frac{1}{\Delta Z} > 2\nu_{\max} \tag{3-40}$$

那么，带限函数 $f(t,z)$ 可由它的一组样本完全复原，即无信息丢失。

类似地，为了降低混叠的影响，在数字图像的采样中也需要满足采样定理。图3-7a 虚线部分显示了一个理想低通滤波器的位置。如图3-7b 所示，函数欠采样时，各个周期重叠，不可能分离出单个周期，从而造成混叠。

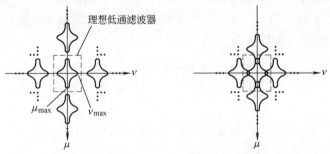

a) 过采样的带限函数的二维傅里叶变换   b) 欠采样的带限函数的二维傅里叶变换

图3-7 采样带限函数的二维傅里叶变换

（2）二维离散傅里叶变换及其反变换 当函数有两个自变量时，函数就变成了二维信号，如图像数据。令 $f(x,y)$ 表示大小为 $M \times N$ 的数字图像，则 $f(x,y)$ 的二维离散傅里叶变换可表示为

$$F(u,v) = \sum_{x=0}^{M-1} \sum_{y=0}^{N-1} f(x,y) e^{-j2\pi(ux/M + vy/N)} \tag{3-41}$$

其中 $u = 0$，1，$\cdots$，$M-1$，$v = 0$，1，$\cdots$，$N-1$。

变换后的阵列 $F(u,v)$ 的 4 个角的位置对应低频成分，而中央部分对应了高频成分，如图 3-8c 所示。

若已知 $F(u,v)$，$f(x,y)$ 可由傅里叶反变换得到，即

$$f(x,y) = \frac{1}{MN} \sum_{u=0}^{M-1} \sum_{v=0}^{N-1} F(u,v) e^{j2\pi(ux/M + vy/N)} \tag{3-42}$$

其中 $x = 0$，1，$\cdots$，$M-1$，$y = 0$，1，$\cdots$，$N-1$。

类似于一维离散傅里叶变换，二维离散傅里叶变换的频谱和相位角如下：

$$|F(u,v)| = \sqrt{R^2(u,v) + I^2(u,v)} \tag{3-43}$$

和

$$\phi(u,v) = \arctan \frac{I(u,v)}{R(u,v)} \tag{3-44}$$

频谱的大小反映了相应位置的能量。

例 3-2 图像的二维离散傅里叶变换频谱图如图 3-8 所示。

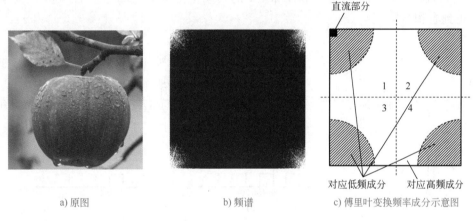

直流部分

对应低频成分   对应高频成分

a) 原图   b) 频谱   c) 傅里叶变换频率成分示意图

图 3-8 苹果图像及其频谱图

图 3-8c 展示了图像的傅里叶变换的频率成分，四角部分对应低频成分，中央部分对应高频成分。从图 3-8b 中可以看到，能量主要集中在低频部分，少部分能量集中在高频部分。这是因为一幅图像中大部分都是灰度变化缓慢的区域，这些区域对应于低频信号。仅有少部分属于图像边缘等灰度变化较大的区域，对应于图像中的高频信号。

（3）二维离散卷积定理 考虑 $f(x,y)$ 和 $h(x,y)$ 是周期性离散函数，x 方向和 y 方向的周期分别为 M 和 N，二维循环卷积的定义如下：

$$f(x,y) \bigstar h(x,y) = \sum_{m=0}^{M-1} \sum_{n=0}^{N-1} f(m,n) h(x-m, y-n) \tag{3-45}$$

其中 $x = 0$，1，$\cdots$，$M-1$，$y = 0$，1，$\cdots$，$N-1$。二维离散卷积定理为

$$f(x,y) \bigstar h(x,y) \Leftrightarrow F(u,v) H(u,v) \tag{3-46}$$

或者反写为

$$f(x,y) h(x,y) \Leftrightarrow \frac{1}{MN} F(u,v) \bigstar H(u,v) \tag{3-47}$$

其中 $\Leftrightarrow$ 表示其左右侧组成一个傅里叶变换对。二维离散卷积定理表明 f 和 h 的空间卷积的

傅里叶变换是其各自傅里叶变换的乘积，式(3-46)在空间域和频率域之间建立了等价关系。处理离散量时，傅里叶变换的计算采用 DFT。通过二维卷积定理可知，若在空间域计算两个函数的卷积，可以使用两个函数 DFT 的乘积(阵列对应元素的乘积)，再通过 IDFT 得到两函数的卷积。但是以上的方法在使用过程中，必须考虑周期性问题。

以下通过一个计算两个函数空间卷积的例子说明直接计算空间卷积和采用二维离散卷积定理的等价方法，可能得到不同的结果。

例 3-3 考虑两个一维函数 $f(x)$ 与 $h(x)$ 的离散卷积。

$$f(x) \bigstar h(x) = \sum_{m=0}^{199} f(m)h(x-m)$$

其中 $f(x)$ 与 $h(x)$，均为包含 200 个样本点的函数。

$f(x)$ 与 $h(x)$ 的空间卷积过程可由图 3-9a ~ 图3-9e 实现：

图 a 和图 b 分别为 $f(m)$ 和 $h(m)$；

图 c 为 $h(m)$ 以原点翻转 180°；

图 d 按 x 依次移动镜像的 $h(m)$；

图 e 对每次平移的 x，计算卷积结果。x 的移动范围为 0 ~ 399。保证 $h(m)$ 完全滑过 $f(m)$，得到卷积结果。

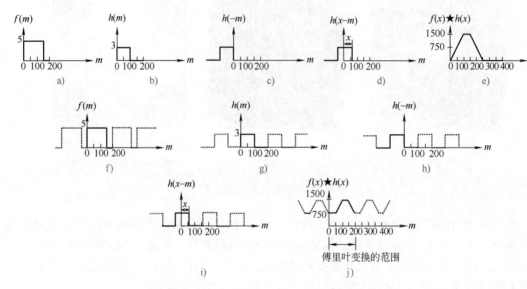

图 3-9 直接计算空间卷积和循环卷积的过程

注：图 a ~ 图 e 直接计算空间卷积的过程；图 f ~ 图 j 循环卷积的过程。

若使用 DFT 卷积定理实现计算，必须考虑 DFT 表达式中固有的周期。考虑 f 与 g 两个周期函数卷积图 h ~ 图 j：按 x 依次移动镜像的 $h(m)$；对每次平移的 x，计算卷积结果，得到结果图 j；将得到图 j 中实线所示的一段 200 点的卷积，与图 e 相比，这显然是错误的。这是因为图 3-9 中的各个周期距离太近、互相干扰，导致了缠绕错误。

Brigham 于 1988 年给出了解决缠绕错误的方法，即对原函数进行 "0" 填充。

对于一维的情形，假设函数 $f(x)$ 有 A 个样本，函数 $h(x)$ 有 B 个样本，可将 "0" 填充至每个函数的结尾，使得两函数样本数相同，均为 P。若 P 满足 $P \geq A + B - 1$，则可避免发生缠绕错误。

在例 3-3 中，每个函数有 200 个样本点，需要在各自结尾添加 199 个 "0"，每周期扩展至 399 个点后，再利用 DFT 计算两函数卷积，就不会发生缠绕错误了。

假设 $f(x,y)$ 和 $h(x,y)$ 分别为 $A \times B$ 和 $C \times D$ 的图像阵列。同样的，为避免循环卷积的缠绕错误，需以 "0" 值填充阵列，方法如下：

$$f_p(x,y) = \begin{cases} f(x,y) & 0 \leq x \leq A-1, 0 \leq y \leq B-1 \\ 0 & A \leq x \leq P \text{ 或 } B \leq y \leq Q \end{cases} \tag{3-48}$$

$$h_p(x,y) = \begin{cases} h(x,y) & 0 \leq x \leq C-1, 0 \leq y \leq D-1 \\ 0 & C \leq x \leq P \text{ 或 } D \leq y \leq Q \end{cases} \tag{3-49}$$

其中 $P \geq A + C - 1$；$Q \geq B + D - 1$。

3.1.4 二维离散傅里叶变换的性质

离散傅里叶变换建立了函数在空间域和频率域之间的转换关系，可以把空间域难以显示的某些特征在频率域中清楚地表达出来，因此成为数字图像处理常用的技术手段。特别是傅里叶变换的一些数学性质，还可为算法的设计提供快速方法与使用技巧。以下介绍二维傅里叶变换的常用基本性质。

1. 可分离性

由式 (3-41)，有

$$\begin{aligned} F(u,v) &= \sum_{x=0}^{M-1} \sum_{y=0}^{N-1} f(x,y) \, \mathrm{e}^{-\mathrm{j}2\pi ux/M} \, \mathrm{e}^{-\mathrm{j}2\pi vy/N} \\ &= \sum_{x=0}^{M-1} \mathrm{e}^{-\mathrm{j}2\pi ux/M} \sum_{y=0}^{N-1} f(x,y) \, \mathrm{e}^{-\mathrm{j}2\pi vy/N} \\ &= \sum_{x=0}^{M-1} \mathrm{e}^{-\mathrm{j}2\pi ux/M} F(x,v) \end{aligned} \tag{3-50}$$

其中 $u = 0, 1, \cdots, M-1$，$v = 0, 1, \cdots, N-1$。

同理，

$$\begin{aligned} f(x,y) &= \frac{1}{M} \sum_{u=0}^{M-1} \mathrm{e}^{\mathrm{j}2\pi ux/M} \frac{1}{N} \sum_{v=0}^{N-1} F(u,v) \, \mathrm{e}^{\mathrm{j}2\pi vy/N} \\ &= \frac{1}{M} \sum_{u=0}^{M-1} \mathrm{e}^{\mathrm{j}2\pi ux/M} f(u,y) \end{aligned} \tag{3-51}$$

其中 $u = 0, 1, \cdots, M-1$，$v = 0, 1, \cdots, N-1$。

由傅里叶正变换和反变换的分离性可知，一个二维离散傅里叶变换可以通过运用两次一维离散傅里叶变换得到，即先后沿着 $f(x,y)$ 的列方向和行方向求一维离散傅里叶变换，反变换的分离过程相似。利用该性质可大大简化运算过程。

2. 平移性

若 $f(x,y)$ 乘以一个指数项，其二维离散傅里叶变换 $F(u,v)$ 的频率域中心便会移动到新的位置，这就是傅里叶变换的平移性。类似地，若将 $F(u,v)$ 与一个指数项相乘，其二维傅里叶变换 $f(x,y)$ 的频率域中心会移动到新的位置。平移性可表示为

$$f(x,y) \, \mathrm{e}^{\mathrm{j}2\pi(u_0 x/M + v_0 y/N)} \Leftrightarrow F(u-u_0, v-v_0) \tag{3-52}$$

和

$$f(x - x_0, y - y_0) \Leftrightarrow F(u,v) \mathrm{e}^{-\mathrm{j}2\pi(u_0 x/M + v_0 y/N)} \tag{3-53}$$

从式(3-52)和式(3-53)分别可以看出，$F(u,v)$ 的平移不影响其反变换的幅值，$f(x,y)$ 的平移不影响其傅里叶变换的幅值。

假设一幅数字图像 $f(x,y)$ 大小为 $M \times N$，常需要将 $F(u,v)$ 的原点移到 $M \times N$ 矩阵的中心，即使得低频信号分布在频谱图中心，方便数字滤波器的设计和使用。令 $u_0 = M/2$ 和 $v_0 = N/2$，则

$$\mathrm{e}^{\mathrm{j}2\pi(u_0 x/M + v_0 y/N)} = \mathrm{e}^{\mathrm{j}\pi(x+y)} = (-1)^{x+y} \tag{3-54}$$

将式(3-54)代入式(3-52)中，可得

$$f(x,y)(-1)^{x+y} \Leftrightarrow F\left(u - \frac{M}{2}, v - \frac{N}{2}\right) \tag{3-55}$$

式(3-55)说明了将 $f(x,y)$ 乘以 $(-1)^{x+y}$ 再进行傅里叶变换，即可实现将图像频谱的原点从$(0,0)$到频谱中心点$(M/2,N/2)$的平移，从而使低频信号分布在频谱图中心。图 3-10b 展示了图像的中心化频谱。由于直流项支配着谱值，图像显示时仅能观察到频谱图中心的一个亮点。为了更方便地直接观察傅里叶频谱，通常在显示前对傅里叶频谱做取对数变换处理，以压缩其动态范围，如图 3-10c 所示。与图 3-8b 比较，图 3-10b、c 展示了原点被移动到图像中心点$(M/2,N/2)$的频谱，低频信号分布在频谱图的中心区域，远离中心点区域对应于图像的高频信息。

a) 原图　　　　　　b) 傅里叶频谱中心化　　　c) 傅里叶频谱中心化后
的对数变换显示

图 3-10　傅里叶频谱中心化与对数变换后显示

3. 周期性

二维傅里叶变换及其反变换在 u 方向和 v 方向上是无限周期函数，即

$$F(u,v) = F(u + k_1 M, v) = F(u, v + k_2 N) = F(u + k_1 M, v + k_2 N) \tag{3-56}$$

$$f(x,y) = f(x + k_1 M, y) = F(x, y + k_2 N) = F(x + k_1 M, y + k_2 N) \tag{3-57}$$

其中，k_1 和 k_2 为整数。

4. 对称性

令 $F^*(-u, -v)$ 表示 $F(u,v)$ 的复共轭，如果 $f(x,y)$ 是实函数，则它的傅里叶变换是共轭对称的，有

$$F(u,v) = F^*(-u, -v) \tag{3-58}$$

$$|F(u,v)| = |F(-u, -v)| \tag{3-59}$$

5. 旋转不变性

若引入极坐标使 $x = r\cos\theta$，$y = r\sin\theta$，$u = \omega\cos\varphi$，$v = \omega\sin\varphi$，则 $f(x,y)$ 和 $F(u,v)$ 可分

别表示为 $f(r,\theta)$ 和 $F(\omega,\varphi)$。

在极坐标下，存在

$$f(r,\theta+\theta_0)\Leftrightarrow F(\omega,\varphi+\theta_0) \tag{3-60}$$

式 (3-60) 表明，若 $f(x,y)$ 在空间域旋转 θ_0，则 $F(u,v)$ 在频率域旋转同样的角度 θ_0。由图 3-11 可见，若图像在空间域中旋转某个角度，则其傅里叶频谱也会旋转相同的角度，反之亦然。图 3-11b、d 在显示前对傅里叶频谱做了对数变换处理。

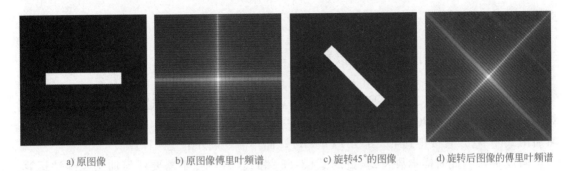

| a) 原图像 | b) 原图像傅里叶频谱 | c) 旋转45°的图像 | d) 旋转后图像的傅里叶频谱 |

图 3-11 二维傅里叶变换旋转不变性示图

6. 分配性和比例性

分配性：

傅里叶变换对加法可分配，对乘法不可分配，即

$$F(f_1(x,y)+f_2(x,y))=F(f_1(x,y))+F(f_2(x,y)) \tag{3-61}$$

$$F(f_1(x,y)\cdot f_2(x,y))\neq F(f_1(x,y))\cdot F(f_2(x,y)) \tag{3-62}$$

比例性：

$$af(x,y)\Leftrightarrow aF(u,v) \tag{3-63}$$

$$f(ax,by)\Leftrightarrow\frac{1}{|ab|}F\left(\frac{u}{a},\frac{v}{b}\right)(a\neq0,b\neq0) \tag{3-64}$$

式 (3-64) 表明，若空间尺度压缩，则频率域尺度展宽，且其幅值减小为原来的 $1/|ab|$。

3.1.5 快速傅里叶变换

快速傅里叶变换 (FFT) 方法可大幅降低离散傅里叶变换的计算量，以达到快速计算的目的。由于二维 DFT 可以通过先后两次调用一维 DFT 变换实现，因此本节只关注一维 DFT 的快速算法。本节介绍快速傅里叶变换的一种早期经典方法——逐次加倍法。该算法中需要假设采样数是 2 的整数次幂。

设 p 是一个正整数，令 $M=2^p$，$W_M=\mathrm{e}^{-\mathrm{j}2\pi/M}$，则式 (3-31) 可写为

$$F(u)=\sum_{x=0}^{M-1}f(x)W_M^{ux} \tag{3-65}$$

式中，$u=0,1,\cdots,M-1$。

将 M 写为 $M=2K$，则式 (3-65) 可重写为

$$F(u)=\sum_{x=0}^{2K-1}f(x)W_{2K}^{ux}=\sum_{x=0}^{K-1}f(2x)W_{2K}^{u(2x)}+\sum_{x=0}^{K-1}f(2x+1)W_{2K}^{u(2x+1)} \tag{3-66}$$

另外，可证 $W_{2K}^{2ux}=W_K^{ux}$，从而式 (3-66) 可整理为

$$F(u) = \sum_{x=0}^{K-1} f(2x) W_K^{ux} + \sum_{x=0}^{K-1} f(2x+1) W_K^{ux} W_{2K}^{u} \tag{3-67}$$

令

$$F_{\text{even}}(u) = \sum_{x=0}^{K-1} f(2x) W_K^{ux} \tag{3-68}$$

$$F_{\text{odd}}(u) = \sum_{x=0}^{K-1} f(2x+1) W_K^{ux} \tag{3-69}$$

则式(3-67) 可另写为

$$F(u) = F_{\text{even}}(u) + F_{\text{odd}}(u) W_{2K}^{u} \tag{3-70}$$

由欧拉公式不难推出 $W_K^{u+K} = W_K^u$ 以及 $W_{2K}^{u+K} = -W_{2K}^u$ ，故

$$F(u+K) = F_{\text{even}}(u) - F_{\text{odd}}(u) W_{2K}^{u} \tag{3-71}$$

如式(3-70) 和式(3-71) 所示，一个 M 点的 DFT 可以把原表达式拆解成为两部分计算。式(3-68)~式(3-70) 的计算结果作为第一部分，即 $F(u)$，$u = 0, 1, \cdots, (M-1)/2$。然后由式(3-71) 直接得到第二部分 $F(u+K)$，而不需要额外的变换计算。

假设 $p=1$，此时样本数为2。此时式(3-68)和式(3-69) 不需要任何加法及乘法运算，但式(3-70) 需要一次加法运算和一次乘法运算，由于已经计算过 $F_{\text{odd}}(0) W_2^0$，式(3-71) 只需要一次加法运算。因此当 $p=1$ 时，一个两点变换所需的总运算次数为：乘法 $m(1) = 1$ 次，以及加法 $a(1) = 2$ 次。

考虑 $p=2$，此时样本数为4。$F_{\text{even}}(0)$、$F_{\text{even}}(1)$ 以及 $F_{\text{odd}}(0)$、$F_{\text{odd}}(1)$ 可由 $p=1$ 的计算过程得到，即式(3-68)和式(3-69) 的计算涉及两个两点变换，其所需要的乘法及加法次数分别为 $2m(1)$ 以及 $2a(1)$。利用式(3-70) 计算 $F(0)$ 和 $F(1)$ 时，还需要两次乘法和两次加法。类似地，利用式(3-71) 计算 $F(2)$ 和 $F(3)$ 时，只需要两次加法。从而可知，$p=2$ 时，总的运算次数为 $m(2) = 2m(1) + 2$ 次乘法以及 $a(2) = 2a(1) + 4$ 次加法。

以此类推，对于任意正整数 p，完成 FFT 所需要的乘法和加法次数的递归表达式分别为

$$m(p) = 2m(p-1) + 2^{p-1}, p \geq 1 \tag{3-72}$$

与

$$a(p) = 2a(p-1) + 2^p, p \geq 1 \tag{3-73}$$

其中 $m(0) = 0$，$a(0) = 0$，原因是一个样本的变换不需要加法和乘法运算。

由式(3-72)和式(3-73)，以及 $M = 2^p$ 可证明 FFT 所需乘法和加法的计算次数为 $O(M\log_2 M)$。此外，由于直接实现一维 DFT 所需的运算次数为 M^2，故 FFT 相较于直接计算一维 DFT 的计算优势为

$$C(M) = \frac{M^2}{M \log_2 M} = \frac{M}{\log_2 M} \tag{3-74}$$

可利用 $M = 2^p$ 将其写为

$$C(p) = 2^p / p \tag{3-75}$$

由指数的性质可知，随着 p 的增大，FFT 的计算优势会迅速增大。

实际上，大多数信号和图像处理的软件包中都含有不要求采样点数为整数次幂的 FFT 算法，但其计算效率略低。

3.1.6 傅里叶变换在图像处理中的应用

傅里叶变换是数字图像处理的一个重要工具。通过对傅里叶变换后的图像频谱进行各种

处理，实现降噪、增强、平滑、复原等多种图像处理任务。下面通过对正弦波去噪以及对图像平滑的例子来介绍傅里叶变换的应用。

例 3-4　图像平滑。

图像滤波、平滑等相关处理操作可用于去除图像的噪声、弱化像素间灰度跳变梯度。本例采用高斯低通滤波器与图像卷积对图像进行平滑。根据卷积定理，可以将图像与滤波器之间的卷积运算转换为频率域的滤波操作，即计算图像的傅里叶变换与对应的频率域滤波器的乘积，然后将乘积结果进行傅里叶反变换，得到去噪声后的图像。

图 3-12 展示了利用高斯低通滤波器进行图像平滑的结果。图 3-12a 为一幅大小为 $M \times N$ 的输入图像 $f(x,y)$。取 $P = 2M$、$Q = 2N$，由式（3-48）对 $f(x,y)$ 进行零填充，得到图 3-12b 所示图像 f_p。为了使 f_p 的傅里叶变换频谱 F 中心化，将 f_p 与 $(-1)^{x+y}$ 相乘得到图 3-12c 中图像。图 3-12d 为图 3-12c 的傅里叶变换频谱 $F(u,v)$。设计一个大小为 $P \times Q$ 的中心化高斯低通滤波器 $H(u,v)$，如图 3-12e 所示。$H(u,v)$ 与 $F(u,v)$ 乘积后的频谱中高频信号被完全滤除，仅有低频信号得到保留，如图 3-12f 所示。将 $H(u,v)$ 与 $F(u,v)$ 乘积的傅里叶反变换的实部与 $(-1)^{x+y}$ 相乘得到图 3-12f 所示图像 g_p。理论上，$H(u,v)$ 与 $F(u,v)$ 乘积的傅里叶反变换为实函数，但计算精度的不足通常使其出现复数项，此时取结果的实部作为滤波结果可解决此问题。提取 g_p 的前 M 行和前 N 列得到平滑处理后的图像 g，如图 3-12h 所示。为了清楚显示，图 3-12d ~ f 在显示前对频谱做了对数变换处理。

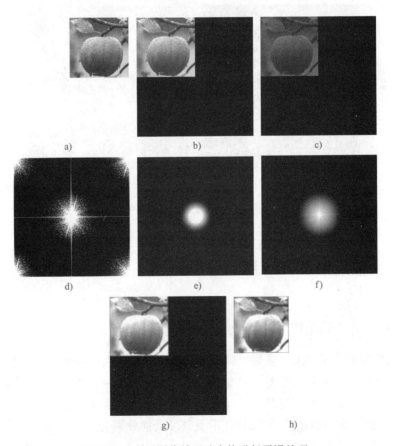

图 3-12　利用图像傅里叶变换进行平滑处理

例 3-5　图像去噪。

图 3-13a 中图像呈现了一种被正弦噪声污染的情况，该噪声在图像中呈现为一种周期性条纹，在傅里叶频谱中显示为亮度较高的两个尖峰点，如图 3-13b 所示的箭头指向的两个亮点。通过分析正弦噪声的频率，设计一个陷波滤波器，在傅里叶频谱上对正弦噪声进行滤除，得到去除噪声的傅里叶频谱，如图 3-13c 所示。图 3-13b、c 在显示前对傅里叶频谱均做了对数变换处理。最后进行傅里叶反变换得到滤除正弦噪声的图像，输入原图像中的周期性噪声已经被很好地去除，如图 3-13d 显示。

a) 正弦噪声污染的lenna图像　　　　　b) 输入图像的傅里叶频谱

c) 去除高频正弦信号的频谱　　　　　d) 去除噪声后的傅里叶反变换

图 3-13　利用傅里叶频谱去除图像正弦噪声的示例

3.2　离散余弦变换及其应用

3.2.1　离散余弦变换原理

实函数的傅里叶变换结果为复数，计算复杂且储存量较大。因此，有必要寻求与傅里叶变换有相同的作用且数据量较小的正交变换。本节介绍傅里叶相关的一种变换，离散余弦变换，能够有效避免复数计算的复杂性，并且也可以通过快速算法实现。

函数 $f(x)$ 的一维离散余弦变换（DCT）及其反变换分别为

$$C(u) = a(u) \sum_{x=0}^{N-1} f(x) \cos \frac{(2x+1)u\pi}{2N} \qquad u = 0,1,\cdots,N-1 \qquad (3-76)$$

和

$$f(x) = \sum_{u=0}^{N-1} a(u) C(u) \cos \frac{(2x+1)u\pi}{2N} \qquad x = 0, 1, \cdots, N-1 \qquad (3-77)$$

式中

$$a(u) = f(x) = \begin{cases} \sqrt{1/N} & u = 0 \\ \sqrt{2/N} & u = 1, 2, \cdots, N-1 \end{cases} \qquad (3-78)$$

将一维离散余弦变换扩展到二维离散余弦变换

$$C(u,v) = a(u)a(v) \sum_{x=0}^{M-1} \sum_{y=0}^{N-1} f(x,y) \cos \frac{(2x+1)u\pi}{2M} \cos \frac{(2y+1)v\pi}{2N} \qquad (3-79)$$

其中 $u = 0, 1, \cdots, M-1$，$v = 0, 1, \cdots, N-1$。

二维离散余弦反变换为

$$f(x,y) = \sum_{u=0}^{N-1} \sum_{v=0}^{N-1} a(u)a(v) C(u,v) \cos \frac{(2x+1)u\pi}{2M} \cos \frac{(2y+1)v\pi}{2N} \qquad (3-80)$$

其中 $x = 0, 1, \cdots, M-1$，$y = 0, 1, \cdots, N-1$。

类似于傅里叶变换的可分离性，从式(3-79)和式(3-80)可以看出二维 DCT 变换是可分离的，从而可逐次应用一维 DCT 算法计算二维正向和反向 DCT。

值得注意的是，DCT 可直接从 FFT 算法中计算得到。考虑 $f(x) = 0, x = N, N+1, \cdots,$ $2N-1$，$\mathrm{Re}\{ \cdot \}$ 代表括号内的项的实部，从而式(3-76)的一个等价形式为

$$C(u) = a(u) \mathrm{Re} \left\{ \exp\left(\frac{-\mathrm{j}\pi u}{2N} \right) \times \sum_{x=0}^{2N-1} f(x) \exp\left(\frac{-\mathrm{j}2\pi ux}{2N} \right) \right\} \quad u = 0, 1, \cdots, N-1 \quad (3-81)$$

由于 $\sum_{x=0}^{2N-1} f(x) \exp\left(\frac{-\mathrm{j}2\pi ux}{2N} \right)$ 为 $2N$ 个点上的离散傅里叶变换，可采用 FFT 进行计算。类似地，利用 $2N$ 个点上的反 FFT 可从 $C(u)$ 中求得 $f(x)$。

例 3-6 二维图像及其离散余弦变换频谱。

图 3-14 展示了二维图像及其离散余弦变换频谱图。与图 3-8b 的傅里叶频谱图比较，离散余弦变换后的频谱能量主要集中在左上角的低频区域，对应于图 3-14b 中左上角较亮的区域。

a) 原图　　　　　　　　　　　b) 离散余弦变换频谱

图 3-14　图像的离散余弦变换

3.2.2　离散余弦变换在图像处理中的应用

离散余弦变换是一种非常重要的图像处理工具。离散余弦变换后的数据具有能量分布集

中的特点，可以用较少的系数表示图像中的大多数信息。由于该变换具备这一特点，在图像压缩编码领域中得到了非常成功的应用，经典的静止图像压缩标准 JPEG 就采用了离散余弦变换算法。如图 3-15 所示，图 a 是未经压缩的 BMP 格式的原始图像，图 b 是采用 JPEG 方式压缩存储的图像，其存储空间约为图 a 的 1/5。但通过将图 a 和图 b 进行对比发现，图 b 基本上保留了原始 BMP 格式图像的灰度、纹理信息，视觉效果没有明显的差异。

a) 未经压缩的苦菜花图像　　　　　　b) 采用JPEG编码方式压缩存储的图像

图 3-15　利用离散余弦变换进行图像压缩的示例

3.3　小波变换及其应用

1974 年，法国地质学家 J. Morlet 首先提出小波变换的概念。1986 年著名数学家 Y. Meyer 偶然构造出一个真正的小波基，并与 S. Mallat 合作建立了用于构造小波基的多尺度分析。1987 年，S. Mallat 证明小波是多分辨率理论的基础。多分辨率理论包括多个分辨率下的信号处理与分析，它融合并统一了来自信号处理的子带编码、来自数字语音识别的正交镜像滤波以及金字塔图像处理的技术。小波变换的多分辨率分解能力可以将图像信息一层一层分解剥离开来。因此，在图像处理领域小波变换方法也被比喻为图像显微镜。小波变换在图像压缩编码、图像滤波、图像增强、特征提取、图像融合等很多领域得到了广泛的应用。

本节主要介绍离散小波变换基本模型、框架及应用。

3.3.1　尺度函数

尺度函数用于创建函数或图像的一系列近似，每个相邻近似之间的分辨率相差 2 倍，并利用小波函数对相邻近似之间的差进行编码。离散小波变换（DWT）利用这些小波函数和一个单尺度函数的线性组合来表示函数或者图像，因此尺度和小波函数就成为 DWT 展开的一个正交基或双规范正交基。

若父尺度函数 $\varphi(x) \in L^2(\mathbf{R})$，$\mathbf{R}$ 是实数集，$L^2(\mathbf{R})$ 表示可度量的、平方可积的一维函数的集合，则其二元缩放和整数平移后的函数集 $\{\varphi_{j,k}(x) | j, k \in \mathbf{Z}\}$ 定义为

$$\varphi_{j,k}(x) = 2^{\frac{j}{2}} \varphi(2^j x - k) \tag{3-82}$$

式中，k 决定 $\varphi_{j,k}(x)$ 沿 x 轴的位置，尺度 j 决定 $\varphi_{j,k}(x)$ 的形状，即 $\varphi_{j,k}(x)$ 的宽度和幅度。令 $j = j_0$，则 $\{\varphi_{j_0,k} | k \in \mathbf{Z}\}$ 是由 $\varphi_{j_0,k}(x)$ 张成的函数空间 V_{j_0} 的基。随着尺度 j_0 的增大，用于表示 V_{j_0} 中的函数的尺度函数 $\varphi_{j_0,k}(x)$ 会变得更窄，从而 V_{j_0} 中可表示的函数数量会增加，进而 V_{j_0} 中可包含变化更小、细节更多的函数。

Mallat 提出，若尺度函数满足多分辨率分析的以下四个基本要求，则 $\varphi(x)$ 可展开为其自身 2 倍分辨率副本的线性组合，即

$$\varphi(x) = \sum_{k \in \mathbf{Z}} h_\varphi(k) \sqrt{2} \varphi(2x - k) \tag{3-83}$$

式（3-83）称为细化或者膨胀方程。式中，$h_\varphi(k)$ 是展开系数，也称尺度函数系数。对于规范正交尺度函数，由内积的性质可得

$$h_\varphi(k) = \langle \varphi(x), \sqrt{2} \varphi(2x - k) \rangle = \int \varphi(x) \varphi_{1,k}^*(x)\, \mathrm{d}x \tag{3-84}$$

四个基本要求如下：

1）尺度函数相对于其整数平移是正交的。

2）尺度函数以低尺度张成的函数空间包含在以高尺度张成的函数空间中，即

$$V_{-\infty} \subset \cdots \subset V_{-1} \subset V_0 \subset V_1 \subset V_2 \subset \cdots \subset V_\infty \tag{3-85}$$

3）在每个尺度上仅 $f(0)$ 可被唯一表示。

4）考虑 $j \to \infty$，则

$$V_\infty = L^2(\mathbf{R}) \tag{3-86}$$

即所有平方可积的实函数都可以表示为尺度函数在 $j \to \infty$ 时的线性组合。

3.3.2 小波函数

给定满足前一节中四个基本需求的父尺度函数 $\varphi(x)$，则对所有 $j, k \in \mathbf{Z}$，存在一个母小波函数 $\psi(x)$，其二元缩放和整数平移后的函数集为 $\{\psi_{j,k}(x) \mid j, k \in \mathbf{Z}\}$：

$$\psi_{j,k}(x) = 2^{j/2} \psi(2^j x - k) \tag{3-87}$$

使得由小波函数 $\{\psi_{j_0,k} \mid k \in \mathbf{Z}\}$ 张成的函数空间 W_{j_0} 满足

$$V_{j_0+1} = V_{j_0} \oplus W_{j_0} \tag{3-88}$$

且

$$\langle \varphi_{j_0,k}(x), \psi_{j_0,l}(x) \rangle = 0, k \neq l \tag{3-89}$$

式中，$\oplus$ 表示函数空间的并集。

图 3-16 说明了尺度空间和小波空间的关系，两相邻尺度空间之间的差是小波空间。由于小波函数 $\psi_{j,k}(x) \in W_j \subset V_{j+1}$，$\psi_{j,k}(x)$ 可写为分辨率加倍，平移后的尺度函数的加权和，即

$$\psi(x) = \sum_k h_\psi(k) \sqrt{2} \varphi(2x - k) \tag{3-90}$$

式中，展开系数 $h_\psi(k)$ 称为小波函数系数。由于整数平移小波彼此正交且与其所在的小波空间的补尺度空间中的尺度函数正交，1998 年 Burrus 等人证明小波函数系数与尺度函数系数之间存在如下关系：

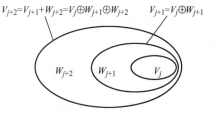

图 3-16 尺度及小波函数的空间关系

$$h_\psi(k) = (-1)^k h_\varphi(1 - k) \tag{3-91}$$

3.3.3 一维小波变换

由式（3-86）和式（3-88）可得 $L^2(\mathbf{R}) = V_{j_0} \oplus (V_{j_0+1} - V_{j_0}) \oplus (V_{j_0+2} - V_{j_0+1}) \oplus \cdots = V_{j_0} \oplus W_{j_0}$

$\oplus W_{j_0+1} \oplus \cdots$，其中 j_0 为任意初始尺度。考虑 $f(x) \in L^2(\mathbf{R})$，则 $f(x)$ 相对于小波函数 $\psi(x)$ 和尺度函数 $\varphi(x)$ 的小波级数展开定义为

$$f(x) = \sum_k c_{j_0}(k) \varphi_{j_0,k}(x) + \sum_{j=j_0}^{\infty} \sum_k d_j(k) \psi_{j,k}(x) \tag{3-92}$$

式中，c_{j_0} 和 d_j 分别称为近似系数和细节系数，且 $j > j_0$。在式（3-92）中，第一项求和代表 $f(x)$ 在 V_{j_0} 上的一个近似；第二项求和中，对于每一个 $j > j_0$，在尺度空间 j 中增加更高分辨率的小波函数，从而在近似的基础上增加更多细节。

若尺度和小波函数是规范正交的，则有

$$c_{j_0} = \langle f(x), \varphi_{j_0,k}(x) \rangle \tag{3-93}$$

和

$$d_j = \langle f(x), \psi_{j,k}(x) \rangle \tag{3-94}$$

若它们是双正交基的一部分，则 φ 项和 ψ 项由其对偶函数替换。

式（3-92）是对连续函数 $f(x)$ 的级数展开。若被展开的函数是离散的（可对连续函数采样得到）且尺度和小波函数是规范正交的，则可将 $N = 2^J$ 点离散函数 $f(n)$，$n = 0$，1，2，$\cdots$，$N-1$ 表示为

$$f(n) = \frac{1}{\sqrt{N}} \left[\sum_{k=0}^{2^{j_0}-1} T_\varphi(j_0, k) \varphi_{j_0,k}(n) + \sum_{j=j_0}^{J-1} \sum_{k=0}^{2^j-1} T_\psi(j,k) \psi_{j,k}(n) \right] \tag{3-95}$$

其中

$$T_\varphi(j_0, k) = \langle f(n), \varphi_{j_0,k}(n) \rangle = \frac{1}{\sqrt{N}} \sum_{n=0}^{N-1} f(n) \varphi_{j,k}^*(n) \tag{3-96}$$

$$T_\psi(j, k) = \langle f(n), \psi_{j,k}(n) \rangle = \frac{1}{\sqrt{N}} \sum_{n=0}^{N-1} f(n) \psi_{j,k}^*(n) \tag{3-97}$$

式中，$j = j_0$，$\cdots$，$J-1$，$k = 0$，1，$\cdots$，$2^j - 1$。式（3-96）和式（3-97）即为 $f(n)$ 的离散小波变换（DWT），式（3-95）为其反变换。式（3-96）和式（3-97）中的变换系数 $T_\varphi(j_0, k)$ 和 $T_\psi(j, k)$ 分别对应于式（3-93）和式（3-94）中的 c_{j_0} 和 d_j。在式（3-96）和式（3-97）中，若尺度函数和小波函数是实函数，则可消除共轭。若基是双正交的，则 φ 和 ψ 由其对偶函数替换。

3.3.4 快速小波变换算法

由式（3-83）、式（3-84）、式（3-90）、式（3-91）可以推导出小波级数展开和离散小波变换的展开系数，分别为

$$c_j(k) = \sum_n h_\varphi(n - 2k) c_{j+1}(n) \tag{3-98}$$

$$d_j(k) = \sum_n h_\psi(n - 2k) c_{j+1}(n) \tag{3-99}$$

和

$$T_\varphi(j, k) = \sum_n h_\varphi(n - 2k) T_\varphi(j+1, n) \tag{3-100}$$

$$T_\psi(j, k) = \sum_n h_\psi(n - 2k) T_\psi(j+1, n) \tag{3-101}$$

离散情形下

$$h_\varphi(n) = \langle \varphi(n), \varphi_{1,k}(n) \rangle = \frac{1}{\sqrt{N}} \sum_{n=0}^{N-1} \varphi(n) \varphi_{1,k}^*(n) \tag{3-102}$$

参照离散卷积的定义式(3-37)，可将式(3-100)和式(3-101)重写为

$$T_\varphi(j,k) = T_\varphi(j+1,n) \star h_\varphi(-n) \,|_{n=2k,\ k\geqslant 0} \tag{3-103}$$

$$T_\psi(j,k) = T_\psi(j+1,n) \star h_\psi(-n) \,|_{n=2k,\ k\geqslant 0} \tag{3-104}$$

称式(3-103)和式(3-104)为快速小波变换(FWT)。

如图 3-17 所示，在非负偶数索引处计算卷积等同于依次滤波和 2 倍下采样。由于图 3-17 中的 FWT 滤波器执行卷积运算时，涉及的乘法和加法次数与被卷积序列的长度成正比，因此对于长度为 $N=2^J$ 的输入序列，涉及的运算次数为 $O(N)$，优于运算次数为 $O(N\log_2 N)$ 的 FFT 算法。图 3-17 中的滤波器组最多可以迭代 J 次。图 3-18 给出了离散小波逆变换的过程。

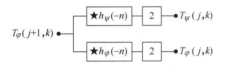
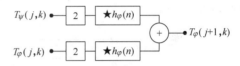

图 3-17　规范正交滤波器的 FWT 分析滤波器组　　图 3-18　规范正交滤波器的反 FWT 合成滤波器组

3.3.5　二维小波变换

本节将一维小波函数扩展到二维小波函数。这里只考虑可分离的尺度函数和小波，即

$$\varphi(x,y) = \varphi(x)\psi(x) \tag{3-105}$$

和

$$\psi^H(x,y) = \psi(x)\varphi(y) \tag{3-106}$$

$$\psi^V(x,y) = \varphi(x)\psi(y) \tag{3-107}$$

$$\psi^D(x,y) = \psi(x)\psi(y) \tag{3-108}$$

小波 ψ^H、ψ^V、ψ^D 分别响应了图像中灰度沿水平方向、垂直方向以及对角线方向的变化。

与一维离散小波变换类似，二维离散小波变换也可使用滤波器和 2 倍下采样器来实现。如图 3-19 所示，先对输入值的每行进行一维 FWT，再在上述结果的各列进行一维 FWT。假设图像 $f(x,y)$ 是 $T_\varphi(j+1,k,l)$ 的输入，$T_\varphi(j+1,k,l)$ 为尺度 $j+1$，近似系数 k、l 分别表

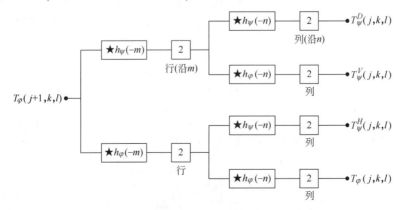

图 3-19　二维离散小波变换分析滤波器组

示在行、列上的平移。单尺度二维离散小波变换通过 $T_\varphi(j+1,k,l)$ 来构建尺度 j 的近似系数 $T_\varphi(j,k,l)$ 和细节系数 $T_\psi^H(j,k,l)$、$T_\psi^V(j,k,l)$、$T_\psi^D(j,k,l)$，其中 $T_\psi^H(j,k,l)$、$T_\psi^V(j,k,l)$、$T_\psi^D(j,k,l)$ 分别表示水平、垂直和对角线细节系数。近似分量表征了图像的低频信息，细节分量则表征图像的高频信息。以上4个系数子图像的排列形式通常如图3-20所示。对图3-19的

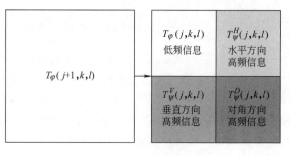

图3-20　二维离散小波变换分解示意图

框架迭代 P 次，则可产生一个 P 尺度二维离散小波变换。

图3-21显示了合成滤波器组，重建图像时处理过程与图3-19的过程相反，重复这一过程直到重建图像。

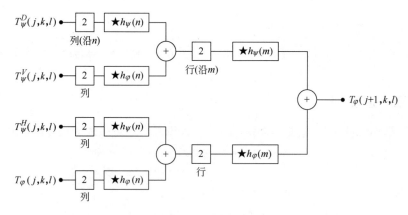

图3-21　二维快速小波变换合成滤波器组

例3-7　计算一幅图像的二维快速小波变换。

本例计算相对于哈尔小波基函数的二维多尺度FWT。哈尔尺度函数定义如下：

$$\varphi(x) = \begin{cases} 1 & 0 \leqslant x < 1 \\ 0 & 其他 \end{cases} \tag{3-109}$$

$\varphi(x)$ 满足3.3.1节中尺度函数的四个基本要求。由式（3-90）可得 $\varphi(x)$ 对应的哈尔小波基函数。哈尔小波基为

$$\psi(x) = \begin{cases} 1 & 0 \leqslant t < 1/2 \\ -1 & 1/2 \leqslant x < 1 \\ 0 & 其他 \end{cases} \tag{3-110}$$

由式（3-102）和式（3-91）可得 $h_\varphi(n)$ 和 $h_\psi(n)$ 的值

$$h_\varphi(n) = \begin{cases} \dfrac{1}{\sqrt{2}} & n = 0,1 \\ 0 & 其他 \end{cases} \tag{3-111}$$

$$h_{\psi}(n) = \begin{cases} \dfrac{1}{\sqrt{2}} & n=0 \\ -\dfrac{1}{\sqrt{2}} & n=1 \\ 0 & \text{其他} \end{cases} \tag{3-112}$$

从而可对图像进行离散小波变换，变换过程如图 3-22 所示。图 3-22a ~ d 分别为向日葵图像、相对于哈尔小波基的 1 尺度离散小波变换、2 尺度离散小波变换、3 尺度离散小波变换结果。为了使例图清楚地显示各系数子图像，图 3-22b ~ d 中的细节系数经过缩放处理。

a) 输入图像　　　　　　　　　　　　b) 1尺度小波变换

c) 2尺度小波变换　　　　　　　　　　d) 3尺度小波变换

图 3-22　图像的二维离散小波变换

3.3.6　小波变换在图像处理中的应用

小波变换是一种多尺度分析的信号处理技术，具有十分广泛的应用。它将信号分解为不同频率和时间尺度的小波分量，以此提供更为全面的信息。目前，傅里叶变换是处理时不变信号的理想工具，然而在实际应用中绝大多数信号是时变的非稳定信号。相比傅里叶变换而言，小波变换就成为分析非稳定信号的有力工具。例如，小波变换可用于图像数据压缩。小波变换在图像压缩中表现为压缩比例高、速度快，可保持压缩后的信号与图像特征不变，并在传递过程中具有抗干扰能力。小波变换也常用于图像增强，将图像离散小波变换的近似分量设置为"0"，并进行消除，再利用修正后的系数计算反变换便可达到边缘增强的效果。此外，小波分析在图像去噪、分类、识别、检测、去污等研究方向都有广泛的应用。

例 3-8　一种简单的哈尔小波去噪方法。

　　一幅被噪声污染的图像经过小波变换后得到小波系数，图像信号的小波系数较大、噪声的小波系数较小。此时可以选取一个合适的阈值，小于阈值的小波系数被认为是噪声信号，将其置为"0"，从而达到去噪的目的。

　　图 3-23a 所示为被均值为 0，方差为 0.16 的高斯噪声污染的图像，大小为 600×600 像素。因此，至多可进行 9 尺度离散小波变换。采用哈尔小波基对输入图像进行 9 尺度离散小波变换，并选择合适的阈值将低于阈值的小波系数置"0"，这里设置软阈值，即 Median $\{$Abs$($1 尺度小波变换细节系数$)\}$/0.6745。对阈值处理后的小波系数进行逆变换完成图像重构，得到去噪声后的效果，如图 3-23b 所示。

a) 高斯噪声污染的图像　　　　　　　b) 哈尔小波变换去噪声后的图像

图 3-23　哈尔小波去噪声的应用示例

例 3-9　小波变换应用于 JPEG2000 图像压缩标准。

　　小波变换为实现多级图像分辨率提供了基础，也是 JPEG2000 图像压缩编码中的关键技术之一。如图 3-24 所示，图 a 是未经压缩的 BMP 格式的原始图像，图 b、c 是采用 JPEG2000 方

a) 未经压缩的BMP格式的原始图像　　　　b) 存储空间约为图a的1/13的JPEG2000图像

c) 存储空间约为图a的1/133的JPEG2000图像　　d) 存储空间约为图a的1/133的JPEG图像

图 3-24　JPEG2000 图像压缩

式压缩存储的图像，图 d 是采用 JPEG 方式压缩的图像。图 b 的存储空间约为图 a 的 1/13，但通过将图 a、b 进行对比观察发现，图 b 基本上保留了原始 BMP 格式图像的灰度、纹理信息，视觉效果上没有明显的差异。图 c、d 的存储空间相同，约为图 a 的 1/133。通过对比图 c 和 d 发现，虽然存储空间相同，但基于离散余弦变换的 JPEG 压缩编码算法导致了图 d 中的马赛克效应，而采用基于小波变换的 JPEG2000 压缩编码算法得到的图 c 则更为平滑。

习　题

3-1　离散傅里叶变换的性质及在图像处理中的应用有哪些？

3-2　请证明连续变量 t 和 z 的连续函数 $f(t,z)$ 的拉普拉斯变换满足下列傅里叶变换对。

$$\nabla^2 f(t,z) \Leftrightarrow -4\pi(\mu^2 + \nu^2) F(\mu,\nu)$$

3-3　求图 3-25 所示图像的二维离散傅里叶变换。

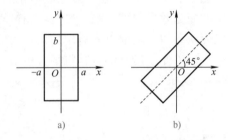

图 3-25　题 3-3 图

（1）长方形图像。

$$f(x,y) = \begin{cases} E & |x| < a,\ |y| < b \\ 0 & \text{其他} \end{cases}$$

（2）旋转 45°后的长方形图像。

3-4　给定一幅图像，试通过傅里叶变换对图像加入一个斜向的正弦波。

3-5　请用 C 或者 MATLAB 编程做出图 3-26 所示图像的二维离散余弦变换。

3-6　用哈尔尺度函数，将图 3-27 中的 $f(x)$ 表达成 $j=3$ 尺度下的展开函数的线性表示。

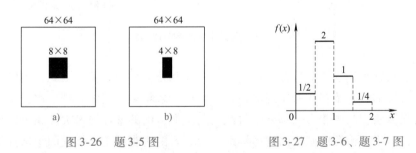

图 3-26　题 3-5 图　　　　　图 3-27　题 3-6、题 3-7 图

3-7　对于哈尔小波函数，画出小波 $\psi_{3,3}(x)$，试对图 3-27 中的 $f(x)$ 进行一次小波分解。

3-8　给定一幅行和列均为 2 的整数次幂的图像，用哈尔小波基对其进行二维小波变换，试着将最低尺度近似分量 W_φ 置零再反变换，你看到的是什么？如果把垂直方向的细节置零，反变换后你看到的又是什么？试解释一下原因。

3-9　请用 C 或者 MATLAB 编程对图像进行小波变换，观察小波系数特点。

第4章 图像增强

4.1 引言

在图像的生成、传输或变换的过程中，由于多种因素的影响，总会造成图像质量的下降，这就需要进行图像增强。图像增强是基本的图像处理技术之一，其主要目的有两个：一是改善图像的视觉效果，提高图像的清晰度。"改善"是指针对给定图像的模糊状况以及其应用场合，通过图像处理算法，达到有目的性地强调图像整体或局部特性的效果。例如在图 4-1 中，原来的照片由于存放年代久远，因此数字化后的图像中有很多模糊的杂点，经过图像平滑处理后图像的视觉效果得到提高。二是将图像转换成一种更适合于人类或机器进行分析处理的形式，以便从图像中获取更多有用的信息。例如在图 4-2 中，通过锐化处理可以突出图像的边缘轮廓线，以便于后续的各种特征分析。

a) 原图   b) 平滑处理后的图像

图 4-1　图像平滑处理的效果

图像增强与感兴趣物体的特性、观察者的习惯和处理目的相关，因此，图像增强算法的应用是有针对性的，并不存在通用的增强算法。近十多年来，图像处理工作者提出了不少颇有成效的增强算法，其中相当一部分已付诸实用。但目前的增强技术大多属于试探式和面向问题的，而且由于评价图像质量的优劣标准凭观察者的主观而定，衡量图像增强质量的通用标准和通用的定量判据并不存在，因此图像增强方法的有效性目前尚无统一的权威性定义。在实用中，针对某个应用场合的具体图像，可同时选几种适当的增强算法进行试验，从中选出视觉效果比较好、计算复杂性相对小又合乎应用要求的一种算法。

图像增强技术包括：扩展对比度、增强图像中对象的边缘、消除或抑制噪声或保留图像中感兴趣的某些特性而抑制另一些特性等。

图像增强方法按其处理的空间不同，可分为空间域法和频率域法两大类：

a) 原图像

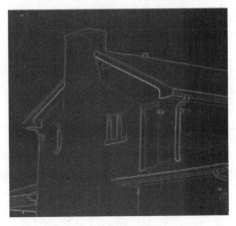
b) 边缘突出后的图像

图 4-2　图像边缘轮廓线的突出效果

1. 空间域法

空间域法是在空间域内直接对像素灰度值进行运算处理，如图 4-3 所示。常用的空间域法有图像的直接灰度变换、直方图修正、图像空间域平滑和锐化处理、伪彩色处理等。

2. 频率域法

频率域法就是在图像的某种变换域内，对图像的变换值进行运算，然后通过逆变换获得图像增强效果。这是一种间接处理方法，其过程如图 4-4 所示。其中，$f(x,y)$ 是输入图像函数，$F(u,v)$ 是 $f(x,y)$ 经正变换后的频率域函数（这里的变换并不一定是傅里叶变换，也可能是其他变换），$G(u,v)$ 是经过频率域处理后的函数，$g(x,y)$ 是 $G(u,v)$ 经反变换后得到的空间域函数。

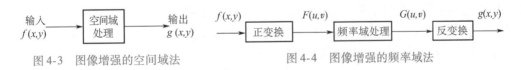

图 4-3　图像增强的空间域法　　　　图 4-4　图像增强的频率域法

根据图像的频率特性分析，一般认为整个图像的对比度和动态范围取决于图像信息的低频部分，而图像中的边缘轮廓及局部细节取决于高频部分。因此可以采用二维数字滤波方法来进行图像处理。如采用高通滤波器，有助于突出边缘轮廓和图像细节部分，而用低通滤波器可以减少图像噪声。

本章主要介绍几种常用的图像增强处理方法。

4.2　直接灰度变换

一般的成像系统具有一定的亮度范围，我们称亮度的最大值与最小值之差为对比度。由于成像系统亮度范围有限，常出现对比度不足的弊病，使人眼观察图像时视觉效果很差。通过灰度变换可使图像动态范围加大、图像对比度扩展、图像清晰、图像特征明显，从而大大改善了图像的视觉效果。灰度变换是图像增强的重要手段之一。灰度变换法又分为灰度线性变换和灰度非线性变换两种。

4.2.1　灰度线性变换

1. 全域线性变换

假定原图像 $f(x,y)$ 的灰度范围为 $[a,b]$，希望变换后图像 $g(x,y)$ 的灰度范围扩展至 $[c,d]$，则线性变换的表示式为

$$g(x,y) = [(d-c)/(b-a)][f(x,y)-a] + c \tag{4-1}$$

此关系可用图 4-5 表示。

如果图像中大部分像素的灰度级分布在区域 $[a,b]$ 之间，小部分灰度级超出了此区域，为了改善增强效果，可以用如下所示的变换关系：

$$g(x,y) = \begin{cases} c & 0 \leqslant f(x,y) < a \\ \dfrac{d-c}{b-a}[f(x,y)-a] + c & a \leqslant f(x,y) < b \\ d & b \leqslant f(x,y) \leqslant M \end{cases} \tag{4-2}$$

此关系可用图 4-6 表示。

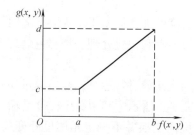

图 4-5　灰度范围线性变换关系

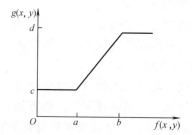

图 4-6　式(4-2)的线性变换关系

在灰度线性变换中有一种比较特别的情况，就是图像的负相变换。对图像求反是将原图灰度值翻转，简单地说就是将黑的变成白的、将白的变成黑的。普通黑白照片和底片就是这种关系。负相变换的关系可用图 4-7 表示，图中的 a 为图像灰度的最大值。

负相变换有时是很有用的，如图 4-8 所示，原图中黑色区域占绝大多数，这样打印起来很费墨，可以先进行负相变换处理再打印，省墨的同时同样能反映原图的基本内容。

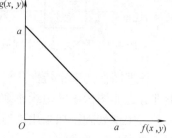

图 4-7　图像的负相变换关系

2. 分段线性变换

在图像增强中，为了突出感兴趣的目标或灰度区间，相对抑制那些不感兴趣的灰度区间，可以采用分段线性变换。常用的方法是分三段作线性变换，如图 4-9 所示，其数学表达式为

$$g(x,y) = \begin{cases} (c/a)f(x,y) & 0 \leqslant f(x,y) < a \\ [(d-c)/(b-a)][f(x,y)-a] + c & a \leqslant f(x,y) < b \\ [(M_g-d)/(M_f-b)][f(x,y)-b] + d & b \leqslant f(x,y) \leqslant M_f \end{cases} \tag{4-3}$$

图中对灰度区间 $[a,b]$ 进行了线性变换，而灰度区间 $[0,a]$ 和 $[b,M_f]$ 受到了压缩。通过细心调整折线拐点的位置及控制分段直线的斜率，可对任意灰度区间进行扩展或压缩。这种变换适用于在黑色或白色附近有噪声干扰的情况。例如图 4-10 中的照片，在女孩的帽檐上

a) 原图

b) 进行负相变换后的图

图 4-8　图像的负相变换

有一条白色的划痕，在女孩后面的镜框上有一条黑色的划痕，对原图进行分段线性变换处理，由于变换后 $[0,a]$ 和 $[b,M_f]$ 之间的灰度受到压缩，因而使划痕得到减弱。

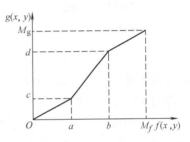

图 4-9　分段线性变换关系

下面介绍几种常用的分段线性变换处理。

（1）对比度扩展（Contrast Stretching）　分段线性变换中最常见的就是对比度扩展，即图像对比度增强。假设有一幅图，由于成像时光照不足，使得整幅图色调偏暗（如灰度范围为 $0\sim63$）；或者成像时光照过强，使得整幅图色调偏亮（如灰度范围为 $200\sim255$），这些情况称为低对比度，即灰度都挤在一起，没有拉开。对比度扩展的意思就是把感兴趣的灰度范围拉开，使得该范围内的像素值，高的更高，低的更低，从而达到增强对比度的目的。增强对比度实际上就是增强原图各部分的反差，实际中往往是通过增加原图里某两个灰度值间的动态范围来实现的。增强对比度的典型变换曲线与图 4-9 所示的曲线类似，可以看出，通过这样一个变换，原图中灰度值在 $0\sim a$ 和 $b\sim M_f$ 间的动态范围减小了，而原图中灰度值在 a 和 b 之间的动态范围增加了，从而这个范围内的对比度增强了。变换结果如图 4-11 所示。

a) 原图

b) 进行分段线性变换后的图

图 4-10　图像的分段线性变换

a) 原图动态范围偏低　　　　b）原图动态范围偏高　　　　c) 对比度扩展后的图

图4-11　图像的对比度扩展

　　实际应用中 a、b、c、d 可取不同的值进行组合，从而得到不同的效果。如果 $a=c$、$b=d$，则变换曲线为一条斜率为1的直线，增强图将和原图相同。

　　（2）削波（Clipping）　削波可以看作是对比度扩展的一个特例，在图4-9所示的对比度扩展曲线中，如果 $c=0$、$d=M_g$，则变换后的图像抑制了 $[0,a]$ 和 $[b,M_f]$ 两个灰度区间内的像素，增强了 $[a,b]$ 之间像素的动态范围，其变换关系如图4-12所示。

图4-12　削波的变换关系

　　图4-13所示是一个削波的实例。

a) 原图　　　　　　　　　　b) 削波处理后的图

图4-13　图像的削波处理

　　（3）阈值化（Thresholding）　阈值化可以看作是削波的一个特例，在图4-9所示的对比度扩展曲线中如果 $a=b$、$c=0$、$d=M_g$，则变换后的图像只剩下两个灰度级，对比度最大但细节全部丢失。阈值就好像一个门槛，比它大的就是白，比它小的就是黑。经过阈值化处理后的图像变成了黑白二值图，阈值化是灰度图转二值图的一种常用方法。图4-14所示是阈值化的变换关系。

图 4-15 所示是阈值化处理的一个例子，图像经阈值化
处理后，变成了一幅黑白二值图。

（4）灰度窗口变换（Slicing） 灰度窗口变换是将某一
区间的灰度级和其他部分（背景）分开。灰度窗口变换有两
种，一种是清除背景，一种是保留背景。前者把不在灰度
窗口范围内的像素都赋值为最小灰度级，在灰度窗口范围
内的像素都赋值为最大灰度级，这实际上是一种窗口二值

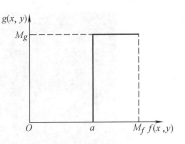

图 4-14 阈值化的变换关系

化处理，其变换关系如图 4-16 所示；后者是把不在灰度窗口范围内的像素保留原灰度值，
而在灰度窗口范围内的像素都赋值为最大灰度级，其变换关系如图 4-17 所示。

a) 原图

b) 阈值化处理后的图

图 4-15 图像的阈值化处理

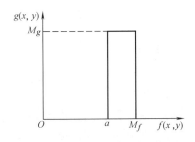

图 4-16 清除背景的灰度窗口变换关系

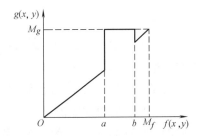

图 4-17 保留背景的灰度窗口变换关系

灰度窗口变换可以检测出在某一灰度窗口范围内的所有像素，是图像灰度分析中的一个
有力工具。如图 4-18 所示，经过清除背景的灰度窗口变换处理后，原图夜景中大厦里的灯
光被提取了出来，而保留背景的灰度窗口变换在将夜景中大厦里的灯光提取出来的同时还保
留了大厦的背景，可以看出它们的差别还是很明显的。

灰度窗口变换的应用十分广泛，现在的电影特技制作中广泛使用的"蓝幕"技术就用
到了这一原理。例如在电影《阿甘正传》中那个断腿的丹尼上校，就是应用了类似灰度窗口
变换的思想来实现的：先拍一幅没有演员出现的背景画面，然后拍一幅有演员出现、其他背
景不变的画面，此时演员的腿用蓝布包裹。把前后两幅图输入计算机进行处理，在第二幅图
中凡是遇到蓝色的像素，就用第一幅图中对应位置的背景像素代替，这样，一位断腿的上校
就逼真地出现在屏幕上了。

| a) 原图 | b) 清除背景的灰度窗口变换 | c) 保留背景的灰度窗口变换 |

图4-18　图像的灰度窗口变换

4.2.2　灰度非线性变换

当用某些非线性函数，如对数函数作为图像的映射函数时，可实现图像灰度的非线性变换，对数变换的一般形式为

$$g(x,y) = a + \frac{\ln[f(x,y)+1]}{b\ln c} \qquad (4\text{-}4)$$

式中，a、b、c 是为了便于调整曲线的位置和形状而引入的参数，它使低灰度范围的 f 得以扩展而高灰度范围的 f 得到压缩，以使图像分布均匀，与人的视觉特性相匹配。图像的对数变换关系如图4-19所示。

指数变换的一般形式为

$$g(x,y) = b^{c[f(x,y)-a]} - 1 \qquad (4\text{-}5)$$

式中，a、b、c 三个参数同样是用来调整曲线的位置和形状。它的效果与对数变换相反，使图像的高灰度范围得到扩展。灰度非线性变换的一个例子是动态范围压缩，该方法的目标

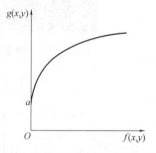

图4-19　图像的对数变换关系

与增强对比度相反，有时原图的动态范围太大，超出某些显示设备的允许动态范围，这时如直接使用原图则一部分细节可能丢失，解决的办法是对原图进行灰度压缩。一种常用的压缩方法是借助图4-19所示的对数形式变换，动态范围压缩的效果如图4-20所示。

| a) 原图 | b) 进行动态范围压缩后的图 |

图4-20　图像的动态范围压缩

4.3　直方图修正法

在数字图像处理中，灰度直方图是最简单且最有用的工具之一，可以说，对图像的分析与观察乃至形成一个有效的处理方法，都离不开直方图。

4.3.1　灰度直方图的定义

灰度直方图是表示一幅图像灰度分布情况的统计图表。直方图的横坐标是灰度级，一般用 r 表示，纵坐标是具有该灰度级的像素个数或出现这个灰度级的概率 $P(r_k)$。已知

$$P(r_k) = n_k/N \tag{4-6}$$

式中，N 为一幅图像中像素的总数；r_k 表示灰度值为 k 的灰度级；n_k 为第 r_k 级灰度的像素数；$P(r_k)$ 表示该灰度级出现的概率。因为 $P(r_k)$ 给出了对 r_k 出现概率的一个估计，所以直方图提供了原图的灰度值分布情况，也可以说给出了一幅图所有灰度值的整体描述。图 4-21 给出了图像的直方图。

a) 原图

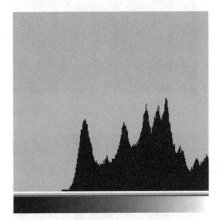

b) 原图的直方图

图 4-21　图像的直方图

对于相同的场景，由于获得图像时的亮度或对比度不同，所对应的直方图也不同。如图 4-22 所示，图 a 对应偏暗的图像，图 b 对应偏亮的图像，图 c 对应动态范围偏小的图像，图 d 对应动态范围正常的图像。由此看出，可以通过改变直方图的形状来达到增强图像对比度的效果。

直方图仅能统计灰度像素出现的概率，具有一维特征，反映不出该像素在图像中的二维坐标，即在直方图中，失去了图像本身具有的像素空间位置信息（二维特征）。一幅图像对应一个直方图，但一个直方图并不一定只对应一幅图像，几幅图像只要灰度分布密度相同，那么它们的直方图也是相同的。假定有一个只有两个灰度级且分布规律相同的直方图如图 4-23a 所示，其相对应的图像可以是图 4-23b 所示的几种不同的图像。虽然在图像的灰度直方图中，所有的空间信息全部丢失，不能判断图像的内容，但是每一个灰度级上的像素个数可直接得到，通过灰度直方图的形状，能判断该图像的清晰度和黑白对比度。

a) 偏暗的图像及其直方图

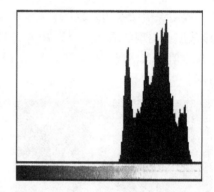

b) 偏亮的图像及其直方图

c) 动态范围偏小的图像及其直方图

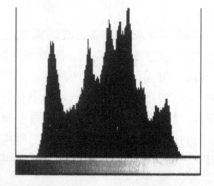

d) 动态范围正常的图像及其直方图

图 4-22　不同类型图像的直方图

a) 图像的直方图

b) 对应的几种不同的图像

图 4-23　不同图像对应相同的直方图

4.3.2　直方图的用途

1. 数字化参数

首先，通过直方图可以直观地判断出一幅图像是否合理地利用了全部被允许的灰度级范围，一般一幅图像应该利用全部或几乎全部可能的灰度级，否则就等于增加了量化间隔。其次，如果图像在数字化过程中具有超出处理能力范围的亮度，则这些像素的灰度级将被置为 0 或 255，并在直方图的一端或两端产生尖峰，为避免这个问题，最好的办法是在图像数字化时对其直方图进行检查。

2. 边界阈值选取

假定一幅图像的背景是浅色的，前景为一个深色的物体，则图像的灰度直方图具有两个峰值区域，如图 4-24c 所示。图 4-24a 中的浅色背景像素产生了直方图的右峰，而图像前景中的房屋产生了直方图的左峰。物体边界附近具有两个峰值之间灰度级的像素数目相对较少，从而产生了两峰之间的谷，这表明例中图像较亮的背景区域和较暗的前景区域可以较好地分离，取这一点为阈值点，可以得到较好的二值化处理效果，如图 4-24b 所示。

4.3.3　直方图均衡化

对于获得的图像，如果其视觉效果不理想，可以通过直方图均衡化处理技术对其直方图作适当修改，实现增强图像对比度的目的。这种方法的基本思想是对原始图像中的像素灰度作某种映射变换，使变换后的图像灰度的概率密度是均匀分布的，即变换后图像是一幅灰度级均匀分布的图像，这意味着图像灰度的动态范围得到了增加，即图像的对比度得到了提高。例如，一幅对比度较小的图像，其直方图分布一定集中在某一比较小的范围之内，经过均衡化处理后的图像，增加了图像的动态范围和对比度。

为了研究方便，用 r 和 s 分别表示归一化的原始图像灰度和变换后的图像灰度，即

$$0 \leqslant r \leqslant 1, \ 0 \leqslant s \leqslant 1 \quad （0 代表黑，1 代表白）$$

在 $[0,1]$ 区间内的任意一个 r 值，都可以产生一个 s 值，且 $s = T(r)$，$T(r)$ 为变换函数。为使这种灰度变换具有实际意义，$T(r)$ 应满足下列条件：

a) 原图

b) 阈值分割后的二值图

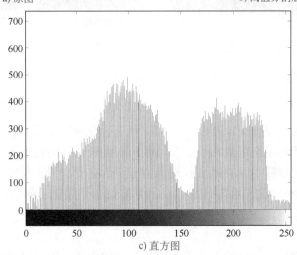

c) 直方图

图 4-24　利用直方图选取边界阈值

1）在 $0 \leqslant r \leqslant 1$ 区间，$T(r)$ 为单调递增函数；

2）在 $0 \leqslant r \leqslant 1$ 区间，有 $0 \leqslant T(r) \leqslant 1$。

这里，条件 1）保证灰度级从黑到白的次序，条件 2）保证变换后的像素灰度仍在原来的动态范围内。

由 s 到 r 的反变换为

$$r = T^{-1}(s) \quad (0 \leqslant s \leqslant 1)$$

这里 $T^{-1}(s)$ 对 s 也满足条件 1）和 2）。

由概率论可知，若原图像灰度级的概率密度函数 $P_r(r)$ 和变换函数 $T(r)$ 已知，且 $T^{-1}(s)$ 是单调增加函数，则变换后的图像灰度级的概率密度函数 $P_s(s)$ 如下式所示：

$$P_s(s) = P_r(r) \frac{\mathrm{d}r}{\mathrm{d}s} \bigg|_{r=T^{-1}(s)} \tag{4-7}$$

对于连续图像，当直方图均衡化（并归一化）后有 $P_s(s) = 1$，即

$$\mathrm{d}s = P_r(r)\mathrm{d}r = \mathrm{d}T(r) \tag{4-8}$$

两边取积分得

$$s = T(r) = \int_0^r P_r(r)\mathrm{d}r \tag{4-9}$$

式(4-9)就是所求的变换函数，它表明变换函数是原图像的累计分布函数，是一个非负的递增函数。

图 4-25 所示为连续情况下非均匀概率密度函数 $P_r(r)$ 经变换函数 $T(r)$ 转换为均匀概率分布 $P_s(s)$ 的情况。变换后图像的动态范围与原图一致。

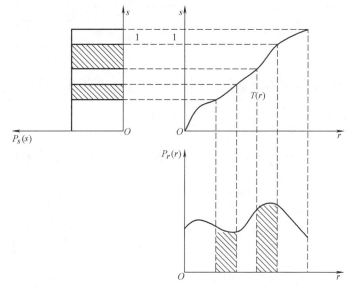

图 4-25　将非均匀概率密度变换为均匀概率密度

例 4-1　给定一幅图像的灰度级概率密度函数为

$$P_r(r) = \begin{cases} -2r+2 & 0 \leqslant r \leqslant 1 \\ 0 & \text{其他} \end{cases} \tag{4-10}$$

要求其直方图均匀化，计算出变换函数 $T(r)$。

解　由式(4-9)得

$$s = T(r) = \int_0^r P_r(r)\,\mathrm{d}r = \int_0^r (-2r+2)\,\mathrm{d}r = -r^2 + 2r \tag{4-11}$$

根据 $T(r)$ 即可由 r 计算 s，亦即由 $P_r(r)$ 分布的图像得到 $P_s(s)$ 分布的图像。

对于离散图像，假定数字图像中的总像素为 N、灰度级总数为 L 个、r_k 表示灰度值为 k 的灰度级、n_k 为第 r_k 级灰度的像素数，则该图像中灰度级 r_k 的像素出现的概率(或称频数)为

$$P_r(r_k) = \frac{n_k}{N} \quad (0 \leqslant r_k \leqslant 1; k = 0, 1, \cdots, L-1) \tag{4-12}$$

对其进行均匀化处理的变换函数为

$$s_k = T(r_k) = \sum_{j=0}^{k} P_r(r_j) = \sum_{j=0}^{k} \frac{n_j}{N} \tag{4-13}$$

相应的逆变换函数为

$$r_k = T^{-1}(s_k) \quad (0 \leqslant s_k \leqslant 1) \tag{4-14}$$

利用式(4-13)对图像作灰度变换，即可得到直方图均衡化后的图像。下面举例说明数字图像直方图均衡化处理的详细过程。

例 4-2　假设有一幅图像，共有 64×64 像素、8 个灰度级，各灰度级概率分布见

表4-1，将其直方图均衡化。

表4-1 各灰度级概率分布($N=4096$)

灰度级 r_k	$r_0=0$	$r_1=1/7$	$r_2=2/7$	$r_3=3/7$	$r_4=4/7$	$r_5=5/7$	$r_6=6/7$	$r_7=1$
像素数 n_k	790	1023	850	656	329	245	122	81
概率 $P_r(r_k)$	0.19	0.25	0.21	0.16	0.08	0.06	0.03	0.02

解 根据表4-1做出的此图像直方图如图4-26所示，应用式(4-13)可求得变换函数为

$$s_0=T(r_0)=\sum_{j=0}^{0}P_r(r_j)=P_r(r_0)=0.19$$

$$s_1=T(r_1)=\sum_{j=0}^{1}P_r(r_j)=P_r(r_0)+P_r(r_1)=0.19+0.25=0.44$$

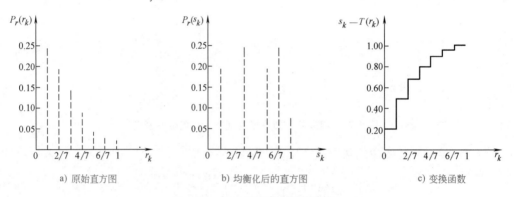

a) 原始直方图　　　　b) 均衡化后的直方图　　　　c) 变换函数

图4-26 例4-2的直方图均衡化

按此同样的方法计算出 s_2、s_3、s_4、s_5、s_6、s_7 如下：

$s_2=0.65$　　$s_3=0.81$　　$s_4=0.89$　　$s_5=0.95$　　$s_6=0.98$　　$s_7=1.00$

图4-26c表示出了 s_k 与 r_k 之间的曲线，根据变换函数 $T(r_k)$ 可以逐个将 r_k 变成 s_k，从表4-1中看出原图像给定的 r_k 是等间隔的，即在0、1/7、2/7、3/7、4/7、5/7、6/7和1中取值，而经过 $T(r_k)$ 求得的 s_k 就不一定再是等间隔的，从图4-26c中可以明显地看出这一点，表4-2中列出了重新量化后得到的新灰度 s_0'、s_1'、s_2'、s_3'、s_4'。

表4-2 直方图均衡化过程

原灰度级	变换函数 $T(r_k)$ 值	像素数	量 化 级	新灰度级	新灰度级分布
$r_0=0$	$T(r_0)=s_0=0.19$	790	0		0
$r_1=1/7$	$T(r_1)=s_1=0.44$	1023	$1/7=0.14$	$s_0'(790)$	$790/4096=0.19$
$r_2=2/7$	$T(r_2)=s_2=0.65$	850	$2/7=0.29$		
$r_3=3/7$	$T(r_3)=s_3=0.81$	656	$3/7=0.43$	$s_1'(1023)$	$1023/4096=0.25$
$r_4=4/7$	$T(r_4)=s_4=0.89$	329	$4/7=0.57$		
$r_5=5/7$	$T(r_5)=s_5=0.95$	245	$5/7=0.71$	$s_2'(850)$	$850/4096=0.21$
$r_6=6/7$	$T(r_6)=s_6=0.98$	122	$6/7=0.86$	$s_3'(985)$	$985/4096=0.24$
$r_7=1$	$T(r_7)=s_7=1.00$	81	1	$s_4'(448)$	$448/4096=0.11$

把计算出来的 s_k 与量化级数相比较，可以得出：

$$s_0 = 0.19 \to \frac{1}{7} \quad s_1 = 0.44 \to \frac{3}{7} \quad s_2 = 0.65 \to \frac{5}{7} \quad s_3 = 0.81 \to \frac{6}{7} \quad s_4 = 0.89 \to \frac{6}{7}$$

$$s_5 = 0.95 \to 1 \quad s_6 = 0.98 \to 1 \quad s_7 = 1 \to 1$$

由上可知，经过变换后的灰度级不再需要 8 个，而只需要 5 个就可以了，它们是

$$s_0' = \frac{1}{7} \quad s_1' = \frac{3}{7} \quad s_2' = \frac{5}{7} \quad s_3' = \frac{6}{7} \quad s_4' = 1$$

把相应原灰度级的像素数相加就得到新灰度级的像素数。均衡化以后的直方图示于图 4-26b，从图中可以看出均衡化后的直方图比原直方图 4-26a 均匀了，但它并不能完全均匀，这是由于在均衡化的过程中，原直方图上有几个像素较少的灰度级合并到一个新的灰度级上，而像素较多的灰度级间隔被拉大了。

虽然直方图均衡化能够提高图像对比度，但它是以减少图像的灰度等级为代价的。在均衡化的过程中，原直方图上图像灰度级 r_3、r_4 合成了一个灰度级 s_3'，灰度级 r_5、r_6、r_7 合成了一个灰度级 s_4'。可以理解，原图像中灰度级 r_3 和 r_4 之间，以及灰度级 r_5、r_6、r_7 之间的图像细节经均衡化以后，完全损失掉了，如果这些细节很重要，就会导致不良结果。为把这种不良结果降低到最低限度同时又可提高图像的对比度，可以采用局部直方图均衡化的方法。

直方图均衡化的实例如图 4-27 所示，其中图 a 和图 b 分别为一幅 256 灰度级的原图和其直方图。原图较暗且动态范围较小，反映在直方图上就是其直方图所占据的灰度值范围比较窄，而且集中在低灰度值一边。图 4-27c 和图 4-27d 分别为对原图进行直方图均衡化处理后的效果及其对应的直方图。原图经处理后，直方图占据了整个图像灰度值允许的范围。由于直方图均衡化增加了图像灰度动态范围，所以也增加了原图像的对比度，反映在图像上就是图像的反差较大，许多细节都看得比较清楚了。但需要注意的是，直方图均衡化在增加图像对比度的同时，也增加了图像的颗粒感。

如果希望得到一个直方图完全平均而且灰度等级又不减少的均衡化处理，则必须用一些拟合技术，下面举例说明这种技术。以上述例 4-2 图像为例，要求处理后每一灰度级出现的概率相等，则每一灰度级的像素个数总和必须都是 512，见表 4-3。

表 4-3 均匀处理结果

	s_0	s_1	s_2	s_3	s_4	s_5	s_6	s_7	处理前
r_0	512	278							790
r_1		234	512	277					1023
r_2				235	512	103			850
r_3						409	247		656
r_4							265	64	329
r_5								245	245
r_6								122	122
r_7								81	81
处理后	512	512	512	512	512	512	512	512	4096

从表 4-3 可以看出，为了得到均匀输出，原灰度为 $r_0 \sim r_4$ 的像素都必须分成两部分或三部分。例如某一像素点原来的灰度值为 r_1，变换后它可以属于 s_1、s_2 或 s_3。如何确定其确切

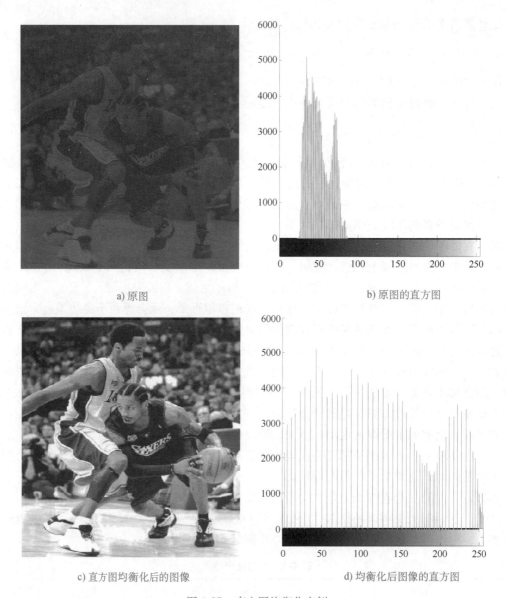

a) 原图

b) 原图的直方图

c) 直方图均衡化后的图像

d) 均衡化后图像的直方图

图 4-27　直方图均衡化实例

的灰度值,有两个办法。

（1）随机取数法　以上例的 r_3 为例,原图中属于 r_3 的有 656 个像素。按表 4-3 所列,其中 409 个应归入 s_5,247 个应归入 s_6。为确定某个灰度为 r_3 的像素应归入 s_5 还是归入 s_6,用计算机产生一个值为 0~1 间均匀分布的随机数,每遇到一个 r_3,就让随机数发生器产生一个随机数。由于 409/656 = 0.623、247/656 = 0.377,因此,如产生的随机数在 0~0.623 之间,就把这个灰度为 r_3 的像素转为 s_5;如产生的随机数在 0.623~1 之间,就把这个灰度为 r_3 的像素转为 s_6。

（2）按像素的邻域点的灰度来决定这个像素应属于哪个输出级　例如对灰度为 r_3 的像素,要看这个像素的邻域点(4 邻域或 8 邻域)有没有 s_5 和 s_6 的像素,以具有 s_5 和 s_6 灰度的像素多少来确定 r_3 属于 s_5 或属于 s_6;如 r_3 的邻域没有 s_5 或 s_6 的,则看其邻域有没有 s_4 或 s_7 的,以确定其输出属于 s_5 或属于 s_6,邻域中 s_4 多则 r_3 属于 s_5,s_7 多则属于 s_6。

4.3.4　直方图规定化

直方图均衡化的优点是能自动地增强整个图像的对比度，但具体的增强效果不易控制，处理的结果总是得到全局均衡化的直方图。另外，均衡化处理后的图像虽然增强了图像的对比度，但它并不一定符合人的视觉特性。实际应用中，有时要求突出图像中人们感兴趣的灰度范围，这时可以通过变换直方图使之成为所要求的形状，从而有选择地增强某个灰度值范围内的对比度，这种方法称为直方图规定化或直方图匹配。

下面具体介绍如何实现直方图规定化处理。先讨论连续的情况：设 $P_r(r)$ 和 $P_z(z)$ 分别代表原始图像和规定化处理后图像（即希望得到的图像）的灰度概率密度函数，分别对原始直方图和规定化处理后的直方图进行均衡化处理，则有

$$s = T(r) = \int_0^r P_r(r)\,\mathrm{d}r \tag{4-15}$$

$$v = G(z) = \int_0^z P_z(z)\,\mathrm{d}z \tag{4-16}$$

$$z = G^{-1}(v) \tag{4-17}$$

均衡化处理后，理论上二者所获得的图像灰度概率密度函数 $P_s(s)$ 和 $P_v(v)$ 应该是相等的，为此可以用 s 代替式 (4-17) 中的 v，即

$$z = G^{-1}(s) \tag{4-18}$$

这里的灰度级 z 便是所求得的直方图规定化图像的灰度级。

此外，利用式 (4-15) 和式 (4-18) 还可得到组合变换函数

$$z = G^{-1}(T(r)) \tag{4-19}$$

利用此式可从原始图像得到希望的图像灰度级。

对于连续图像，重要的是要给出逆变换解析式。对于离散图像而言，有

$$P_z(z_k) = \frac{n_k}{N} \tag{4-20}$$

$$v_k = G(z_k) = \sum_{j=0}^{k} P_z(z_j) \tag{4-21}$$

$$z_k = G^{-1}(s_k) = G^{-1}(T(r_k)) \tag{4-22}$$

下面仍以例 4-2 的图像为例，说明直方图规定化增强的过程。图 4-28a 是原始直方图，图 4-28b 是希望得到的直方图，把计算过程用表 4-4 列出。

表 4-4　直方图规定化计算过程

序　号	运　　算	步骤和结果							
1	原始图像灰度级	0	1	2	3	4	5	6	7
2	原始直方图各灰度级像素 n_k	790	1023	850	656	329	245	122	81
3	原始直方图 $P(r)$	0.19	0.25	0.21	0.16	0.08	0.06	0.03	0.02
4	原始累积直方图 s_k	0.19	0.44	0.65	0.81	0.89	0.95	0.98	1.00
5	规定化直方图 $P(z)$	0	0	0	0.15	0.20	0.30	0.20	0.15
6	规定化累积直方图 v_k	0	0	0	0.15	0.35	0.65	0.85	1.00
7	映射 $\lvert s_k - v_k \rvert$ 最小	3	4	5	6	6	7	7	7
8	确定映射关系	0→3	1→4	2→5	3,4→6		5,6,7→7		
9	变换后直方图	0	0	0	0.19	0.25	0.21	0.24	0.11

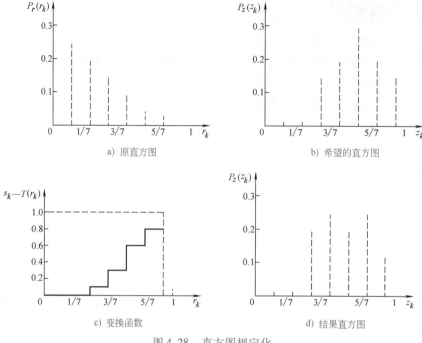

图 4-28 直方图规定化

以上步骤整理如下：

1）重复例4-2的均衡化过程，8个灰度级并为5个灰度级；

2）对规定化的图像用同样的方法进行直方图均衡化处理，$v_k = G(z_k) = \sum_{j=0}^{k} P_z(z_j)$；

3）使用与v_k靠近的s_k代替v_k，并用$G^{-1}(s)$求逆变换即可得到z'_k；

4）图像总像素点为$64 \times 64 = 4096$，根据一系列z'_k求出相应的$P_z(z_k)$，其结果如图 4-28d 所示。

例 4-3 直方图规定化示例。

图 4-29a 为原图，利用如图 4-29b 所示的规定化函数对原始图进行直方图规定化的变换，得到的结果如图 4-29c 所示，其直方图如图 4-29d 所示。

a）原图   b）规定化函数

图 4-29 直方图规定化

c) 直方图规定化后的结果

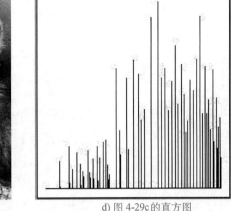
d) 图 4-29c 的直方图

图 4-29 直方图规定化（续）

4.4 图像平滑

众所周知，实际获得的图像在形成、传输、接收和处理的过程中，不可避免地存在着外部干扰和内部干扰，如光电转换过程中敏感元器件灵敏度的不均匀性、数字化过程的量化噪声、传输过程中的误差以及人为因素等，均会使图像质量变差，需要进行图像的平滑处理，图像平滑的目的是消除噪声。图像的平滑可以在空间域进行，也可以在频率域进行。空间域常用的方法有邻域平均法、中值滤波和多图像平均法等；在频率域，因为噪声频谱多在高频段，因此可以采用各种形式的低通滤波方法进行平滑处理。

4.4.1 邻域平均法

邻域平均法就是对含噪声的原始图像 $f(x,y)$ 的每个像素点取一个邻域 S，计算 S 中所有像素灰度级的平均值，作为邻域平均处理后的图像 $g(x,y)$ 的像素值，即

$$g(x,y) = \frac{1}{M} \sum_{(i,j) \subset S} f(i,j) \tag{4-23}$$

式中，S 是预先确定的邻域；M 为邻域 S 中像素的个数。关于邻域 S 的选取，图 4-30 所示为 4 个邻域点和 8 个邻域点两种情况。

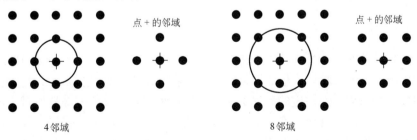

a) 邻域半径为一个像素间隔 Δx b) 邻域半径为 $\sqrt{2}\,\Delta x$

图 4-30 邻域选择示例

如图 4-31 所示为用邻域平均法所产生的平滑效果，图 a 是含有噪声的原图，图 b 和图 c 是采用邻域平均法进行平滑处理的图，其中图 b 进行邻域平均时的邻域半径为 1，图 c 的邻

域半径为 2。由图可以看出，图像平滑的直观效果是图像的噪声得以消除或衰减，但同时图像变得比处理前模糊了，特别是图像边缘和细节部分，并且所选的邻域半径越大，平滑作用越强，图像就越模糊。

a) 含有噪声的原图　　　　b) 半径为1的邻域平均法处理结果　　　c) 半径为2的邻域平均法处理结果

图 4-31　邻域平均法实例

为了减轻这种效应，可以采用阈值法，即根据下列准则对图像进行平滑：

$$g(x,y) = \begin{cases} \dfrac{1}{M}\displaystyle\sum_{(i,j)\subset S} f(i,j) & \left| f(x,y) - \dfrac{1}{M}\displaystyle\sum_{(i,j)\subset S} f(i,j) \right| > T \\ f(x,y) & \text{其他} \end{cases} \tag{4-24}$$

式中，T 是预先设定的阈值，当某些点的灰度值与其邻域点的灰度平均值之差不超过阈值 T 时，仍保留这些点的灰度值。当某些点的灰度值与其邻域点的灰度平均值差别较大时，这些点必然是噪声，这时取其邻域平均值作为这些点的灰度值。这样平滑后的图像比单纯地进行邻域平均后的图像要清晰一些，抑噪效果仍然很好。

在实际处理过程中，选择合适的阈值是非常重要的。若阈值选得太大，则会减弱噪声的去除效果；若阈值太小，则会增强图像平滑后的模糊效应。选择阈值需要根据图像的特点作具体分析，如果事先知道一些噪声的灰度级范围等先验知识，将有助于阈值的选择。

为了克服简单局部平均的弊病，目前已提出许多既保留边缘又保留细节的局部平滑算法。它们区别在于如何选择邻域的大小、形状和方向，如何选择参与平均的像素点数以及邻域各点的权重系数等，主要算法有：灰度最相近的 k 个邻点平均法、梯度倒数加权平滑、最大均匀性平滑、小斜面模型平滑等。

4.4.2　中值滤波

中值滤波是一种非线性处理技术，由于它在实际运算过程中并不需要知道图像的统计特性，所以实现起来比较简单。中值滤波最初是应用在一维信号处理技术中，后来被二维的图像信号处理技术所引用。在一定的条件下，中值滤波可以克服线性滤波器所带来的图像细节模糊，而且对滤除脉冲干扰及图像扫描噪声非常有效，但是对一些细节多，特别是点、线、尖顶细节较多的图像则不宜采用中值滤波的方法。中值滤波的目的是保护图像边缘的同时去除噪声。

1. 中值滤波的原理

中值滤波实际上就是用一个含有奇数个像素的滑动窗口，将窗口正中点的灰度值用窗口内各点的中值代替。例如若窗口长度为 5，窗口中像素的灰度值分别为 80、90、200、110、

120，则中值为 110，因为如果按从小到大排列，结果为 80、90、110、120、200，其中间位置上的值为 110。于是原来窗口正中的灰度值 200 就由 110 代替。如果 200 是一个噪声的尖峰，则将被滤除。然而，如果它是一个信号，那么此法处理的结果将会造成信号的损失。

设有一个一维序列 $f_1, f_2, \cdots, f_n$，用窗口长度为 $m(m$ 为奇数$)$的窗口对该序列进行中值滤波，就是从输入序列 $f_1, f_2, \cdots, f_n$ 中相继抽出 m 个数 $f_{i-v}, \cdots, f_{i-1}, f_i, f_{i+1}, \cdots, f_{i+v}$，其中 f_i 为窗口的中心值，$v = \dfrac{m-1}{2}$，再将这 m 个点的值按其数值大小排列，取其序号为正中间的那个值作为滤波器的输出值。用数学公式可表示为

$$Y_i = \mathrm{Med}\{f_{i-v}, \cdots, f_i, \cdots, f_{i+v}\} \quad i \in \mathbf{Z}, v = \frac{m-1}{2} \tag{4-25}$$

例 4-4　有一个序列为 $\{0,3,4,0,7\}$，当窗口 $m=5$ 时，试分别求出采用中值滤波和均值滤波的结果。

解　该序列重新排序后为 $\{0,0,3,4,7\}$，则中值滤波的结果 $\mathrm{Med}\{0,0,3,4,7\} = 3$。

如果采用平滑滤波，则平滑滤波的输出为

$$Z_i = (x_{i-v} + \cdots + x_i + \cdots + x_{i+v})/m = (0+3+4+0+7)/5 = 2.8$$

图 4-32 所示是采用中值滤波的方法对几种信号的处理结果，窗口长度为 5。可以看到中值滤波不影响阶跃函数和斜坡函数，因而对图像的边缘有保护作用但对于持续周期小于 1/2 窗口尺寸的脉冲将进行抑制(见图 4-32c 和图 4-32d)，因而可能损坏图像中的某些细节。

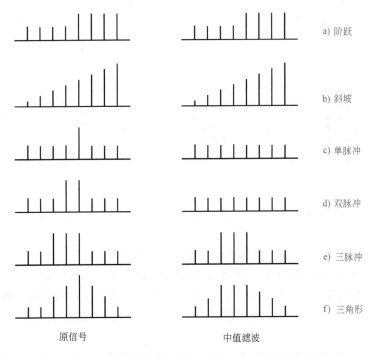

图 4-32　对几种信号进行中值滤波示例(窗口 $m=5$)

对二维序列 $\{X_{ij}\}$ 进行中值滤波时，滤波窗口也是二维的，只不过这种二维窗口可以有各种不同的形状，如线状、方形、圆形、十字形和圆环形等。二维数据的中值滤波可以表

示为

$$Y_{ij} = \underset{A}{\text{Med}}\{X_{ij}\} \quad A \text{ 为窗口} \tag{4-26}$$

在对图像进行中值滤波时，如果窗口关于中心点对称，并且包含中心点在内，则中值滤波能保持任意方向的跳变边缘。图像中的跳变边缘是指图像中不同灰度区域之间的灰度突变边缘。

在实际使用窗口时，窗口的尺寸一般先取 3 再取 5，依次增大直到滤波效果满意为止。对于有较长轮廓线物体的图像，采用方形或圆形窗口较合适；对于包含尖顶角物体的图像，采用十字形窗口较合适。使用二维中值滤波最应注意的是要保持图像中有效的细线状物体，如果图像中点、线、尖角细节较多，则不宜采用中值滤波。

2. 中值滤波的主要特性

（1）对某些输入信号中值滤波具有不变性　对某些特定的输入信号，中值滤波的输出保持输入信号值不变。例如输入信号为在窗口 $2n+1$ 内单调增加或单调减少的序列。二维序列的中值滤波不变性要复杂得多，它不但与输入信号有关，还与窗口的形状有关。图 4-33 列出了几种二维中值滤波窗口及与之对应的最小尺寸的不变输入图形。一般地，与窗口对顶角线垂直的边缘经滤波后将保持不变。利用这个特点，中值滤波既能去除图像中的噪声，又能保持图像中一些物体的边缘。

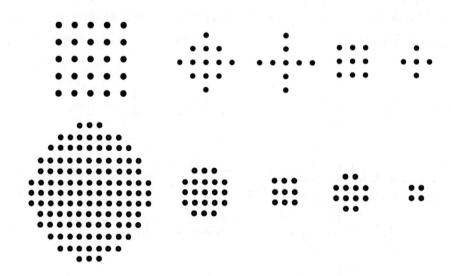

图 4-33　几种二维中值滤波的常用窗口及其对应的不变输入图形

（2）中值滤波去噪声性能　中值滤波可以用来减弱随机干扰和脉冲干扰。由于中值滤波是非线性的，因此对随机输入信号数学分析比较复杂。中值滤波的输出与输入噪声的概率密度分布有关，而邻域平均法的输出与输入分布无关。中值滤波在抑制随机噪声上要比邻域平均法差一些，但对于脉冲干扰（特别是脉冲宽度小于 $m/2$ 且相距较远的窄脉冲干扰），中值滤波是非常有效的。

图 4-34 所示的是中值滤波与邻域平均法的比较，其中图 a 是含有噪声的原图，图 b 是用中值滤波处理后的图，滤波窗口为 3×3，图 c 是用邻域平均法处理后的图，邻域半径为 2。可见，中值滤波后的图像边缘得到了较好的保护。

a) 含有噪声的原图

b) 中值滤波处理后的图

c) 邻域平均法处理后的图

图 4-34 中值滤波与邻域平均法的比较

4.4.3 多图像平均法

多图像平均法是利用对同一景物的多幅图像取平均值来消除噪声产生的高频成分，在图像采集中常应用这种方法去除噪声。

假定对同一景物 $f(x,y)$ 摄取 M 幅图像 $g_i(x,y)$ $(i=1,2,\cdots,M)$，由于在获取时可能有随机的噪声存在，所以 $g_i(x,y)$ 可表示为

$$g_i(x,y) = f(x,y) + n_i(x,y) \quad (i=1,2,\cdots,M) \tag{4-27}$$

式中，$n_i(x,y)$ 是叠加在每一幅图像 $g_i(x,y)$ 上的随机的噪声。假设各点的噪声是互不相关的，且均值为 0，则 $f(x,y)$ 为 $g(x,y)$ 的期望值，如果对 M 幅图像作灰度平均，则平均后的图像为

$$\overline{g}(x,y) = \frac{1}{M} \sum_{i=1}^{M} g_i(x,y) \tag{4-28}$$

那么可以证明它们的数学期望为

$$E\{\overline{g}(x,y)\} = f(x,y) \tag{4-29}$$

均方差为

$$\sigma^2_{\overline{g}(x,y)} = \frac{1}{M}\sigma^2_{n(x,y)} \tag{4-30}$$

式(4-30)表明，对 M 幅图像平均可把噪声方差减少为原来的 $1/M$，当 M 增大时，$\overline{g}(x,y)$ 将更加接近于 $f(x,y)$。多图像平均处理常用于摄像机中，用来减少电视摄像机光导析像管的噪声，这时可对同一景物连续摄取多幅图像并数字化，再对多幅图像取平均值，一般选用 8 幅图像取平均值。这种方法的实际应用困难是把多幅图像配准，以便使相应的像素能正确地对应排列。

例 4-5 用多图像平均法消除随机噪声。

图 4-35 所示的是用多图像平均法消除随机噪声的例子。图 a 是一幅叠加了零均值高斯随机噪声的灰度图像，图 b 和图 c 分别为用 4 幅和 8 幅同类图像(噪声类型相同，均值和方差也相同)进行叠加平均的结果。由图可见，随着参与平均的图像数量增加，噪声的影响逐步减少。

a) 叠加高斯噪声的灰度图像　　　　b) 4幅图像叠加平均的结果　　　　c) 8幅图像叠加平均的结果

图4-35　用多图像平均法消除随机噪声

4.4.4　频域低通滤波法

图像的边缘以及噪声干扰在图像的频域上对应于图像傅里叶变换中的高频部分，而图像的背景区则对应于低频部分，因此可以用频域低通滤波法去除图像的高频部分，以去掉噪声使图像平滑。

根据信号系统的理论，低通滤波法的一般形式可以写为

$$G(u,v) = H(u,v)F(u,v) \qquad (4\text{-}31)$$

式中，$F(u,v)$是含噪图像的傅里叶变换；$G(u,v)$是平滑后图像的傅里叶变换；$H(u,v)$是传递函数。利用$H(u,v)$使$F(u,v)$的高频分量得到衰减，得到$G(u,v)$后再经过傅里叶反变换就可以得到所希望的图像$g(x,y)$。低通滤波法的系统框图如图4-36所示。

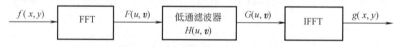

图4-36　低通滤波法的系统框图

选择不同的$H(u,v)$可产生不同的平滑效果，常用的四种传递函数分述如下。

（1）理想低通滤波器（ILPF）　一个理想的低通滤波器的传递函数由下式表示：

$$H(u,v) = \begin{cases} 1 & D(u,v) \leqslant D_0 \\ 0 & D(u,v) > D_0 \end{cases} \qquad (4\text{-}32)$$

式中，D_0是一个事先设定的非负量，称为理想低通滤波器的截止频率；$D(u,v)$代表从频率平面的原点到(u,v)点的距离，即

$$D(u,v) = \sqrt{u^2 + v^2} \qquad (4\text{-}33)$$

图4-37是理想低通滤波器的特性曲线，这种理想低通滤波器如同一维理想滤波器一样不能用硬件来实现，这是因为实际的元器件无法实现$H(u,v)$从1到0如此陡峭的突变。另外，理想低通滤波器在消减噪声的同时，随着所选截止频率D_0的不同，会发生不同程度的"振铃"现象。理想低通滤波器在消除噪声的同时会导致图像变模糊，且截止频率D_0越低，滤除噪声越彻底，高频分量损失就越严重，图像就越模糊。

（2）巴特沃斯低通滤波器（BLPF）　一个n阶巴特沃斯低通滤波器的传递系数为

$$H(u,v) = \frac{1}{1 + \left[\dfrac{D(u,v)}{D_0} \right]^{2n}} \qquad (4\text{-}34)$$

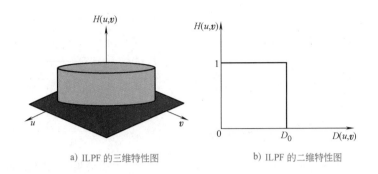

a) ILPF 的三维特性图   b) ILPF 的二维特性图

图 4-37 理想低通滤波器的特性曲线

或

$$H(u,v) = \frac{1}{1 + (\sqrt{2} - 1)\left[\dfrac{D(u,v)}{D_0}\right]^{2n}} \tag{4-35}$$

图 4-38 是巴特沃斯低通滤波器的特性曲线。巴特沃斯低通滤波器又称作最大平坦滤波器。与理想低通滤波器不同，它的通带与阻带之间没有明显的不连续性，在高低频率间的过渡比较光滑，所以用巴特沃斯滤波器得到的输出图其振铃效应不明显。从传递函数特性曲线 $H(u,v)$ 可以看出，在它的尾部保留有较多的高频，因此对噪声的平滑效果不如理想低通滤波器。一般情况下，常将 $H(u,v)$ 下降到最大值的某一分数值的那一点，定义为截止频率。对于式 (4-34)，当 $D(u,v) = D_0$、$n = 1$ 时，$H(u,v) = 1/2$（下降到最大值的 50%）；而对于式 (4-35)，$H(u,v) = 1/\sqrt{2}$，

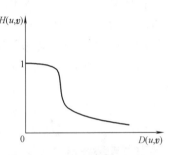

图 4-38 巴特沃斯低通滤波器的特性曲线

即截止频率值使 $H(u,v)$ 下降到最大值的 $1/\sqrt{2}$。这说明两种 $H(u,v)$ 具有不同的衰减特性，可以根据需要来选择。

（3）指数低通滤波器（ELPF） 指数低通滤波器的传递函数 $H(u,v)$ 表示为

$$H(u,v) = \mathrm{e}^{-\left[\frac{D(u,v)}{D_0}\right]^n} \tag{4-36}$$

或

$$H(u,v) = \mathrm{e}^{-\ln\sqrt{2}\left[\frac{D(u,v)}{D_0}\right]^n} \tag{4-37}$$

图 4-39 是指数低通滤波器的特性曲线。当 $D(u,v) = D_0$、$n = 1$ 时，对于式 (4-36)，$H(u,v) = 1/\mathrm{e}$，而对于式 (4-37)，$H(u,v) = 1/\sqrt{2}$，所以两者的衰减特性仍有不同。由于指数低通滤波器具有比较平滑的过渡带，因此平滑后的图像"振铃"现象也不明显。指数低通滤波器与巴特沃斯低通滤波器相比，具有更快的衰减特性，所以经指数低通滤波器滤波的图像比巴特沃斯低通滤波器处理的图像稍微模糊一些。

（4）梯形低通滤波器（TLPF） 梯形低通滤波器的传递函数介于理想低通滤波器和具有平滑过渡带的低通滤波器之间，梯形低通滤波器的特性曲线如图 4-40 所示。它的传递函数为

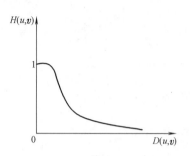

图 4-39 指数低通滤波
器的特性曲线

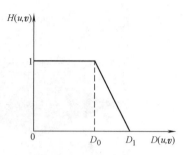

图 4-40 梯形低通滤波
器的特性曲线

$$H(u,v) = \begin{cases} 1 & D(u,v) < D_0 \\ \dfrac{1}{D_0 - D_1}\big[D(u,v) - D_1\big] & D_0 \leq D(u,v) \leq D_1 \\ 0 & D(u,v) > D_1 \end{cases} \tag{4-38}$$

在规定 D_0 和 D_1 时，要满足 $D_0 < D_1$ 的条件。一般为了方便起见，把 $H(u,v)$ 的第一个转折点 D_0 定义为截止频率，第二个变量 D_1 可以任意选取，只要满足 $D_0 < D_1$ 的条件就可以了。

例 4-6 频域低通滤波消除虚假轮廓。

图 4-41a 原来是一幅 256 级灰度的图像，再次量化为 12 个灰度级后图像质量变差，出现了虚假轮廓。图 4-41b 和图 4-41c 分别为用理想低通滤波器和用阶数为 1 的巴特沃斯低通滤波器进行平滑处理所得到的结果，比较发现，理想低通滤波器的结果中有较明显的振铃现象，而巴特沃斯低通滤波器的滤波效果较好。

a) 出现虚假轮廓的图

b) 理想低通滤波器平滑结果

c) 巴特沃斯低通滤波器平滑结果

图 4-41 低通滤波消除虚假轮廓

四种低通滤波器的比较见表 4-5。

表 4-5 四种低通滤波器的比较

类 别	振 铃 程 度	图像模糊程度	噪声平滑效果
理想低通滤波器	严重	严重	最好
梯形低通滤波器	较轻	轻	好
指数低通滤波器	无	较轻	一般
巴特沃斯低通滤波器	无	很轻	一般

4.5 图像锐化

图像的锐化处理主要用于增强图像中的轮廓边缘、细节以及灰度跳变部分，形成完整的物体边界，达到将物体从图像中分离出来或将表示同一物体表面的区域检测出来的目的。与图像的平滑处理一样，图像的锐化也有空间域和频率域两种处理方法。

4.5.1 微分法

图像模糊的实质就是图像受到平均或积分运算，因此，图像的锐化，可以用它的反运算——"微分"来实现。微分运算的实质是求信号的变化率，有加强高频分量的作用，从而使图像轮廓清晰。

为了把图像中任何方向伸展的边缘和轮廓变得清晰，对图像的某种导数运算应是各向同性的，可以证明偏导数的平方和运算是各向同性的，梯度法和拉普拉斯运算法都符合上述条件。

对于图像函数 $f(x,y)$，它在点 $f(x,y)$ 处的梯度是一个向量，定义为

$$\nabla f(x,y) = \left(\frac{\partial f}{\partial x} \quad \frac{\partial f}{\partial y} \right)^{\mathrm{T}} \tag{4-39}$$

梯度的方向在函数 $f(x,y)$ 最大变化率的方向上，梯度的幅度 $|\nabla f(x,y)|$ 可由下式算出：

$$\left| \nabla f(x,y) \right| = \left[\left(\frac{\partial f}{\partial x} \right)^2 + \left(\frac{\partial f}{\partial y} \right)^2 \right]^{1/2} \tag{4-40}$$

由式（4-40）可知，梯度的数值就是 $f(x,y)$ 在其最大变化率方向上单位距离所增加的量。对于数字图像而言，微分 $\partial f/\partial x$ 和 $\partial f/\partial y$ 可用差分来近似。式（4-40）按差分运算近似后的梯度表达式为

$$\left| \nabla f(x,y) \right| = \left\{ \left[f(x,y) - f(x+1,y) \right]^2 + \left[f(x,y) - f(x,y+1) \right]^2 \right\}^{1/2} \tag{4-41}$$

为便于编程和提高运算速度，在计算精度允许的情况下，式（4-41）可采用绝对差算法近似为

$$\left| \nabla f(x,y) \right| = \left| f(x,y) - f(x+1,y) \right| + \left| f(x,y) - f(x,y+1) \right| \tag{4-42}$$

式中各像素的位置如图 4-42a 所示，这种梯度法又称为水平垂直差分法。

另一种梯度法是交叉地进行差分计算，如图 4-42b 所示，称为罗伯特梯度法（Robert Gradient），表示为

$$\left| \nabla f(x,y) \right| = \left\{ \left[f(x,y) - f(x+1,y+1) \right]^2 + \left[f(x+1,y) - f(x,y+1) \right]^2 \right\}^{1/2} \tag{4-43}$$

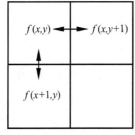

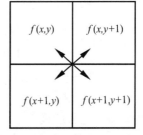

a) 水平垂直差分法   b) 罗伯特梯度法

图 4-42 求梯度的两种差分算法

同样可以采用绝对差算法近似为

$$\left| \nabla f(x,y) \right| = \left| f(x,y) - f(x+1,y+1) \right| + \left| f(x+1,y) - f(x,y+1) \right| \tag{4-44}$$

运用以上两种梯度近似算法，在图像的最后一行或最后一列无法计算像素的梯度，这时一般就用前一行或前一列的梯度值近似代替。

由梯度的计算可知，在图像中灰度变化较大的边沿区域其梯度值大，在灰度变化平缓的区域其梯度值较小，而在灰度均匀的区域其梯度值为零。图 4-43a 是一幅二值图像，图4-43b 为经过梯度运算后的图像，可以看出，图像经过梯度运算后只留下灰度值急剧变化的边缘处的点。

a) 二值图像　　　　　　　　　b) 经过梯度运算后的图像

图 4-43　二值图像的梯度法处理

当梯度计算完之后，采用什么形式来突出图像的轮廓，即确定锐化输出 $g(x,y)$ 呢？下面介绍几种方法，可根据具体需要选择使用。

（1）梯度图像直接输出　使各点的灰度 $g(x,y)$ 等于该点的梯度幅度 $\left| \nabla f(x,y) \right|$，即

$$g(x,y) = \left| \nabla f(x,y) \right| \tag{4-45}$$

这种方法直接、简单，但增强的图像仅显示灰度变化比较陡的边缘轮廓，而灰度变化平缓的区域则呈暗色。

（2）加阈值的梯度输出　加阈值的梯度输出表达式为

$$g(x,y) = \begin{cases} \left| \nabla f(x,y) \right| & \left| \nabla f(x,y) \right| \geqslant T \\ f(x,y) & 其他 \end{cases} \tag{4-46}$$

式中，T 是一个非负的阈值，适当选取 T，既可使明显的边缘轮廓得到突出，又不会破坏原来灰度变化比较平缓的背景。

（3）给边缘规定一个特定的灰度级

$$g(x,y) = \begin{cases} L_G & \left| \nabla f(x,y) \right| \geqslant T \\ f(x,y) & 其他 \end{cases} \tag{4-47}$$

式中，L_G 是根据需要指定的一个灰度级，它将明显的边缘用一个固定的灰度级来表现，而其他非边缘区域的灰度级仍保持不变。

（4）给背景规定特定的灰度级

$$g(x,y) = \begin{cases} \left| \nabla f(x,y) \right| & \left| \nabla f(x,y) \right| \geqslant T \\ L_G & 其他 \end{cases} \tag{4-48}$$

这种方法将背景用一个固定灰度级 L_G 来表现，便于研究边缘灰度的变化。

（5）二值图像输出　在某些场合（如字符识别等），既不关心非边缘像素的灰度级差别，又不关心边缘像素的灰度级差别，而只关心每个像素是边缘像素还是非边缘像素，这时可采用二值化图像输出方式，其表达式为

$$g(x,y) = \begin{cases} L_G & \left| \nabla f(x,y) \right| \geqslant T \\ L_B & \text{其他} \end{cases} \tag{4-49}$$

此法将背景和边缘用二值图像表示，便于研究边缘所在位置。

拉普拉斯算子是常用的边缘增强处理算子，它是各向同性的二阶导数，其详细的公式推导过程参见 6.1.2 节内容，常用的拉普拉斯运算模板如图 4-44 所示。

例 4-7　梯度法和拉普拉斯运算法的对比。

图 4-45a 是有 256 个灰度级的原图，图 4-45b 为采用梯度法进行锐化处理的结果，图 4-45c 为采用拉普拉斯运算法进行锐化处理的结果，增强后的图像按式（4-45）的方法输出。

0	1	0
1	-4	1
0	1	0

图 4-44　拉普拉斯运算模板

a) 原图　　　　　b) 梯度法锐化后的图像　　　c) 拉普拉斯运算法锐化后的图像

图 4-45　梯度法和拉普拉斯运算法的对比

4.5.2　高通滤波法

图像中的边缘或线条与图像频谱中的高频分量相对应，因此采用高通滤波器让高频分量顺利通过而抑制低频分量，可以使图像的边缘或线条变得更清楚，从而实现图像的锐化。高通滤波同样可用空间域和频率域两种方法来实现。

1. 空间域高通滤波

高通滤波在空间域是用卷积方法实现的，建立在离散卷积基础上的空间域高通滤波关系式为

$$g(x,y) = \sum_m \sum_n f(m,n) H(x-m+1, y-n+1) \tag{4-50}$$

式中，$g(x,y)$ 为锐化输出；$f(m,n)$ 为输入图像；$H(x-m+1, y-n+1)$ 为系统单位冲激响应阵列。

下面列出了几种常用的高通卷积模板：

$$\boldsymbol{H}_1 = \begin{pmatrix} 0 & -1 & 0 \\ -1 & 5 & -1 \\ 0 & -1 & 0 \end{pmatrix} \quad \boldsymbol{H}_2 = \begin{pmatrix} -1 & -1 & -1 \\ -1 & 9 & -1 \\ -1 & -1 & -1 \end{pmatrix} \quad \boldsymbol{H}_3 = \begin{pmatrix} 1 & -2 & 1 \\ -2 & 5 & -2 \\ 1 & -2 & 1 \end{pmatrix}$$

$$\boldsymbol{H}_4 = \frac{1}{7} \begin{pmatrix} -1 & -2 & -1 \\ -2 & 19 & -2 \\ -1 & -2 & -1 \end{pmatrix} \qquad \boldsymbol{H}_5 = \frac{1}{2} \begin{pmatrix} -2 & 1 & -2 \\ 1 & 6 & 1 \\ -2 & 1 & -2 \end{pmatrix}$$

2. 频率域高通滤波

频率域高通滤波的方法形式上与频率域低通滤波的方法类似，几种常用高通滤波器的传递函数见表4-6。

表4-6 几种常用高通滤波器的传递函数

滤波器名称	传递函数 $H(u,v)$
理想高通滤波器（IHPF）	$H(u,v) = \begin{cases} 0 & D(u,v) \leqslant D_0 \\ 1 & D(u,v) > D_0 \end{cases}$
巴特沃斯高通滤波器（BHPF）	$H(u,v) = \dfrac{1}{1 + [D_0/D(u,v)]^{2n}}$ 或 $H(u,v) = \dfrac{1}{1 + (\sqrt{2}-1)[D_0/D(u,v)]^{2n}}$
指数高通滤波器（EHPF）	$H(u,v) = \mathrm{e}^{-[D_0/D(u,v)]^n}$ 或 $H(u,v) = \mathrm{e}^{-\ln\sqrt{2}[D_0/D(u,v)]^n}$
梯形高通滤波器（THPF）	$H(u,v) = \begin{cases} 0 & D(u,v) < D_0 \\ \dfrac{1}{D_1 - D_0}[D(u,v) - D_0] & D_0 \leqslant D(u,v) \leqslant D_1 \\ 1 & D(u,v) > D_1 \end{cases}$

以上四种频率域高通滤波器的传递函数 $H(u,v)$ 的特性曲线如图4-46所示。

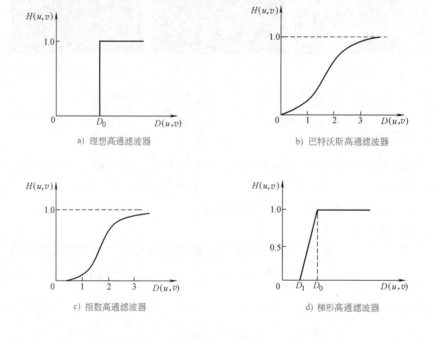

图4-46 高通滤波器的传递函数 $H(u,v)$ 特性曲线

例4-8 频率域高通滤波增强示例。

图4-47a 为一幅比较模糊的图像，图4-47b 是用阶数为1的巴特沃斯高通滤波器进行处理后所得到的结果，图4-47c 是用梯形高通滤波器进行处理后所得到的结果。

a) 模糊图像   b) 巴特沃斯高通滤波器增强结果   c) 梯形高通滤波器增强结果

图 4-47   频率域高通滤波增强示例

4.6   同态增晰

同态增晰是一种在频率域中将图像动态范围进行压缩并将图像对比度进行增强的方法，常用于处理图像光照不均引起的图像降质，是一种基于图像成像模型的图像增强方法。一幅图像 $f(x,y)$ 可以用它的照明分量 $i(x,y)$ 及反射分量 $r(x,y)$ 来表示，即

$$f(x,y) = i(x,y) \cdot r(x,y) \tag{4-51}$$

根据这个模型可用下列方法把两个分量分开分别进行滤波，如图 4-48 所示。

$$f(x,y) \rightarrow \boxed{\ln} \rightarrow \boxed{FFT} \rightarrow \boxed{H(u,v)} \rightarrow \boxed{FFT^{-1}} \rightarrow \boxed{exp} \rightarrow g(x,y)$$

图 4-48   同态增晰流程图

1）先对式（4-51）取对数，$\ln f(x,y) = \ln i(x,y) + \ln r(x,y)$

2）对上式取傅里叶变换，$F(u,v) = I(u,v) + R(u,v)$

3）用一个频率域函数 $H(u,v)$ 处理 $F(u,v)$，$H(u,v)F(u,v) = H(u,v)I(u,v) + H(u,v)R(u,v)$

4）反变换到空间域，$h_f(x,y) = h_i(x,y) + h_r(x,y)$

5）将上式两边取指数，$g(x,y) = \exp \left| h_f(x,y) \right| = \exp \left| h_i(x,y) \right| \cdot \exp \left| h_r(x,y) \right|$

令

$$i_0(x,y) = \exp \left| h_i(x,y) \right|$$

$$r_0(x,y) = \exp \left| h_r(x,y) \right|$$

则

$$g(x,y) = i_0(x,y) \cdot r_0(x,y)$$

式中，$i_0(x,y)$ 是处理后的照射分量；$r_0(x,y)$ 是处理后的反射分量。

一幅图像的照射分量反应的是物体表面的亮度变化，在空间上应是缓慢变化的，属于低频段。反射分量在不同物体的边缘处是急剧变化的，反应的是景物中目标之间的差别包含较多的高频信息。因此，可以把一幅图像取对数后的傅里叶变换的低频分量和照射分量联系起来，而把反射分量与高频分量联系起来。以上特性表明，设计一个对傅里叶变换的高频和低频分量影响不同的滤波函数 $H(u,v)$，使它对图像的某些灰度进行动态范围压缩，而对图像的另外一些灰度进行动态范围拉伸。从图 4-49 可看出，低频段被压缩，高频段得到增强，结果是同时压缩了图像的动态范围和增加了图像局部区域之间的对比度。图 4-50 所示为同态增晰滤波增强效果。

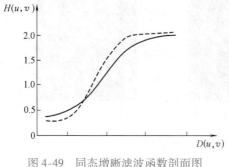

图 4-49 同态增晰滤波函数剖面图

a) 光照不均的原图　　b) 同态增晰后的效果图

图 4-50 同态增晰滤波增强效果

4.7 彩色增强

彩色图像处理技术是从可视性角度实现图像增强的有效方法之一。对于灰度图像，人眼能分辨的灰度级只有十几到二十几，而对不同亮度和色调的彩色图像则能达到几百甚至上千。例如当彩色电视从彩色显示调到黑白显示时，原来能看到的一些画面细节就看不出来了。利用人类视觉系统的这一特性，将颜色信息用于图像增强之中能提高图像的可分辨性。将灰度图像变成彩色图像，或者改变已有的颜色分布，都能够改善图像的可视性，一般采用的彩色增强方法可分为伪彩色增强方法和真彩色增强方法。

4.7.1 伪彩色增强

伪彩色增强是针对灰度图像提出的，其目的是把离散灰度图像 $f(x,y)$ 的不同灰度级按照线性或者非线性关系映射成不同的彩色，以提高图像内容的可辨识度。伪彩色图像处理可在空间域内实现，也可在频率域内实现。伪彩色图像可以是分离的彩色图像，也可以是连续的彩色图像。下面介绍几种常用的伪彩色处理方法。

1. 亮度切割技术

亮度切割是伪彩色图像增强技术中原理最简单、操作最简便的一种，又称为强度分层。

设一幅灰度图像 $f(x,y)$，在某一灰度级如 $f(x,y)=l_1$ 上设置一个平行于 xy 平面的切割面，其剖面图如图 4-51 所示。这幅灰度图像被切割成只有两个灰度级，对切割平面以下的，即灰度级小于 l_1 的像素分配一种颜色（如蓝色）；相应地，对切割平面以上的，即灰度级大于 l_1 的像素分配另一种颜色（如红色）。这样切割的结果就可以将灰度图像变为只有两个颜色的伪彩色图像。

若将以上图像的灰度级用 M 个切割平面去切割，就会得到 M 个不同灰度级的区域 s_1，$s_2,\cdots,s_M$。对这 M 个区域中的像素人为地分配 M 个不同的颜色，就可以得到具有 M 种颜色的伪彩色图像，如图 4-52 所示。切割过程可以是均匀切割，也可以是非等间隔切割。所谓非等间隔切割，就是对感兴趣的灰度级区间切割得密一些，其他区间分得稀疏些。亮度切割伪彩色处理的优点是简单易行，仅用硬件就可以实现，并且可以扩大用途，如用来计算图像中某灰度级的面积等。但此种方法的缺点是伪彩色图像的视觉效果不理想，伪彩色生硬且不够调和，量化噪声大等。亮度切割技术的效果与切割层数成正比，层数越多，细节越丰富，彩色越柔和，但切割的层数受显示系统的硬件性能约束。

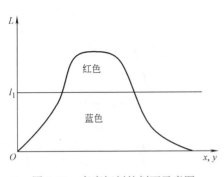

图 4-51 亮度切割的剖面示意图

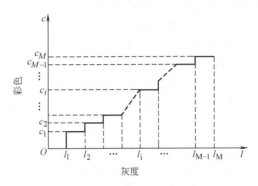

图 4-52 多级伪彩色切割

2. 灰度级彩色变换（变换合成法）

这种伪彩色处理技术可以将灰度图像变换为具有多种颜色渐变的连续彩色图像，其方法是先将灰度图像 $f(x, y)$ 送入具有不同变换特征的红、绿、蓝三个变换器，然后再将三个变换器的不同输出 $I_R(x, y)$、$I_G(x, y)$、$I_B(x, y)$ 分别送到彩色显像管的红、绿、蓝电子枪，这样就可得到其颜色内容由三个变换函数调制的与 $f(x, y)$ 幅度相对应的彩色混合图像。这里受调制的是像素的灰度值而不是像素的位置。对于同一个灰度级，由于三个变换器对其实施不同的变换，因此三个变换器的输出不同，在彩色显像管里合成某一种彩色，而且对不同大

小灰度级可以合成不同彩色。灰度级彩色变换的示意图如图 4-53 所示。三个变换器典型的彩色变换特性如图 4-54 所示，其中，图 a、b、c 分别是红、绿、蓝三基色的变换曲线，图 d 是前三种特性曲线的合成表示。

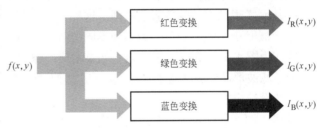

图 4-53 灰度级彩色变换示意图

灰度级彩色变换法产生的伪彩色是渐变的，色分量的形成受变换函数特性支配。从图 4-54 中可见，若 $f(x, y) = 0$，则 $I_B(x, y) = L$、$I_R(x, y) = I_G(x, y) = 0$，这时显示蓝色。若 $f(x, y) = L/2$，则 $I_G(x, y) = L$、$I_R(x, y) = I_B(x, y) = 0$，这时显示绿色。若 $f(x, y) = L$，则 $I_R(x, y) = L$、$I_B(x, y) = I_G(x, y) = 0$，这时显示红色。除此之外，将由三基色合成而产生不同的彩色。不难理解，若灰度图像 $f(x, y)$ 的灰度级在 $0 \sim L$ 之间变化，$I_R(x, y)$、$I_G(x, y)$、$I_B(x, y)$ 会合成不同的输出，从而合成伪彩色图像。

前面讨论的亮度切割方法可以看作是用一个分段的线性函数实现从灰度到彩色的变换，而灰度级彩色变换方法则使用光滑的、非线性的变换函数，所以亮度切割法可以看作是本方法的一个特例。实际应用中，变换函数常用取绝对值的正弦函数，其特点是在峰值处比较平缓而在低谷处比较尖锐。通过改变每个正弦波的相位和频率就可以改变相应灰度值所对应的彩色。例如，当三个变换具有相同的相位和频率时，输出的图仍是灰度图。当三个变换间的相位发生一点小变化时，其灰度值对应正弦函数峰值处的像素受到的影响很小（特别当频率比较低，峰比较宽时），但其灰度值对应正弦函数低谷处的像素受到的影响较大。特别是在三个正弦函数都为低谷处，相位变化导致幅度变化更大。也就是说，在三个正弦函数的数值变化比较剧烈处，像素灰度值受彩色变化影响比较明显，这样不同灰度值范围的像素就得到

了不同的伪彩色增强效果。

3. 频率域滤波法

前面介绍的两种方法都是在空间域进行的伪彩色处理技术。伪彩色处理还可以在频率域借助4.4节中介绍的各种滤波器进行。采用频率域滤波法，其输出图像的伪彩色与灰度图像的灰度级无关，而仅与灰度图像中的不同空间频率成分有关。频率域滤波法实现伪彩色处理的示意图如图4-55所示，首先把灰度图像经傅里叶变换到频率域，在频率域内用三个具有不同传递特性的滤波器将其分离成三个独立分量，对三

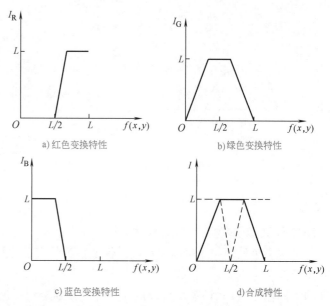

a) 红色变换特性　　　　b) 绿色变换特性

c) 蓝色变换特性　　　　d) 合成特性

图 4-54　典型的彩色变换特性

个不同频率的滤波器输出的信号进行傅里叶反变换，然后对这三幅图像再作后期处理（如直方图均衡化或规定化），最后把它们作为三基色分量分别加到彩色显示器的红、绿、蓝显示通道，从而实现频率域的伪彩色处理。这种方法的基本思想是根据图像中各区域的不同频率分量给区域赋予不同的颜色。为得到不同的频率分量可分别使用低通、带通（或带阻）和高通滤波器作为图4-55中的三个滤波器。如果希望图像的边缘（即高频成分）成为红色，则可以将红色通道滤波器设计成高通滤波器。如果希望抑制图像中的某种频率成分，则可以把此段频率的滤波器设计成带阻滤波器。

伪彩色图像处理技术有着广泛的实际应用价值，如图像的区域分离显示、彩色印刷制版方面的应用等。伪彩色图像处理技术不仅适用于航拍和遥感图片处理，还可以用于 X 射线片及云图判读等方面，实现的手段可以用计算机，也可以用专用的硬件设备。

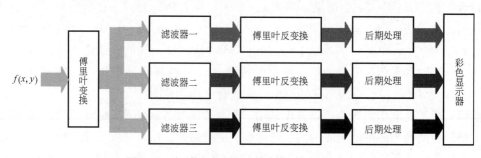

图 4-55　频域滤波法实现伪彩色处理的示意图

4.7.2　真彩色增强

真彩色增强所处理的对象不是一幅灰度图像，而是一幅自然彩色图像或是同一景物的多光谱图像，它是从彩色到彩色的一种变换。原图像的三基色分量通过映射函数变换成新的三基色分量，彩色合成使得增强图像中各目标呈现出与原图像中不同的彩色，这种技术称为真

彩色增强。真彩色增强的目的有两个：一个是变换图像的色彩，引起人们的特别关注；另一个是根据人眼对不同颜色的灵敏度不同，使景物呈现出与人眼视觉相匹配的颜色，以提高人眼对目标的分辨力。

对于自然景色图像，通用的线性真彩色映射可表示为式(4-52)，R_f，G_f，B_f 是原彩色空间图像。

$$\begin{pmatrix} R_g \\ G_g \\ B_g \end{pmatrix} = \begin{pmatrix} \alpha_1 & \beta_1 & \gamma_1 \\ \alpha_2 & \beta_2 & \gamma_2 \\ \alpha_3 & \beta_3 & \gamma_3 \end{pmatrix} \begin{pmatrix} R_f \\ G_f \\ B_f \end{pmatrix} \tag{4-52}$$

在图像的自动分析中，彩色是一种能简化目标提取和分类的重要参量。在真彩色增强处理中，选择合适的彩色模型或映射函数是很重要的。例如电视摄像机和彩色扫描仪都是根据 RGB 模型工作的，为了在硬件上显示彩色图像就需要用 RGB 模型，但若应用算法进行图像处理，如图像压缩等，HSI 模型则更有优势和特点。首先，HSI 模型中亮度分量与色度分量是分开的，其次，HSI 模型中色调和饱和度的概念与人的感知是紧密联系的。

如果将 RGB 图转化为 HSI 图，亮度分量和色度分量就分开了。基本步骤为：

1）将 R、G、B 分量图转化为 H、S、I 分量图。

2）利用对灰度增强的方法增强其中需要增强的分量。

3）再将结果转换为 R、G、B 分量图来显示。

以上方法并不会增加原图的信息量，但增强后的图从视觉上看起来会不一样。如若增强了其中的亮度分量，整个图像会比原来更亮一些，如图 4-56 所示。

图 4-56　真彩色增强效果

真彩色增强的另一个重要应用是用于多光谱遥感图像。多光谱遥感图像中除了可见光波段图像外，还包括一些非可见光波段的图像，由于它们的夜视和全天候能力，可得到可见光波段无法获得的信息，因此若将可见光与非可见光波段结合起来，通过真彩色处理，就能获得更丰富的信息，便于对地物识别。

习　　题

4-1　试给出把灰度范围(0,10)拉伸为(0,15)，把灰度范围(10,20)移到(15,25)，并把灰度范围(20, 30)压缩为(25,30)的变换方程。

4-2　试给出变换方程 $T(z)$，使其满足在 $10 \leqslant z \leqslant 100$ 的范围内，$T(z)$ 是 $\lg z$ 的线性函数。

4-3　为什么一般情况下对离散图像的直方图均衡化并不能产生完全平坦的直方图？

4-4　如果一幅图像已经用直方图均衡化方法进行了处理，那么对处理后的图像再次应用直方图均衡化处理，结果会不会更好？

4-5　已知一幅 64×64 像素的数字图像，其灰度级有8个，各灰度级出现的频数如表4-7所示。试将此幅图像进行直方图变换，使其变换后的图像具有如表4-8所示的灰度级分布，并画出变换前后图像的直方图。

表　4-7

$f(x,y)$	n_k	n_k/n
0	560	0.14
1	920	0.22
2	1046	0.26
3	705	0.17
4	356	0.09
5	267	0.06
6	170	0.04
7	72	0.02

表　4-8

$g(x,y)$	n_k	n_k/n
0	0	0
1	0	0
2	0	0
3	790	0.19
4	1023	0.25
5	850	0.21
6	985	0.24
7	448	0.11

4-6　已知一幅图像的灰度级为8，即 $(0,1)$ 之间划分为8个灰度等级。图像的左边一半为深灰色，其灰度级为1/7，而右边一半是黑色，其灰度级为0，如图4-57所示。试对此图像进行直方图均衡化处理，并描述一下处理后的图像是一幅什么样的图像。

4-7　试设计一个程序实现 $n \times n$ 的中值滤波器功能。当模板中心移过图像中每个位置时，设计一种简便的中值更新方法。

图4-57　题4-6图

4-8　有一幅图像由于受到干扰，图中有若干个亮点(灰度值为255)，如图4-58所示。试问此类图像如何处理？并将处理后的图像画出来。

4-9　试证明拉普拉斯算子 $\left(\dfrac{\partial^2}{\partial x^2} \right) + \left(\dfrac{\partial^2}{\partial y^2} \right)$ 具有旋转不变性。

4-10　数字图像增强中拉普拉斯算子常用什么形式？试用拉普拉斯算子对图4-59进行增强运算，并将增强后的图像画出来。

1	1	1	8	7	4
2	255	2	3	3	3
3	3	255	4	3	3
3	3	3	255	4	6
3	3	4	5	255	8
2	3	4	6	7	8

图4-58　题4-8图

0	0	0	0	0	0	0	0
0	0	0	0	0	0	0	0
0	0	1	1	1	1	0	0
0	0	1	1	1	1	0	0
0	0	1	1	1	1	0	0
0	0	1	1	1	1	0	0
0	0	0	0	0	0	0	0
0	0	0	0	0	0	0	0

图4-59　题4-10图

4-11　试画出几种高通滤波器的特性曲线。

4-12　试讨论用于平滑处理的滤波器和用于锐化处理的滤波器之间的区别和联系。

4-13　有一种常用的图像增强技术是将高频增强和直方图均衡化结合起来以达到使边缘锐化的反差增强效果。试讨论这两种处理的先后顺序对增强效果有什么影响，并分析其原因。

第5章 图像复原

图像复原是图像处理的另一重要内容，它的主要目的是改善给定的图像质量并尽可能恢复原图像。图像在形成、传输和记录过程中，受多种因素的影响，图像的质量都会有所下降，典型表现有图像模糊、失真、有噪声等。这一质量下降的过程称为图像的退化。图像复原或称图像恢复的目的就是尽可能恢复退化图像的本来面目。本章主要讨论一些基本的复原技术。

5.1 图像复原的基本概念

无论是由光学、光电或电子方法获得的图像都会有不同程度的退化。由于获得图像的方法不同，其退化形式是多种多样的，如传感器噪声、摄像机未聚焦、物体与摄像设备之间的相对移动、随机大气湍流、光学系统的像差、成像光源或射线的散射、摄影胶片的非线性和几何畸变等，这些因素都会使成像的分辨率和对比度退化。如果对退化的类型、机制和过程都十分清楚，就可以利用其反过程把已退化的图像复原。图像复原结果的好坏主要取决于对图像退化过程的先验知识掌握的精确程度。

对图像复原结果的评价有一些准则，这些准则包括最小均方误差准则、加权均方准则、最大熵准则等，这些准则是规定复原后的图像与原图像相比较的质量标准。也就是说当确定图像复原的质量标准后，对所期望的结果做出符合某种标准的最佳估计。典型的图像复原是根据图像退化的先验知识建立一个退化模型，以此模型为基础，采用各种反退化处理方法，如滤波等，使复原后图像符合某些准则，图像质量得到改善。

从某种意义上说，图像复原和图像增强的目的都是改善图像的质量，但它们的技术思想却完全不同，二者之间有着很大的区别。图像增强不考虑图像是如何退化的，不建立或很少建立模型，只通过各种技术来增强图像的视觉效果，以适应人视觉系统的生理、心理特点，从而使人觉得舒适、愉悦，却很少涉及客观和统一的评价标准。因此，图像增强可以不顾及增强后的图像是否符合原图像、是否失真，往往只要看着舒服即可。图像复原就完全不同，需要知道图像退化机制和过程的先验知识，要建立相应的退化模型，据此找出一种相应的反过程，从而恢复出原图像，例如未聚焦的照片，无论用什么增强方法也不可能得到清晰的原像，但是，若已知其退化的先验知识是镜头不聚焦，则其反过程可用一阶贝塞尔函数的反滤波来复原图像。另外图像复原要明确规定质量标准，以便对希望的结果做出最佳的估计。

由于图像复原过程的特殊性，可以根据不同的退化模型和不同的质量评价标准，推导出多种复原的方法。

下面给出两个图像复原的实例，以加深对图像复原技术的直观印象。图 5-1 是用巴特沃斯带阻滤波器复原受正弦噪声干扰的图像的例子，可以看到恢复后的图像效果非常好，即使是细小的细节和纹理都被这种简单的滤波方式有效地修复了。

图 5-2 是一个维纳滤波器应用的例子，由于受剧烈的大气湍流的严重影响，获得的图像已经模糊不清，通过维纳滤波器恢复出来的图像相当清晰，非常接近原始图像。

a) 被正弦噪声干扰的图像

b) 滤波效果图

图 5-1 用巴特沃斯带阻滤波器复原受正弦噪声干扰的图像

a) 受大气湍流严重影响的图像

b) 用维纳滤波器恢复出来的图像

图 5-2 维纳滤波器应用

5.2 图像退化模型

图像复原处理的关键是建立退化模型，图 5-3 中原图像 $f(x,y)$ 是通过一个系统 H 及加入一个外来加性噪声 $n(x,y)$ 而退化成一幅图像 $g(x,y)$ 的。

图像复原可以看成一个预测估计的过程，由已给出的退化图像 $g(x,y)$ 估计出系统 H 的参数，从而近似地恢复出 $f(x,y)$。$n(x,y)$ 为一种统计性质的信息。为了对处理结果做出某种最佳估计，一般还应首先确立一个质量标准。复原处理的基础在于对系统 H 的基本了解，系统是由某些元件或部件以某种方式构造而成的整体。系统本身所具有的某些特性就构成了通过系统的输入信号与输出信号的某种联系，这种联系从数学上可以用算子或响应函数 $h(x,y)$ 来描述。

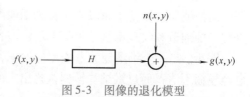

图 5-3 图像的退化模型

这样图像的退化过程的数学表达式就可以写为

$$g(x,y) = H(f(x,y)) + n(x,y) \qquad (5\text{-}1)$$

$H(\cdot)$ 可理解为综合所有退化因素的函数或算子。

抽象地讲，在不考虑加性噪声 $n(x,y)$ 时，图像退化的过程也可以看作是一个变换 H，即

$$H(f(x,y)) \rightarrow g(x,y)$$

由 $g(x,y)$ 求得 $f(x,y)$，就是寻求逆变换 H^{-1}，使得 $H^{-1}(g(x,y)) \rightarrow f(x,y)$。

图像复原的过程，就是根据退化模型及原图像的某些参数，设计一个恢复系统 $p(x,y)$，以退化图像 $g(x,y)$ 作为输入，该系统应使输出的恢复图像 $\hat{f}(x,y)$ 按某种准则最接近原图像 $f(x,y)$，图像的退化及复原的过程如图 5-4 所示。

其中 $h(x,y)$ 和 $p(x,y)$ 分别称为成像系统和恢复系统的冲激响应。

系统 H 的分类方法很多，可分为线性系统和非线性系统；时变系统和非时变系统；集中参数系统和分布参数系统；连续系统和离散系统等。

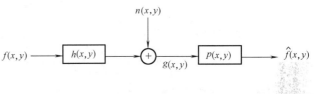

图 5-4　图像退化及复原的过程

线性系统就是具有均匀性和相加性的系统。当不考虑加性噪声 $n(x,y)$ 时，即令 $n(x,y) = 0$，则图 5-3 所示系统可表示为

$$g(x,y) = H(f(x,y))$$

两个输入信号 $f_1(x,y)$、$f_2(x,y)$ 对应的输出信号为 $g_1(x,y)$、$g_2(x,y)$，如果有

$$H(k_1 f_1(x,y) + k_2 f_2(x,y)) = H(k_1 f_1(x,y)) + H(k_2 f_2(x,y))$$
$$= k_1 g_1(x,y) + k_2 g_2(x,y) \qquad (5\text{-}2)$$

成立，则系统 H 是一个线性系统，k_1、k_2 为常数。

线性系统的这种特性为求解多个激励情况下的输出响应带来很大方便。

如果一个系统的参数不随时间变化，即称为时不变系统或非时变系统，否则，该系统为时变系统。与此相对应，对二维函数来说，如果

$$H(f(x-\alpha, y-\beta)) = g(x-\alpha, y-\beta) \qquad (5\text{-}3)$$

则 H 是空间不变系统（或称位置不变系统）。式中，α、β 分别是空间位置的位移量，表示图像中的任一点通过该系统的响应只取决于在该点的输入值，而与该点的位置无关。

由上可见，如果系统 H 有式（5-2）和式（5-3）的关系，那么系统就是线性和空间位置不变的系统。在图像复原处理中，非线性和空间变化的系统的模型虽然更具普遍性和准确性，但它却给处理工作带来巨大的困难，它常常没有解或很难用计算机来处理。实际的成像系统在一定条件下往往可以近似地视为线性和空间不变的系统，因此在图像复原处理中，往往用线性和空间不变的系统模型加以近似。这种近似使线性系统理论中的许多知识可以直接用于解决图像复原问题，所有图像复原处理特别是数字图像复原处理主要采用线性的空间不变复原技术。

5.2.1　连续的退化模型

单位冲激函数 $\delta(t)$ 是一个振幅在原点之外所有时刻为零，而在原点处振幅为无穷大，宽度无限小，面积为 1 的窄脉冲，其时域表达式为

$$\delta(t) = \begin{cases} \infty & t=0 \\ 0 & t\neq0 \end{cases} \qquad \int_{-\infty}^{+\infty} \delta(t)\,\mathrm{d}t = 1 \tag{5-4}$$

$\delta(t)$ 的卷积取样公式为

$$f(x) = \int_{-\infty}^{+\infty} f(x-t)\delta(t)\,\mathrm{d}t \tag{5-5}$$

或

$$f(x) = \int_{-\infty}^{+\infty} f(t)\delta(x-t)\,\mathrm{d}t \tag{5-6}$$

上述的一维时域冲激函数 $\delta(t)$ 可推广到二维空间域中，从而可把 $f(x,y)$ 写成下列形式：

$$f(x,y) = \int_{-\infty}^{+\infty} \int_{-\infty}^{+\infty} f(\alpha,\beta)\delta(x-\alpha, y-\beta)\,\mathrm{d}\alpha\mathrm{d}\beta \tag{5-7}$$

由于 $g(x,y) = H(f(x,y)) + n(x,y)$，如果令 $n(x,y) = 0$，同时考虑到 H 为线性算子，则

$$\begin{aligned} g(x,y) &= H(f(x,y)) \\ &= H\Big(\int_{-\infty}^{+\infty} \int_{-\infty}^{+\infty} f(\alpha,\beta)\delta(x-\alpha, y-\beta)\,\mathrm{d}\alpha\mathrm{d}\beta\Big) \\ &= \int_{-\infty}^{+\infty} \int_{-\infty}^{+\infty} H(f(\alpha,\beta)\delta(x-\alpha, y-\beta))\,\mathrm{d}\alpha\mathrm{d}\beta \\ &= \int_{-\infty}^{+\infty} \int_{-\infty}^{+\infty} f(\alpha,\beta)H(\delta(x-\alpha, y-\beta))\,\mathrm{d}\alpha\mathrm{d}\beta \end{aligned} \tag{5-8}$$

令 $h(x,\alpha,y,\beta) = H(\delta(x-\alpha, y-\beta))$，则有

$$g(x,y) = \int_{-\infty}^{+\infty} \int_{-\infty}^{+\infty} f(\alpha,\beta)h(x,\alpha,y,\beta)\,\mathrm{d}\alpha\mathrm{d}\beta \tag{5-9}$$

式中，$h(x,\alpha,y,\beta)$ 为系统 H 的冲激响应，即 $h(x,\alpha,y,\beta)$ 是系统 H 对坐标为 (α,β) 处的冲激函数 $\delta(x-\alpha, y-\beta)$ 的响应。在光学中冲激为一光点，因此又将 $h(x,\alpha,y,\beta)$ 称为退化过程的点扩散函数（PSF）。

式(5-9)说明，当系统 H 对冲激函数的响应为已知，则对任意输入 $f(x,y)$ 的响应均可由式(5-9)求得，也就是说，线性系统 H 完全可由其冲激响应来表征。

当系统 H 空间位置不变时，则

$$h(x-\alpha, y-\beta) = H(\delta(x-\alpha, y-\beta)) \tag{5-10}$$

这样就有

$$g(x,y) = \int_{-\infty}^{+\infty} \int_{-\infty}^{+\infty} f(\alpha,\beta)h(x-\alpha, y-\beta)\,\mathrm{d}\alpha\mathrm{d}\beta \tag{5-11}$$

即系统 H 对输入 $f(x,y)$ 的响应就是系统输入信号 $f(x,y)$ 与系统冲激响应的卷积。

考虑加性噪声 $n(x,y)$ 时，式(5-9)可写成

$$g(x,y) = \int_{-\infty}^{+\infty} \int_{-\infty}^{+\infty} f(\alpha,\beta)h(x,\alpha,y,\beta)\,\mathrm{d}\alpha\mathrm{d}\beta + n(x,y) \tag{5-12}$$

其中 $n(x,y)$ 与图像中的位置无关。

5.2.2 离散的退化模型

在连续的退化模型中，把 $f(\alpha,\beta)$ 和 $h(x-\alpha,y-\beta)$ 进行均匀取样后就可引申出离散的退化模型。为更好地理解离散的退化模型，我们首先用一维函数来说明基本概念，然后再推广至二维情况。

设有两个函数 $f(x)$ 和 $h(x)$，它们被均匀取样后分别形成长度为 A 和 B 的一维阵列，于是 $f(x)$ 变成在 $x=0,1,2,\cdots,A-1$ 范围内的离散变量，$h(x)$ 变成在 $x=0,1,2,\cdots,B-1$ 范围内的离散变量，于是 $f(x)$ 和 $h(x)$ 的连续卷积关系就变成离散卷积关系。

若 $f(x)$ 和 $h(x)$ 都是具有周期为 N 的序列，那么，它们的时域离散卷积定义为

$$g(x) = \sum_m f(m)h(x-m) \tag{5-13}$$

则 $g(x)$ 也为具有周期为 N 的序列，周期卷积可以用常规卷积法计算，也可用卷积定理进行快速卷积计算。

若 $f(x)$ 和 $h(x)$ 均为非周期性的序列，则可用延拓的方法延拓为周期序列，为避免折叠现象，可令周期 $M \geqslant A+B-1$，延拓后的 $f(x)$ 和 $h(x)$ 表示如下：

$$f_e(x) = \begin{cases} f(x) & 0 \leqslant x \leqslant A-1 \\ 0 & A-1 < x \leqslant M-1 \end{cases} \tag{5-14}$$

$$h_e(x) = \begin{cases} h(x) & 0 \leqslant x \leqslant B-1 \\ 0 & B-1 < x \leqslant M-1 \end{cases} \tag{5-15}$$

可得到离散卷积退化模型

$$g_e(x) = \sum_{m=0}^{M-1} f_e(m)h_e(x-m) \tag{5-16}$$

式中，$x=0,1,2,\cdots,M-1$；$g_e(x)$ 的周期也为 M。经过这样的延拓处理，一个非周期的卷积问题就变成了周期卷积问题了，因此可以用快速卷积法进行运算。

用矩阵形式表述离散退化模型，可写成

$$g = Hf \tag{5-17}$$

式中

$$f = \begin{pmatrix} f_e(0) \\ f_e(1) \\ \vdots \\ f_e(M-1) \end{pmatrix} \qquad g = \begin{pmatrix} g_e(0) \\ g_e(1) \\ \vdots \\ g_e(M-1) \end{pmatrix}$$

H 是 $M \times M$ 阶矩阵

$$H = \begin{pmatrix} h_e(0) & h_e(-1) & h_e(-2) & \cdots & h_e(-M+1) \\ h_e(1) & h_e(0) & h_e(-1) & \cdots & h_e(-M+2) \\ h_e(2) & h_e(1) & h_e(0) & \cdots & h_e(-M+3) \\ \vdots & \vdots & \vdots & & \vdots \\ h_e(M-1) & h_e(M-2) & h_e(M-3) & \cdots & h_e(0) \end{pmatrix} \tag{5-18}$$

利用 $h_e(x)$ 的周期性，$h_e(x) = h_e(\pm M + x)$，式(5-18) 可写成

$$H = \begin{pmatrix} h_e(0) & h_e(M-1) & h_e(M-2) & \cdots & h_e(1) \\ h_e(1) & h_e(0) & h_e(M-1) & \cdots & h_e(2) \\ h_e(2) & h_e(1) & h_e(0) & \cdots & h_e(3) \\ \vdots & \vdots & \vdots & & \vdots \\ h_e(M-1) & h_e(M-2) & h_e(M-3) & \cdots & h_e(0) \end{pmatrix} \tag{5-19}$$

可以看出，H 为一个循环矩阵。

从上述一维模型可以推广到二维情况。如果给出 $A \times B$ 大小的数字图像，以及 $C \times D$ 大小的点扩散函数，可首先扩展成大小为 $M \times N$ 的周期延拓图像。

$$f_e(x,y) = \begin{cases} f(x,y) & 0 \leqslant x \leqslant A-1 \text{ 且 } 0 \leqslant y \leqslant B-1 \\ 0 & A-1 < x \leqslant M-1 \text{ 或 } B-1 < y \leqslant N-1 \end{cases} \tag{5-20}$$

$$h_e(x,y) = \begin{cases} h(x,y) & 0 \leqslant x \leqslant C-1 \text{ 且 } 0 \leqslant y \leqslant D-1 \\ 0 & C-1 < x \leqslant M-1 \text{ 或 } D-1 < y \leqslant N-1 \end{cases} \tag{5-21}$$

为避免折叠，要求 $M \geqslant A+C-1$，$N \geqslant B+D-1$。这样一来，$f_e(x,y)$ 和 $h_e(x,y)$ 分别成为二维周期函数，它们在 x 和 y 方向上的周期分别为 M 和 N。由此得到二维退化模型为一个二维卷积形式

$$g_e(x,y) = \sum_{m=0}^{M-1} \sum_{n=0}^{N-1} f_e(m,n) h_e(x-m,y-n) + n_e(x,y) \tag{5-22}$$

式中，$x = 0,1,2,\cdots,M-1$；$y = 0,1,2,\cdots,N-1$；$g_e(x,y)$ 也为周期函数，其周期与 $f_e(x,y)$ 和 $h_e(x,y)$ 完全一样。

上式也可用矩阵表示为

$$g = Hf + n \tag{5-23}$$

式中，g、f、n 皆用行向量堆叠 $M \times N$ 维，它把各行顺时针转 90° 堆叠而成，都是 $M \times N$ 维列向量；H 为 $MN \times MN$ 的矩阵

$$H = \begin{pmatrix} H_0 & H_{M-1} & H_{M-2} & \cdots & H_1 \\ H_1 & H_0 & H_{M-1} & \cdots & H_2 \\ H_2 & H_1 & H_0 & \cdots & H_3 \\ \vdots & \vdots & \vdots & & \vdots \\ H_{M-1} & H_{M-2} & H_{M-3} & \cdots & H_0 \end{pmatrix} \tag{5-24}$$

式中，每个 H_j 都是一个 $N \times N$ 的矩阵，是由延拓函数 $h_e(x,y)$ 的 j 行构成的。

$$H_j = \begin{pmatrix} h_e(j,0) & h_e(j,N-1) & h_e(j,N-2) & \cdots & h_e(j,1) \\ h_e(j,1) & h_e(j,0) & h_e(j,N-1) & \cdots & h_e(j,2) \\ h_e(j,2) & h_e(j,1) & h_e(j,0) & \cdots & h_e(j,3) \\ \vdots & \vdots & \vdots & & \vdots \\ h_e(j,N-1) & h_e(j,N-2) & h_e(j,N-3) & \cdots & h_e(j,0) \end{pmatrix} \tag{5-25}$$

可见，H_j 是一个循环矩阵，而 H 是一个分块循环矩阵。

上述离散退化模型是在线性空间不变的前提下推出的。目的是在给定了 $g(x,y)$，并且知道 $h(x,y)$ 和 $n(x,y)$ 的情况下，估计出理想的原始图像 $f(x,y)$。但是，要想从式(5-23)直接求解得 $f(x,y)$，对于实际大小的图像来说，处理工作量是十分庞大的，如 $M = N = 512$ 时，

H 矩阵的大小为 $MN \times MN = (512)^2 \times (512)^2 = 262144 \times 262144$，求解 f 需要解 262144 个联立方程组，计算量之大难以想象，为解决这样的问题，须研究一些简化算法，利用 H 的循环性质，使简化运算得以实现。

根据有关的数学知识，由于 H 是分块循环矩阵，则 H 可对角化，即

$$H = WDW^{-1} \tag{5-26}$$

W 为一变换阵，大小为 $MN \times MN$ 维矩阵，它由 M^2 个大小为 $N \times N$ 的子块的部分组成

$$W = \begin{pmatrix} w(0,0) & w(0,1) & \cdots & w(0,M-1) \\ w(1,0) & w(1,1) & \cdots & w(1,M-1) \\ \vdots & \vdots & & \vdots \\ w(M-1,0) & w(M-1,1) & \cdots & w(M-1,M-1) \end{pmatrix} \tag{5-27}$$

其中

$$w(i,m) = \exp\left(j\frac{2\pi}{M}im\right)w_N \tag{5-28}$$

式中，$i,m = 0,1,2,\cdots,M-1$；w_N 为 $N \times N$ 的矩阵，其元素为

$$w_N(k,n) = \exp\left(j\frac{2\pi}{N}kn\right) \tag{5-29}$$

式中，$k,n = 0,1,2,\cdots,N-1$。

实际上，对任意形如 H 的分块循环矩阵，W 都可使其对角化。D 是对角阵，其对角元素与 $h_e(x,y)$ 的傅里叶变换有关，即如果

$$H(u,v) = \frac{1}{MN}\sum_{x=0}^{M-1}\sum_{y=0}^{N-1} h_e(x,y)\exp\left[-j2\pi\left(\frac{ux}{M} + \frac{vy}{N}\right)\right] \tag{5-30}$$

则 D 的 MN 个对角线元素按下面的形式给出，第一组 N 个元素为 $H(0,0),H(0,1),\cdots,H(0,N-1)$；第二组为 $H(1,0),H(1,1),\cdots,H(1,N-1)$；依此类推，最后的 N 个对角线元素为 $H(M-1,0),H(M-1,1),\cdots,H(M-1,N-1)$。由上述元素组成的整个矩阵再乘以 MN 得到 D，即有

$$D(k,i) = \begin{cases} MNH\left(\left[\frac{k}{N}\right], k\bmod N\right) & i = k \\ 0 & i \neq k \end{cases} \tag{5-31}$$

式中，$\left[\frac{k}{N}\right]$ 表示不超过 $\frac{k}{N}$ 的最大整数；$k\bmod N$ 是以 N 除以 k 所得到的余数。

从而退化模型可写成

$$g = Hf + n = WDW^{-1}f + n \tag{5-32}$$

$$W^{-1}g = DW^{-1}f + W^{-1}n \tag{5-33}$$

可以证明

$$W^{-1}g = \text{Vec}(G(u,v)) \tag{5-34}$$

$$W^{-1}f = \text{Vec}(F(u,v)) \tag{5-35}$$

$$W^{-1}n = \text{Vec}(N(u,v)) \tag{5-36}$$

式中，$\text{Vec}(\ )$ 是将矩阵拉伸为向量的算子，例如

$$\text{Vec}\begin{pmatrix} 1 & 2 \\ 3 & 4 \end{pmatrix} = \begin{pmatrix} 1 \\ 2 \\ 3 \\ 4 \end{pmatrix}$$

$G(u,v)$、$F(u,v)$ 和 $N(u,v)$ 分别是 $g(x,y)$、$f(x,y)$ 和 $n(x,y)$ 的二维傅里叶变换。于是有

$$G(u,v) = MNH(u,v)F(u,v) + N(u,v) \tag{5-37}$$

这样就将求 $f(x,y)$ 的过程转换为求解 $F(u,v)$ 的过程，简化了计算过程，同时上式也是进行图像复原的基础。

5.3 图像复原的方法

图像复原的方法很多，这里主要介绍反向滤波法和约束还原法。

5.3.1 反向滤波法

1. 基本原理

反向滤波法又叫逆滤波复原法。如果退化图像为 $g(x,y)$，原始图像为 $f(x,y)$，在不考虑噪声的情况下，其退化模型表示为

$$g(x,y) = \int_{-\infty}^{+\infty} \int_{-\infty}^{+\infty} f(\alpha,\beta)h(x-\alpha, y-\beta)\mathrm{d}\alpha\mathrm{d}\beta$$

由傅里叶变换卷积定理可知下式成立：

$$G(u,v) = H(u,v)F(u,v) \tag{5-38}$$

式中，$G(u,v)$、$H(u,v)$、$F(u,v)$ 分别是退化图像 $g(x,y)$、点扩散函数 $h(x,y)$、原始图像 $f(x,y)$ 的傅里叶变换。进一步有

$$F(u,v) = \frac{G(u,v)}{H(u,v)} \tag{5-39}$$

这就是说，如果已知退化图像的傅里叶变换和"滤波"传递函数，就可以求得原始图像的傅里叶变换，经傅里叶反变换就可以求得原始图像，这里 $G(u,v)$ 除以 $H(u,v)$ 起到了反向滤波的作用。

在有噪声的情况下，反向滤波原理可写成

$$G(u,v) = H(u,v)F(u,v) + N(u,v) \tag{5-40}$$

$$F(u,v) = \frac{G(u,v)}{H(u,v)} - \frac{N(u,v)}{H(u,v)} \tag{5-41}$$

式中，$N(u,v)$ 为噪声 $n(x,y)$ 的傅里叶变换。

2. 离散退化模型下的反向滤波法

对于 5.2.2 小节中离散的退化模型矩阵表示形式：$g = Hf + n$，当对 n 的统计特性并不了解时，我们希望能找到一个 $\hat{f}$，使 $H\hat{f}$ 能在最小二乘意义上来说近似于 g，即希望找到一个 $\hat{f}$ 使

$$J(\hat{f}) = \| g - H\hat{f} \|^2 = \| n \|^2 \tag{5-42}$$

为最小。这里 $\| n \|^2 = n^{\mathrm{T}}n$，$\| g - H\hat{f} \|^2 = (g - H\hat{f})^{\mathrm{T}}(g - H\hat{f})$。

这实际上是求 $J(\hat{f})$ 的最小值问题。由于除了要求 $J(\hat{f})$ 为最小外，不受任何其他条件约束，所以又称为非约束复原。

将 $J(\hat{f})$ 对 $\hat{f}$ 求导，并令其等于零，则有

$$\frac{\partial J(\hat{f})}{\partial \hat{f}} = -2H^{\mathrm{T}}(g - H\hat{f}) = 0 \tag{5-43}$$

$$H^{\mathrm{T}}H\hat{f} = H^{\mathrm{T}}g$$

$$\hat{f} = (H^{\mathrm{T}}H)^{-1}H^{\mathrm{T}}g \tag{5-44}$$

在 $M = N$ 的情况下，假设 H^{-1} 存在，于是有

$$\hat{f} = H^{-1}(H^{-1})^{\mathrm{T}}H^{\mathrm{T}}g = H^{-1}g \tag{5-45}$$

由于 H 为分块循环矩阵，且有 $H = WDW^{-1}$，D 为对角矩阵，则

$$\hat{f} = (WDW^{-1})^{-1}g = WD^{-1}W^{-1}g \tag{5-46}$$

$$W^{-1}\hat{f} = D^{-1}W^{-1}g \tag{5-47}$$

由 5.2.2 小节中 W^{-1} 的性质，可得到

$$\hat{F}(u,v) = \frac{G(u,v)}{M^2 H(u,v)} \tag{5-48}$$

式(5-48)说明如果知道了 $g(x,y)$ 和 $h(x,y)$，也就知道了 $G(u,v)$ 和 $H(u,v)$，进而可求得 $\hat{F}(u,v)$，再经傅里叶反变换就能求出 $\hat{f}(x,y)$。式(5-48)就是离散退化模型下的反向滤波法。

利用式(5-48)进行复原时，若 $H(u,v)$ 在 uv 平面上的某些区域等于 0 或变得非常小，那么复原就会出现病态性质，即 $\hat{F}(u,v)$ 在 $H(u,v)$ 的零点附近变化剧烈，严重偏离实际值。若还存在噪声，则后果更加严重。因为

$$\hat{F}(u,v) = \frac{G(u,v)}{M^2 H(u,v)} = \frac{M^2 F(u,v) + N(u,v)}{M^2 H(u,v)} = F(u,v) + \frac{N(u,v)}{M^2 H(u,v)} \tag{5-49}$$

一般情况下有 $H(u,v)$ 的幅度随着离 uv 平面原点的距离的增加而迅速下降，但 $N(u,v)$ 幅度的变化是比较平缓的，在远离 uv 平面的原点时，$\dfrac{N(u,v)}{M^2 H(u,v)}$ 的值就会变得很大，甚至可能出现 $F(u,v) \ll \dfrac{N(u,v)}{M^2 H(u,v)}$，噪声占优势，掩盖了真实信号 $F(u,v)$，造成复原出来的图像面目全非。

解决该病态问题的唯一方法就是避开 $H(u,v)$ 的零点及小数值的 $H(u,v)$。具体做法有：一是在计算 $\hat{F}(u,v)$ 时，在 $H(u,v)$ 的零点上不做计算，或直接对 $H(u,v)$ 进行修改，即仔细设置 $H(u,v) = 0$ 的频谱点附近 $H^{-1}(u,v)$ 的值；二是在原点的有限的邻域内进行，以避免小数值的 $H(u,v)$，即选择一个低通滤波器。

$$H_1(u,v) = \begin{cases} 1 & \sqrt{u^2 + v^2} \leqslant D_0 \\ 0 & \sqrt{u^2 + v^2} > D_0 \end{cases} \tag{5-50}$$

D_0 的选择应该将 $H(u,v)$ 的零点排除在此邻域之外，并进行如下的反向滤波复原：

$$\hat{F}(u,v) = \frac{G(u,v)H_1(u,v)}{M^2 H(u,v)} \tag{5-51}$$

为避免振铃影响，还可以选择平滑的低通滤波器如巴特沃斯（Butterworth）滤波器等代替 $H_1(u,v)$。

5.3.2 约束还原法

1. 一般原理

在前面介绍的反向滤波法中，我们求恢复图像 $\hat{f}$ 时除了要求 $H\hat{f}$ 在最小二乘意义下最接近于 g 以外，根本不做任何约束和规定，所以反向滤波法又称为非约束还原法。但很多时候，为了在数学上更容易处理，常附加某种约束条件和特殊规定。

若知道原始图像的某种线性变换 Qf 具有某种性质或满足某个关系 $Qf = d$，则在这种情况下，估计准则是在约束 $\|Q\hat{f}\|^2 = \|d\|^2$ 下使 $J(\hat{f}) = \|g - H\hat{f}\|^2 = \|n\|^2$ 最小。同时这个问题也等价于在约束 $\|n\|^2 = \|g - H\hat{f}\|^2$ 下使 $\|Q\hat{f}\|^2 - \|d\|^2$ 最小。

这是一个条件极值的问题，可用拉格朗日乘数法来处理，即寻找一个 $\hat{f}$，使下述准则函数为最小：

$$J(\hat{f}) = \|Q\hat{f}\|^2 - \|d\|^2 + \lambda(\|g - H\hat{f}\|^2 - \|n\|^2) \tag{5-52}$$

式中，λ 为一常数，即拉格朗日系数。

式(5-52)对 $\hat{f}$ 求导并令结果为零，有

$$\frac{\partial J(\hat{f})}{\partial \hat{f}} = 2Q^{\mathrm{T}}Q\hat{f} - 2\lambda H^{\mathrm{T}}(g - H\hat{f}) = 0 \tag{5-53}$$

可推得

$$\hat{f} = \left(H^{\mathrm{T}}H + \frac{1}{\lambda}Q^{\mathrm{T}}Q\right)^{-1}H^{\mathrm{T}}g = (H^{\mathrm{T}}H + \gamma Q^{\mathrm{T}}Q)^{-1}H^{\mathrm{T}}g \tag{5-54}$$

式中，$\gamma = \dfrac{1}{\lambda}$。

对于不同的原始图像知识，可获得不同的 Q，求得的解具有不同的形式。

下面我们讨论两种重要的最小二乘法约束还原，它们分别是通过选择不同的 Q 而得到的。

2. 维纳滤波

我们首先定义关于 f 和 n 的相关矩阵 R_f 和 R_n 为

$$\begin{cases} R_f = E\{ff^{\mathrm{T}}\} \\ R_n = E\{nn^{\mathrm{T}}\} \end{cases} \tag{5-55}$$

$E\{\}$ 代表数学期望运算，相关矩阵 R_f 和 R_n 为对称阵。大多数图像的相邻像素之间的相关性很强，但在 20 个像素以外，其相关性逐渐减弱而趋于零。在这个条件下，R_f 和 R_n 可近似为分块循环矩阵，此时有

$$R_f = WAW^{-1} \tag{5-56}$$

$$R_n = WBW^{-1} \tag{5-57}$$

$$A(k,i) = \begin{cases} MNS_f\left(\left[\dfrac{k}{N}\right], k\,\mathrm{mod}\,N\right) & i = k \\ 0 & i \neq k \end{cases} \tag{5-58}$$

$$B(k,i) = \begin{cases} MNS_n\left(\left[\dfrac{k}{N}\right], k\,\mathrm{mod}\,N\right) & i = k \\ 0 & i \neq k \end{cases} \tag{5-59}$$

式(5-56)、式(5-57)中，A、B 为对角阵，与 R_f 和 R_n 的傅里叶变换有关，即与谱密度 $S_f(u,v)$ 和 $S_n(u,v)$ 有关。W 为酉阵。若 Q^TQ 用 $R_f^{-1}R_n$ 来代替，则有

$$\hat{f} = (H^TH + \gamma R_f^{-1}R_n)^{-1}H^Tg \tag{5-60}$$

由于 H 为分块循环矩阵，$H = WDW^{-1}$，$H^T = WD^*W^{-1}$，D^* 为 D 的共轭转置阵。则上式可变成

$$W^{-1}\hat{f} = (D^*D + \gamma A^{-1}B)^{-1}D^*W^{-1}g \tag{5-61}$$

写成频率域表达式为(假设 $M = N$)

$$\hat{F}(u,v) = \frac{M^2H^*(u,v)}{M^4|H(u,v)|^2 + \gamma(S_n(u,v)/S_f(u,v))}G(u,v) \tag{5-62}$$

当 $\gamma = 1$ 时，称为维纳滤波器，而在 $\gamma \neq 1$ 时，称为参数维纳滤波器。

从式(5-62)可看出，这种方法对噪声放大有自动抑制作用。当 $H(u,v)$ 在某处为零时，由于存在 $S_n(u,v)/S_f(u,v)$ 项，不会出现被零除的情况，而由于分子含有 $H^*(u,v)$ 项，在任何 $H(u,v) = 0$ 处，滤波器的增益恒等于 0。同时若在某一频谱区信噪比相当高时，即 $S_n(u,v) \ll S_f(u,v)$ 时，滤波器的效果接近反向滤波方法，而对信噪比很小的区域，即 $S_n(u,v) \gg S_f(u,v)$ 时，滤波器趋向于无反应。这些都说明了维纳滤波避免了在反向滤波法中出现的对噪声的过多放大作用。

式(5-62)中的 $H(u,v)$ 可由系统的点扩散函数确定，而 $S_f(u,v)$ 和 $S_n(u,v)$ 可用以下方法确定：若 $n(x,y)$ 是白噪声，则 $S_n(u,v)$ 为常数。故可通过计算一幅图像的功率谱求得，而对于 $S_f(u,v)$ 则可利用 $S_g(u,v) = |H(u,v)|^2S_f(u,v) + S_n(u,v)$ 来估计，即

$$S_f(u,v) = \frac{S_g(u,v) - S_n(u,v)}{|H(u,v)|^2} \tag{5-63}$$

另一个常用的方法是使用如下的滤波器：

$$\hat{F}(u,v) = \frac{H^*(u,v)}{M^2|H(u,v)|^2 + K}G(u,v) \tag{5-64}$$

式中，K 为常数。

对于系数 γ，可证明，当 $\gamma = 1$ 时，得到的滤波器是统计最佳的，它使 $E\{[f(x,y) - \hat{f}(x,y)]^2\}$ 最小，此即维纳滤波器(约束最小平方滤波)。维纳滤波的实例如图 5-2 所示。

3. 最大平滑复原

前述参数维纳滤波器是在假设原始图像 f 和噪声 n 是随机变量，它们的图像集形成了随机过程，同时这个随机过程又是一个平稳的随机过程，并且它们的功率谱已知。这就是说参数维纳滤波器得到的结果在图像统计平均意义下是最佳的，但对某一具体图像来说不一定是最佳。下面我们介绍一种准则函数，由此导出的复原对每一幅具体图像确定一个最优的评判标准。

反向滤波法中，由于 $H(u,v)$ 的病态性质，导致在其零点附近数值变化起伏过大，使图像产生了多余的噪声和边缘，造成恢复图像严重失真。我们可通过合理地选择 Q，并对 $\|Qf\|^2$ 进行优化，从而将图像的不平滑性降至最低，对于电视一类图像，灰度变化是平滑少跳变的，因此可把最大平滑作为选择 Q 的准则。

图像相邻各像素之间的灰度平滑性可通过二阶导数来表征，二阶导数越小，表示灰度跳变幅度及斜率越小，图像的平滑性就越大。这种二阶导数可用拉普拉斯算子 $\nabla^2 f = \dfrac{\partial^2 f}{\partial x^2} + \dfrac{\partial^2 f}{\partial y^2}$ 来

表示。它有突出边缘的作用，反映了图像灰度变化的剧烈程度。而由 $\iint \nabla^2 f \mathrm{d}x\mathrm{d}y$ 可反映整幅图像的总体平滑性，因而可将其作为图像恢复时的约束条件。

对于数字图像来说，拉普拉斯算子可写成如下差分形式：

$$\frac{\partial^2 f}{\partial x^2} + \frac{\partial^2 f}{\partial y^2} = f(x+1,y) + f(x-1,y) + f(x,y+1) + f(x,y-1) - 4f(x,y) \tag{5-65}$$

式(5-65)可看作是 $f(x,y)$ 与 $p(x,y)$ 卷积的结果，其中

$$p(x,y) = \begin{pmatrix} 0 & 1 & 0 \\ 1 & -4 & 1 \\ 0 & 1 & 0 \end{pmatrix}$$

进行卷积前，必须作周期延拓，即

$$p_e(x,y) = \begin{cases} p(x,y) & 0 \leqslant x \leqslant 2, 0 \leqslant y \leqslant 2 \\ 0 & 3 \leqslant x \leqslant M-1, 3 \leqslant y \leqslant N-1 \end{cases} \tag{5-66}$$

设 $f(x,y)$ 大小为 $A \times B$，则 M、N 应延拓为 $M \geqslant A+3-1$、$N \geqslant B+3-1$。周期延拓卷积公式表示为

$$g(x,y) = \sum_{m=0}^{M-1} \sum_{n=0}^{N-1} f(m,n) p_e(x-m, y-n) \tag{5-67}$$

其同样可写成分块循环形式。先建立一个分块循环阵

$$C = \begin{pmatrix} C_0 & C_{M-1} & C_{M-2} & \cdots & C_1 \\ C_1 & C_0 & C_{M-1} & \cdots & C_2 \\ C_2 & C_1 & C_0 & \cdots & C_3 \\ \vdots & \vdots & \vdots & & \vdots \\ C_{M-1} & C_{M-2} & C_{M-3} & \cdots & C_0 \end{pmatrix} \tag{5-68}$$

其中每个子块 C_j 是由 $p_e(x,y)$ 的第 j 行组成的 $N \times N$ 循环阵

$$C_j = \begin{pmatrix} p_e(j,0) & p_e(j,N-1) & \cdots & p_e(j,1) \\ p_e(j,1) & p_e(j,0) & \cdots & p_e(j,2) \\ \vdots & \vdots & & \vdots \\ p_e(j,N-1) & p_e(j,N-20) & \cdots & p_e(j,0) \end{pmatrix} \tag{5-69}$$

于是 $\iint \nabla^2 f \mathrm{d}x\mathrm{d}y$ 可写成 $f^{\mathrm{T}} C^{\mathrm{T}} C f$，若定义 $Q = C$，则有 $f^{\mathrm{T}} C^{\mathrm{T}} C f = \| Qf \|^2$。于是现在的问题就成为在满足 $\| n \|^2 = \| g - H\hat{f} \|^2$ 的约束条件下，使 $\| Qf \|^2$ 最小化的问题，而 $\| Qf \|^2$ 最小也就是最大平滑。

由于 C 为分块循环矩阵，因而可用 W 阵进行对角化

$$C = WEW^{-1} \tag{5-70}$$

E 为对角阵，其元素为

$$E(k,i) = \begin{cases} MNP\left(\left[\frac{k}{N}\right], k \bmod N \right) & i = k \\ 0 & i \neq k \end{cases} \tag{5-71}$$

$P(u,v)$ 是 $p_e(x,y)$ 的傅里叶变换，从而有

$$\hat{f} = (H^{\mathrm{T}} H + \gamma C^{\mathrm{T}} C)^{-1} H^{\mathrm{T}} g = (WD^* DW^{-1} + \gamma WE^* EW^{-1})^{-1} WD^* W^{-1} g$$

$$W^{-1}\hat{f} = (D^*D + \gamma E^*E)^{-1}D^*W^{-1}g \tag{5-72}$$

当 $M = N$ 时，即有

$$\hat{F}(u,v) = \frac{H^*(u,v)}{M^2|H(u,v)|^2 + \gamma M^2|P(u,v)|^2}G(u,v) \tag{5-73}$$

此公式即为约束最小平方滤波器，采用这种滤波器来进行图像复原的方法又称为最大平滑复原法。约束最小平方滤波器类似维纳滤波器，但它不需要知道统计参量 R_f 和 R_n。

5.4 运动模糊图像的复原

5.4.1 模糊模型

由于摄像机和景物之间的相对运动，往往造成获取的图像模糊。而且很多变速的非直线的运动在一定条件下可以看成是均匀的直线运动合成的结果，因此由均匀直线运动所造成的模糊图像的复原问题更具有一般和普遍的意义。

设图像 $f(x,y)$ 作平面匀速直线运动，令 $x_0(t)$ 和 $y_0(t)$ 分别为 x 和 y 方向运动的随时间变化的分量。对于照相机拍照，胶片上任一点上总曝光量是由快门打开的时间 T 内所有曝光的积分而得，设快门的开、关是瞬时发生的且光学成像过程是完善的，则有

$$g(x,y) = \int_0^T f(x - x_0(t), y - y_0(t))\,\mathrm{d}t \tag{5-74}$$

对式(5-74)进行傅里叶变换

$$\begin{aligned}G(u,v) &= \int_{-\infty}^{+\infty}\int_{-\infty}^{+\infty} g(x,y)\exp[-\mathrm{j}2\pi(ux+vy)]\,\mathrm{d}x\mathrm{d}y \\ &= \int_{-\infty}^{+\infty}\int_{-\infty}^{+\infty}\int_0^T f(x-x_0(t),y-y_0(t))\,\mathrm{d}t\exp[-\mathrm{j}2\pi(ux+vy)]\,\mathrm{d}x\mathrm{d}y\end{aligned}$$

此处积分次序交换后得

$$\begin{aligned}G(u,v) &= \int_0^T\left\{\int_{-\infty}^{+\infty}\int_{-\infty}^{+\infty} f(x-x_0(t),y-y_0(t))\exp[-\mathrm{j}2\pi(ux+vy)]\,\mathrm{d}x\mathrm{d}y\right\}\mathrm{d}t \\ &= \int_0^T F(u,v)\exp\{-\mathrm{j}2\pi[ux_0(t)+vy_0(t)]\}\mathrm{d}t \\ &= F(u,v)\int_0^T \exp\{-\mathrm{j}2\pi[ux_0(t)+vy_0(t)]\}\mathrm{d}t\end{aligned}$$

令

$$H(u,v) = \int_0^T \exp\{-\mathrm{j}2\pi[ux_0(t)+vy_0(t)]\}\mathrm{d}t \tag{5-75}$$

则可得到

$$G(u,v) = H(u,v)F(u,v) \tag{5-76}$$

$$F(u,v) = \frac{G(u,v)}{H(u,v)} \tag{5-77}$$

因此，$f(x,y)$ 可由 $F(u,v)$ 的傅里叶反变换求得。

5.4.2 水平匀速直线运动引起模糊的复原

如果模糊图像是由景物在 x 方向上作均匀直线运动造成的，则模糊后图像任意点的值为

$$g(x,y) = \int_0^T f(x - x_0(t), y) \mathrm{d}t \tag{5-78}$$

设图像总的位移量为 a，总的运动时间为 T，则运动性质为 $x_0(t) = \dfrac{a}{T}t$，于是有

$$H(u,v) = \int_0^T \exp[-\mathrm{j}2\pi u x_0(t)]\mathrm{d}t = \int_0^T \exp\left(-\mathrm{j}2\pi u \frac{at}{T}\right)\mathrm{d}t = \frac{T}{\pi u a}\sin(\pi u a)\exp(-\mathrm{j}\pi u a) \tag{5-79}$$

由式(5-79)可见，当 $u = \dfrac{n}{a}$（n 为整数）时，$H(u,v) = 0$，在这些点上无法用逆滤波法恢复原图像，因而需采用其他方法。

由于只考虑 x 方向，y 是不变的，故可暂时忽略 y，式(5-78)可写成

$$g(x) = \int_0^T f(x - x_0(t))\mathrm{d}t = \int_0^T f\left(x - \frac{at}{T}\right)\mathrm{d}t \qquad 0 \leqslant x \leqslant L \tag{5-80}$$

图像的宽度为 L。令 $\tau = x - \dfrac{at}{T}$，则有

$$g(x) = \frac{T}{a}\int_{x-a}^x f(\tau)\mathrm{d}\tau$$

对上式两边求导，有

$$g'(x) = \frac{T}{a}[f(x) - f(x-a)]$$

$$f(x) = \frac{a}{T}g'(x) + f(x-a) \tag{5-81}$$

式(5-81)反映了 $f(x)$ 和 $f(x-a)$ 的递推关系。因为 $g'(x)$、T、a 是已知的，因而知道了长度为 a 的区间上的原始图像就可以推得整幅图像，可想办法找出一种递归方法来复原图像。

由于图像在 x 方向上的定义域为 $0 \leqslant x \leqslant L$，多数情况下 $a \ll L$，因而可近似地认为：$L = Ka$，K 为整数。这样将区间 $[0,L]$ 分成 K 个长度为 a 的子区间，令 $z \in [0,a]$，第 m 段子区间中的 x 值可以表示为

$$x = z + ma \qquad m = 0,1,2,\cdots,K-1$$

又令 $\alpha = \dfrac{a}{T}$，于是有

$$f(z+ma) = \alpha g'(z+ma) + f(z+(m-1)a) \tag{5-82}$$

当 $m = 0$ 时，有 $f(z) = \alpha g'(z) + f(z-a)$。

令 $f(z-a) = \phi(z)$，则

$m = 0$ 时，有 $f(z) = \alpha g'(z) + \phi(z)$；

$m = 1$ 时，有 $f(z+a) = \alpha g'(z+a) + \alpha g'(z) + \phi(z)$。

以此类推，将得到通式

$$f(z+ma) = \alpha \sum_{k=0}^m g'(z+ka) + \phi(z) \tag{5-83}$$

由于 $g'(x)$、α、a 为已知，要求得 $f(x)$，只需估计出 $\phi(z)$。

式(5-83)对 $m = 0,1,2,\cdots,K-1$ 共 K 项累加得

$$\sum_{m=0}^{K-1} f(z+ma) = \alpha \sum_{m=0}^{K-1}\sum_{k=0}^m g'(z+ka) + K\phi(z) \tag{5-84}$$

则有

$$\phi(z) = \frac{1}{K}\sum_{m=0}^{K-1} f(z+ma) - \frac{\alpha}{K}\sum_{m=0}^{K-1}\sum_{k=0}^{m} g'(z+ka) \tag{5-85}$$

式(5-85)中右边第一项虽然未知,但是当 K 很大时,它趋于 $f(x)$ 的平均值,因此可以把第一项视为一个常量 A,从而有

$$\phi(z) = A - \frac{\alpha}{K}\sum_{m=0}^{K-1}\sum_{k=0}^{m} g'(z+ka) \tag{5-86}$$

恢复图像 $f(z+ma)$ 为

$$f(z+ma) = A - \frac{\alpha}{K}\sum_{m=0}^{K-1}\sum_{k=0}^{m} g'(z+ka) + \alpha\sum_{k=0}^{m} g'(z+ka) \tag{5-87}$$

由于 $z+ka-ka+ma=x$,从而 $\displaystyle\sum_{k=0}^{m} g'(z+ka) = \sum_{k=0}^{m} g'(x-ma+ka)$。再利用关系

$$\sum_{k=0}^{m} g'(x-ma+ka) = \sum_{k=0}^{m} g'(x-ka)$$

最后,式(5-87)可以表示成

$$f(x) = A + \alpha\sum_{k=0}^{m} g'(x-ka) - \frac{\alpha}{K}\sum_{m=0}^{K-1}\sum_{k=0}^{m} g'(x-ka) \tag{5-88}$$

再引入去掉了的变量 y,则

$$f(x,y) = A + \alpha\sum_{k=0}^{m} g'(x-ka,y) - \frac{\alpha}{K}\sum_{m=0}^{K-1}\sum_{k=0}^{m} g'(x-ka,y) \tag{5-89}$$

这就是去除由 x 方向上均匀运动造成的图像模糊后恢复图像的表达式。

考虑到在计算机处理中,多用离散形式的公式,故而将式(5-80)和式(5-89)的离散形式写为

$$g(x,y) = \sum_{t=0}^{T} f\left(x-\frac{at}{T}\right)\Delta x \tag{5-90}$$

$$f(x,y) = A + \alpha\sum_{k=0}^{m}\left[g(x-ka,y) - g(x-ka-\Delta x,y)\right]/\Delta x -$$
$$\frac{\alpha}{K}\sum_{m=0}^{K-1}\sum_{k=0}^{m}\left[g(x-ka,y) - g(x-ka-\Delta x,y)\right]/\Delta x \tag{5-91}$$

上述运动模糊图像的复原处理如图 5-5 所示。

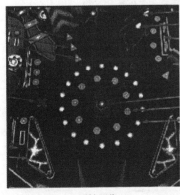  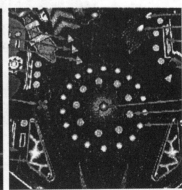

a) 原始图像　　　　　　　　　　b) 模糊图像　　　　　　　　　　c) 复原图像

图 5-5　运动模糊图像的复原处理

5.5　图像的几何校正

在图像的获取过程中，光学镜头制造精度不足、透镜折射光线性能差异以及成像角度斜视、透视投影关系、拍摄对象表面弯曲等因素会导致图像出现不同程度的几何位置、尺寸、形状、方位等几何失真，或称为几何畸变。例如，使用广角镜头时，图像画面呈桶形膨胀状的失真现象，称为桶形失真；而使用长焦镜头时，成像画面发生向中间收缩的现象，称为枕形失真，如图 5-6 所示。此外，受透视投影成像模型自身特点影响，拍摄时斜视角度会导致图片透视失真，如图 5-7 所示，成像景物呈现平行线不平行、尺寸不一致的现象。在遥感领域，地球表面为曲面，故由卫星拍摄的地面图像也会产生较大的几何失真。

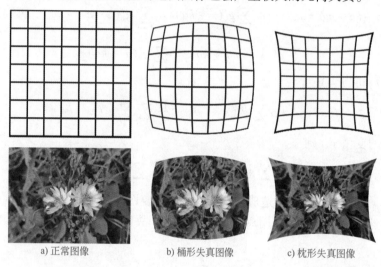

a) 正常图像　　　　　　　b) 桶形失真图像　　　　　　　c) 枕形失真图像

图 5-6　透镜成像引起的桶形失真与枕形失真

a) 等距平行线在图像中表现为不平行、不等距　　　b) 建筑物图像中呈现为"近大远小"

图 5-7　透视成像模型引起的几何失真

5.5.1　几何畸变的形成和描述

图像发生几何畸变的原因有很多，有些因素导致了有规律、能预测的系统失真，还有些因素导致了具有随机性的非系统失真。本节主要介绍图像常见的几种畸变成因与模型，以及失真模型的一般描述方法。

1. 几何畸变的形成

（1）光学畸变　光学透镜在成像时，由于透镜的曲率半径不同，在中心和边缘处的放大率不一致，导致图像发生变形；此外，由加工和装配工艺所限，透镜外形、安装位置与角度都可能发生一定偏差，使得光线在图像上汇聚的位置发生偏差，这些因素都会导致图像发生光学畸变。此类光学畸变主要包括径向畸变与切向畸变，常用以下非线性模型进行描述：

$$\begin{cases} x' = x + \delta_x(x,y) \\ y' = y + \delta_y(x,y) \end{cases} \tag{5-92}$$

其中 (x,y) 表示理想的、未发生畸变的像点图像坐标，(x',y') 表示发生畸变后实际像点的图像坐标，δ_x 与 δ_y 为几何畸变量。

1）径向畸变。径向畸变是以图像畸变中心为原点，沿着半径的方向产生的成像位置偏差，导致景物的像发生形变。径向畸变量通常可描述为

$$\begin{cases} \delta_{xr} = x(k_1 r^2 + k_2 r^4 + k_3 r^6 + \cdots) \\ \delta_{yr} = y(k_1 r^2 + k_2 r^4 + k_3 r^6 + \cdots) \end{cases} \tag{5-93}$$

其中，$r = \sqrt{x^2 + y^2}$，k_1，k_2，$k_3 \cdots$ 为径向畸变系数。

径向畸变是由于光学透镜径向曲率不一致，通常表现为靠近透镜中心处较厚、远离中心处较薄。光线照射到透镜的不同位置上，光线的折射角是不同的，导致透镜中心与边缘的成像位置差异，且距离透镜中心越远，位置偏差越严重，因而产生径向畸变。径向畸变是对成像效果影响最大的畸变。径向畸变不仅影响图像的视觉效果，由于导致图像特征变化，也影响着后续图像处理任务，如检测、识别、跟踪、视觉测量等任务的准确程度。根据透镜边缘处放大率减小或增大，表现形式为桶形畸变与枕形畸变。

2）切向畸变。切向畸变是由于装配工艺所限，相机的透镜与相机传感器平面，即成像平面，不平行而产生的光学畸变，表现为实际成像点在切线方向上出现的位置偏差。切向畸变量通常可描述为

$$\begin{cases} \delta_{xd} = 2p_1 xy + p_2(r^2 + 2x^2) + \cdots \\ \delta_{yd} = p_1(r^2 + 2y^2) + 2p_2 xy + \cdots \end{cases} \tag{5-94}$$

其中，$r = \sqrt{x^2 + y^2}$，p_1，$p_2 \cdots$ 为切向畸变系数。切向畸变系数是非线性的，距离畸变中心相同半径处的畸变系数往往不相同。

相比于径向畸变，切向畸变对于成像效果影响较小，但是对于精密的视觉测量系统，在图像几何校正时也必须要考虑成像过程的切向畸变。

（2）小孔相机成像模型　一般情况下，所拍摄景物的距离远远大于相机的光学焦距。为了简化后续建立各种任务的视觉模型，常采用小孔相机模型模拟真实的光学透镜成像过程。由于其成像过程在数学上可以用射影变换进行描述，小孔相机成像模型也称为透视投影模型。同时，为了使成像景物与其像的坐标符号保持一致，将成像平面由小孔后方沿光轴正方向推至小孔之前，如图 5-8 所示。其中，$C - X - Y - Z$ 为相机模型坐标系，

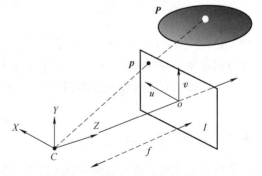

图 5-8　小孔相机成像模型

C 为相机的光心，Z 为光轴正方向。成像平面用 I 表示，其与光心的距离为 f，光轴与成像平面的交点为 o，则 $o-u-v$ 构成了图像平面坐标系。空间上一个物点 $P = (X, Y, Z)^{\mathrm{T}}$ 在图像平面内成像。依照小孔相机成像模型，连接光心 C 与物点 P 形成一条视线，该视线与图像平面 I 的交点即为像点所在的位置 $p = (x, y)^{\mathrm{T}}$。

根据相似三角形关系，可得像点与物点坐标位置关系为

$$\begin{cases} u = f\dfrac{X}{Z} \\ v = f\dfrac{Y}{Z} \end{cases} \tag{5-95}$$

若以矩阵形式表达，上式可整理为

$$\begin{pmatrix} u \\ v \\ 1 \end{pmatrix} = \frac{1}{Z}\begin{pmatrix} f & 0 & 0 \\ 0 & f & 0 \\ 0 & 0 & 1 \end{pmatrix}\begin{pmatrix} X \\ Y \\ Z \end{pmatrix} \tag{5-96}$$

其中，Z 分量为物点与相机的距离，也称为物点的深度。通过对上式的观察可知，既然像与物点的深度信息成反比关系，那么物体距离相机越远，其像的尺寸越小；同时，依照以上成像模型，可以证明三维空间中的一组平行线投影在图像平面后不能再保持平行关系，因此成像后图像中的景物发生了几何变形。以上由于小孔相机成像模型造成的几何畸变，称为透视投影畸变。

2. 几何畸变的描述

若用 x-y 表示基准图像的坐标系，x'-y' 表示需要校正的图像的坐标系，可把两图像坐标系之间的转换关系用解析式表示为

$$\begin{cases} x' = h_1(x, y) \\ y' = h_2(x, y) \end{cases} \tag{5-97}$$

假设 $f(x, y)$ 是一幅无失真原始图像或称基准图像，表现为规则的网格形式。$g(x', y')$ 是 $f(x, y)$ 发生几何畸变的结果，表现为弯曲的网线，如图 5-9 所示。图中的两黑点表示畸变前后它们的对应关系。以上几何失真过程可表达为

$$\begin{cases} g(x', y') = f(x, y) \\ x' = h_1(x, y) \\ y' = h_2(x, y) \end{cases} \tag{5-98}$$

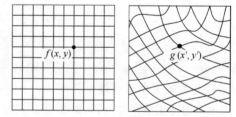

图 5-9　无失真原始图像及其畸变结果

其中，$x' = h_1(x, y)$ 与 $y' = h_2(x, y)$ 描述了像点位置的转换关系，$g(x', y') = f(x, y)$ 反映了对应像点间灰度值或颜色值的映射。以上表达关于几何畸变的解析式的同时也描述了几何校正的关系式，可以看出这种失真的图像复原问题是求解映射函数，完成图像之间映射变换的问题。

5.5.2　图像的几何校正

几何失真主要表现为图像中物体扭曲、变形，或远近比例不协调等。这些主要是由于成像过程中像点产生位移偏差导致的。以一幅图像为基准，去校正另一幅发生几何失真的图像，就叫作图像的几何畸变复原或者几何校正。

由成像系统引起的几何失真有两种校正方式，一种为预畸变法，即通过设计成像系统模块，产生与图像畸变时的非线性偏转相反的偏转效果，以抵消预计的畸变；另一种为后验校正法，即采用多项式曲线拟合畸变图像与无失真的原始图像的坐标映射关系，获得几何校正函数，再将几何校正函数作用于畸变图像得到校正后的图像，其校正过程如图 5-10 所示。

几何畸变校正可分两步进行，第一步是空间校正，也称为空间坐标变换，旨在对图像的像素坐标位置进行重新排列，以获得其新的空间坐标关系；第二步是灰度插值，即对空间变换后的像素赋予相应的灰度值。

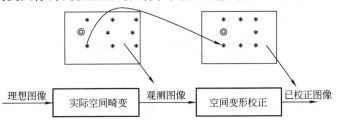

图 5-10 空间几何畸变及校正的概念模型

1. 几何变换

由式(5-98) 可见，函数 $h_1(x,y)$ 和 $h_2(x,y)$ 是将畸变图像 $g(x',y')$ 映射到基准图像 $f(x,y)$ 的关键。若可由先验知识获得函数 $h_1(x,y)$ 和 $h_2(x,y)$ 的表达式，则可求得复原的基准图像 $f(x,y)$。然而实际成像过程中，$h_1(x,y)$ 和 $h_2(x,y)$ 往往是未知的。因此，常用方法是采用后验校正法获得两函数的近似表达，若采用多项式来近似 $h_1(x,y)$ 和 $h_2(x,y)$，可获得畸变图像与基准图像之间的位置坐标映射关系如下：

$$x' = \sum_{i=0}^{n} \sum_{j=0}^{n-i} a_{ij} x^i y^j \tag{5-99}$$

$$y' = \sum_{i=0}^{n} \sum_{j=0}^{n-i} b_{ij} x^i y^j \tag{5-100}$$

其中，n 是多项式次数，a_{ij} 和 $b_{ij}(i+j=n)$ 是待定系数。现在的问题转化为，通过一些已知的基准图像像素点和畸变图像像素点之间的对应关系，拟合出多项式式(5-99) 和式(5-100) 的系数 a_{ij} 和 b_{ij}，就相当于得到函数 $h_1(x,y)$ 和 $h_2(x,y)$。最后，通过拟合出来的多项式，对畸变图像的每个像素点坐标位置进行映射，获得它们的重新排列，完成几何变换。

若图像的几何畸变较轻微，或畸变校正精度要求不高，则可令 $n=1$，将式(5-99) 和式(5-100)简化为线性模型，拟合线性畸变

$$\begin{cases} x' = a_0 + a_1 x + a_2 y \\ y' = b_0 + b_1 x + b_2 y \end{cases} \tag{5-101}$$

其中，a_0、a_1、a_2、b_0、b_1、b_2 为 6 个待定系数。由式(5-101) 可知，每一对 (x,y) 与 (x',y') 的对应关系，可为求解 6 个待定系数提供 2 个约束条件。因此，至少需要基准图像的 3 个像点与畸变图像的 3 个像点位置及其对应关系，可唯一求解出上述 6 个待定系数。假设基准图像 3 个像点 (x_1,y_1)、(x_2,y_2)、(x_3,y_3) 与畸变图像 3 个像点 (x_1',y_1')、(x_2',y_2')、(x_3',y_3') 已知且一一对应。将其代入式(5-101)，得

$$\begin{pmatrix} x_1' \\ x_2' \\ x_3' \end{pmatrix} = \begin{pmatrix} 1 & x_1 & y_1 \\ 1 & x_2 & y_2 \\ 1 & x_3 & y_3 \end{pmatrix} \begin{pmatrix} a_0 \\ a_1 \\ a_2 \end{pmatrix} \tag{5-102}$$

$$\begin{pmatrix} y_1' \\ y_2' \\ y_3' \end{pmatrix} = \begin{pmatrix} 1 & x_1 & y_1 \\ 1 & x_2 & y_2 \\ 1 & x_3 & y_3 \end{pmatrix} \begin{pmatrix} b_0 \\ b_1 \\ b_2 \end{pmatrix} \tag{5-103}$$

解联立方程组式(5-102) 和式(5-103)，可唯一得到 6 个系数 a_0、a_1、a_2、b_0、b_1、b_2。至此，可利用表达式已知的式(5-101)，对畸变图像进行几何变换。

为了获得更加精确的畸变函数，可使用以下二次型模型进行函数拟合：

$$\begin{cases} x' = a_0 + a_1 x + a_2 y + a_3 xy + a_4 x^2 + a_5 y^2 \\ y' = b_0 + b_1 x + b_2 y + b_3 xy + b_4 x^2 + b_5 y^2 \end{cases} \tag{5-104}$$

其中表达式共有 12 个待定系数，因此至少需要 6 组已知的对应点对

$$(x_1,y_1) \quad (x_2,y_2) \quad (x_3,y_3) \quad (x_4,y_4) \quad (x_5,y_5) \quad (x_6,y_6)$$
$$(x_1',y_1') \quad (x_2',y_2') \quad (x_3',y_3') \quad (x_4',y_4') \quad (x_5',y_5') \quad (x_6',y_6')$$

可唯一求解二次型的待定系数。将以上 6 组点对代入式(5-104) 得到线性方程组

$$\begin{pmatrix} x_1' \\ x_2' \\ \vdots \\ x_6' \end{pmatrix} = \begin{pmatrix} 1 & x_1 & y_1 & x_1^2 & x_1 y_1 & y_1^2 \\ 1 & x_2 & y_2 & x_2^2 & x_2 y_2 & y_2^2 \\ \vdots & \vdots & \vdots & \vdots & \vdots & \vdots \\ 1 & x_6 & y_6 & x_6^2 & x_6 y_6 & y_6^2 \end{pmatrix} \begin{pmatrix} a_0 \\ a_1 \\ \vdots \\ a_5 \end{pmatrix} \tag{5-105}$$

为了简化书写，可将其记作向量矩阵形式，即

$$\begin{cases} x' = Aa \\ y' = Ab \end{cases} \tag{5-106}$$

解联立方程组，得到二次型的 12 个系数 a_i 及 b_i。

为了减少噪声的影响，获得更高精度的多项式系数，往往尽量获取数量更多的对应点对，构造超定线性方程组，采用最小二乘法获得多项式系数的最优解。

在进行几何变换时，按照基准图像网格坐标是否预先规定，可分为直接法和间接法。

(1) 直接法 若基准图像的网格坐标不做预先规定，根据多项式式(5-99) 和式(5-100) 的反变换，几何变换模型可重写为

$$\begin{cases} x = h_1'(x',y') = \sum_{i=0}^{n} \sum_{j=0}^{n-i} a_{ij}' (x')^i (y')^j \\ y = h_2'(x',y') = \sum_{i=0}^{n} \sum_{j=0}^{n-i} b_{ij}' (x')^i (y')^j \end{cases} \tag{5-107}$$

其中，a_{ij}' 和 $b_{ij}'(i+j=n)$ 是待定系数。类似地，若已知基准图像、畸变图像若干对应点对的坐标值，可唯一求解模型未知系数 a_{ij}'，b_{ij}'。

求解出多项式系数后，从畸变图像 $g(x',y')$ 出发，依次选取图像中的每个像素位置坐标，根据式(5-107) 计算其在基准图像中的校正坐标值，同时把畸变像素的灰度值赋予基准图像中对应的像素，最终可生成一幅几何校正后的图像 $f(x,y)$，几何校正过程如图 5-11 所示。

采用直接法校正图像，通过多项式计算得到的坐标值 (x,y) 取整数后，在校正图像中并不能均匀分布，因此在校正图像中能够获得灰度值的像素是疏密不均的。对于没有获得灰度值的像素，只能通过灰度值插值进行填充，最终获得完整的几何校正图像 $f(x,y)$。

(2) 间接法 若基准图像的网格坐标经过预先规定，即校正后的像素在基准坐标系中必须位于等距网格的交叉点，此时需要利用多项式函数式(5-99) 和式(5-100) 进行几何校正。类似地，首先通过已知基准图像、畸变图像若干对应点对的坐标值，求解模型未知系数 a_{ij} 和 b_{ij}，然后从基准图像网格交叉点的每一个坐标值 (x,y) 出发，推算出各网格点在畸变

图像 $g(x',y')$ 上的坐标 (x',y')，再将其灰度值赋予对应点 (x,y)，如图 5-12 所示。

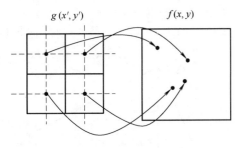

图 5-11　几何校正直接法

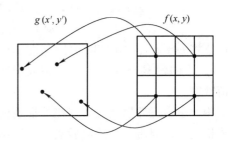

图 5-12　几何校正间接法

然而，坐标 (x',y') 往往不为整数，并不会位于畸变图像的像素中心。因此，基准图像中每个网格交叉点上的像素 $f(x,y)$ 被赋予的灰度值，只能通过 $g(x',y')$ 周围像素的灰度值内插计算得到。相对于直接法中对没有获得灰度值的像素进行灰度值填充，间接法的灰度值内插不仅较容易计算，且插值后的灰度信息也更为可靠。因此，间接法是图像几何校正的常用方法。

2. 灰度插值

通过间接法完成畸变图像的几何变换后，就需要对校正图像的像素赋予灰度值，该步骤将通过灰度插值来完成。像素灰度插值常用的方法主要有最近邻差值、双线性插值、三次卷积法。

（1）最近邻插值　考虑基准图像 $f(x,y)$ 上网格交叉点坐标为 (x,y) 的像素经过几何变换后落在畸变图像 $g(x',y')$ 的 (u,v) 处，在 (u,v) 的四邻像素中，将与 (u,v) 距离最近的相邻像素的灰度值赋值给 $g(u,v)$，从而赋值给图像 $f(x,y)$ 中的像素点 (x,y)，如图 5-13 所示。

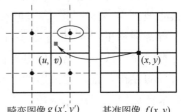

畸变图像 $g(x',y')$　　基准图像 $f(x,y)$

图 5-13　最近邻插值法示意图
● —畸变像素的中心点　■ —校正图像网格
交叉点位置 (x,y)　■ —由校正图像网格
交叉点位置 (x,y) 计算得到的畸变图像
上的位置 (u,v)　○ —与 (u,v) 最近的
像素，将其灰度值赋值给 (x,y)

最近邻插值法计算最为简单。但校正后的图像细节较为粗糙、过渡不平滑，特别在灰度变化剧烈的地方产生明显的锯齿。

（2）双线性插值　假设基准图像 $f(x,y)$ 上坐标为 (x,y) 的点经过几何变换后落在畸变图像 $g(x',y')$ 的 $(i+u,j+v)$ 坐标位置处。可利用待求点 $g(i+u,j+v)$ 的四个相邻像素的灰度值在 x' 和 y' 两个方向上作线性内插，为 $g(i+u,j+v)$ 获得更为精确的灰度值，该方法称为双线性插值法，如图 5-14 所示。

待求像素灰度值 $g(i+u,j+v)$ 的具体计算方法如下：

假设在相邻区域内像素的灰度呈线性变化，则可得

$$g(i,j+v) = (1-v)g(i,j) + vg(i,j+1)$$
$$= v[g(i,j+1) - g(i,j)] + g(i,j) \qquad (5\text{-}108)$$
$$g(i+1,j+v) = (1-v)g(i+1,j) + vg(i+1,j+1)$$
$$= v[g(i+1,j+1) - g(i+1,j)] + g(i+1,j) \qquad (5\text{-}109)$$
$$g(i+u,j+v) = (1-u)g(i,j+v) + ug(i+1,j+v)$$
$$= u[g(i+1,j+v) - g(i,j+v)] + g(i,j+v) \qquad (5\text{-}110)$$

综合式(5-108)~式(5-110) 可得

$$g(i+u,j+v) = (1-u)(1-v)g(i,j) + (1-u)vg(i,j+1) +$$
$$u(1-v)g(i+1,j) + uvg(i+1,j+1) \tag{5-111}$$

最后，将 $g(i+u,j+v)$ 赋值给基准图像 $f(x,y)$ 中的像素点 (x,y)，即完成了灰度值映射。

相比于最近邻插值法，双线性插值法计算稍复杂，但避免了插值后灰度不连续的情况，效果较平滑。本质上，双线性插值法具有低通滤波的性质，插值后图像的高频信息受损，图像细节、轮廓会出现一定程度的模糊。

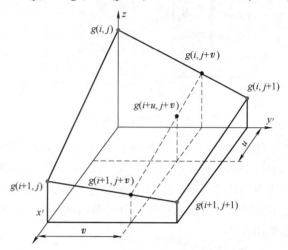

图 5-14　双线性插值法示意图

（3）三次卷积法　由第 3 章内容可知，通过离散的采样点重建连续的原函数时，可以利用卷积定理，在频率域中计算盒状滤波器与采样信号傅里叶变换的乘积，再将乘积的结果进行傅里叶反变换，即可重建原函数。以上过程也等价于直接在空间域中计算盒状滤波器的傅里叶反变换与采样点信号的卷积。盒状滤波器的傅里叶反变换在空间域的反变换为 sinc 函数。因此，通过离散的采样点信号重建原函数，相当于以采样点信号为权重、无数 sinc 函数的加权和。灰度插值与上述问题在本质上是一致的，即已知邻域中离散的像素点的灰度值，重建连续灰度函数，以获得函数上任何一个位置处的灰度值。因此，sinc 函数在理论上是最佳的插值函数。但由于其为无限周期函数且计算较为复杂，实际插值过程中，常用以下分段三次多项式 $s(x)$，如图 5-15 所示，来近似 sinc 函数。其数学表达式为

$$s(x) = \begin{cases} 1 - 2|x|^2 + |x|^3 & 0 \leqslant |x| < 1 \\ 4 - 8|x| + 5|x|^2 - |x|^3 & 1 \leqslant |x| < 2 \\ 0 & |x| \geqslant 2 \end{cases} \tag{5-112}$$

类似地，若图像 $f(x,y)$ 中坐标为 (x,y) 的点变换后落在畸变图像 $g(x',y')$ 的 (x',y') 处，如图 5-16 所示，则根据三次卷积法，计算位置点 (x',y') 的邻域周围 16 个像素点的灰度值的加权和，即为 (x',y') 处获得的灰度值。根据插值函数，推导出灰度值加权和的计算方法如下：

$$g(x',y') = g(i+u,j+v) = \boldsymbol{ABC} \tag{5-113}$$

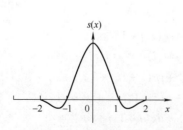

图 5-15　用以拟合 sinc 函数的灰度插值函数

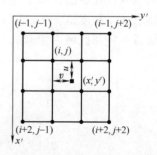

图 5-16　三次卷积法示意图

其中

$$A = (s(1+v) \quad s(v) \quad s(1-v) \quad s(2-v)) \tag{5-114}$$

$$B = \begin{pmatrix} g(i-1,j-1) & g(i-1,j) & g(i-1,j+1) & g(i-1,j+2) \\ g(i,j-1) & g(i,j) & g(i,j+1) & g(i,j+2) \\ g(i+1,j-1) & g(i+1,j) & g(i+1,j+1) & g(i+1,j+2) \\ g(i+2,j-1) & g(i+2,j) & g(i+2,j+1) & g(i+2,j+2) \end{pmatrix} \tag{5-115}$$

$$C = (s(1+u) \quad s(u) \quad s(1-u) \quad s(2-u))^{\mathrm{T}} \tag{5-116}$$

三次卷积法计算量最大，但灰度插值精度最高，能够很好地保持图像的细节和纹理信息。

例 5-1　利用不同的插值方法对一幅简单图像进行灰度插值。

对 30×30 像素的图像由以上三种内插法放大到 90×90 像素的结果如图 5-17 所示。使用双线性插值优于使用最近邻插值得到的结果，但结果稍微有点模糊，而三次卷积法的边缘连续性更好。

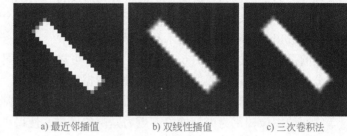

a) 最近邻插值　　　b) 双线性插值　　　c) 三次卷积法

图 5-17　三种插值法的比较

习　　题

5-1　试述图像退化的基本模型，并画出框图。

5-2　什么是线性和空间位置不变的系统？试写出其表达式。

5-3　试描述连续退化模型，何为点扩散函数？

5-4　试写出离散退化模型。

5-5　什么是约束复原？什么是非约束复原？在什么条件下进行选择？

5-6　反向滤波复原的基本原理是什么？它的主要难点是什么？如何克服？

5-7　试描述最小二乘复原方法。

5-8　若成像过程只有 y 方向的匀速直线运动，其速率为 $y_0 = b/T$，其中 T 为曝光时间，b 为像移距离，试求该运动引起的降质系统的传递函数 $H(u,v)$ 和相应的点扩展函数 $h(x,y)$。

5-9　设两个系统的点扩展函数都是 $h_1(x,y)$，其大小为

$$h_1(x,y) = \begin{cases} e^{-(x+y)} & x \geqslant 0,\ y \geqslant 0 \\ 0 & 其他 \end{cases}$$

若将此两个系统串接，试求串接后系统的总的冲激响应 $h(x,y)$。

5-10　在连续线性位移不变系统的维纳滤波器中，如果假设噪声与信号的功率谱之比为 $S_n(u,v)/S_f(u,v) = |H(u,v)|^2$，试求最佳估值 $\hat{f}(x,y)$ 的表示式。

5-11　引起几何畸变的原因有哪些？请简述几何校正直接法与间接法。

5-12　假设在图 5-18 中，黑色小方块表示几何校正后，在畸变图像中计算得到的对应位置，其中 $u = 0.4$、$v = 0.2$，方格中的数字表示各像素的灰度值，请分别采用以下方法计算该像素获得的灰度值各是多少？

（1）最近邻法。

（2）双线性插值法。

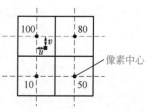

图 5-18　题 5-12 图

第6章 图 像 分 割

　　图像分割是一种重要的图像分析技术。在对图像的研究和应用中，人们往往仅对图像中的某些部分感兴趣，这些部分常常称为目标或前景（其他部分称为背景），它们一般对应图像中特定的、具有独特性质的区域。这里的独特性可以是像素的灰度值、物体轮廓曲线、颜色、纹理等。为了识别和分析图像中的目标，需要将它们从图像中分离提取出来，在此基础上才有可能进一步对目标进行测量和对图像进行利用。图像分割就是指把图像分成各具特性的区域并提取出感兴趣目标的技术和过程。

　　一般的图像处理过程如图6-1所示。从图中可以看出，图像分割是从图像预处理到图像识别和分析理解的关键步骤，在图像处理中占据重要的位置。一方面它是目标表达的基础，对特征测量有重要的影响。另一方面，图像分割及其基于分割的目标表达、特征提取和参数测量等将原始图像转化为更为抽象、更为紧凑的形式，使得更高层的图像识别、分析和理解成为可能。

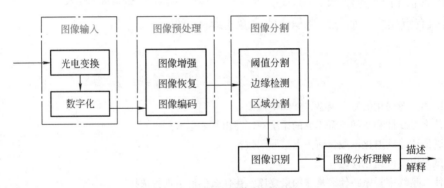

图 6-1　一般的图像处理过程

　　图像分割的方法已有几千种，典型而传统的分割方法可以大致分为基于边缘检测的分割方法、基于阈值的分割方法和基于区域的分割方法等，本章将对这些典型的分割方法进行介绍。

6.1　边缘检测

　　边缘是局部图像中属性发生变化的区域间边界处，是区域属性发生突变的地方，表现为图像上灰度、颜色、纹理等的不连续。边缘是局部图像中灰度变化最剧烈的地方，这些地方集中了图像的大部分信息，因此边缘是图像的重要特征。

　　在一幅图像中，边缘广泛存在于目标与背景之间、不同目标之间、目标的不同区域之间，不仅可用于描述目标的位置、轮廓等基本信息，还可帮助构造多种鲁棒性更强的特征描述子，因此被广泛应用于图像增强、图像复原、图像分割、图像理解等各种图像处理任务中。

在图像分割领域中，一类方法是利用图像灰度的不连续性进行区域划分。边缘可以用于检测灰度突变、目标轮廓的位置，帮助获取目标的边界信息。基于边缘检测的分割是该类方法中的重要研究方向。

根据边缘的剖面形状，理想边缘模型可以分为：台阶边缘、斜坡边缘和屋顶边缘三类。其中台阶边缘在相邻的两个像素之间灰度级发生了跳变，剖面图显示为台阶的形状；斜坡边缘出现在几个相邻像素范围内灰度级逐渐增大或减小的地方，剖面图曲线为一个斜坡；屋顶边缘位于图像中宽度为 1 个像素的线的位置处，剖面图类似一个尖状的屋顶，如图 6-2 所示。

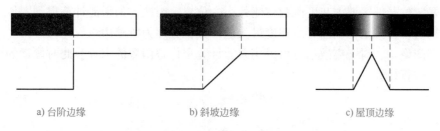

a) 台阶边缘　　　　　　b) 斜坡边缘　　　　　　c) 屋顶边缘

图 6-2　边缘模型的图像与其剖面

实际图像受到噪声与模糊的影响，边缘通常表现为类似斜坡边缘的形态，如图 6-3 所示。图 a 为受噪声与模糊影响后的理想台阶边缘图像，图 b 为该边缘的剖面曲线。边缘应该位于图像中灰度变化最剧烈之处，对应于剖面曲线中最陡峭的位置处，也就是梯度幅值最大处，如图 b 中竖直虚线所指示的位置。根据微分原理，边缘曲线梯度幅值最大处应该对应于其一阶导数的峰值，同时对应于其二阶导数过"0"点处，如图 c 和图 d 所示。在根据数学上对边缘的定义与其微分性质，也相应地设计出了一阶微分与二阶微分边缘检测算子，在图像的差分运算结果中通过定位峰值点或过"0"点的位置，检测图像的边缘。

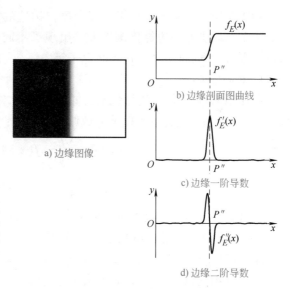

a) 边缘图像

b) 边缘剖面图曲线

c) 边缘一阶导数

d) 边缘二阶导数

图 6-3　受噪声和模糊影响的理想
图像边缘及其微分性质

6.1.1　梯度算子

设一个连续函数 $z = f(x, y)$ 在平面域 D 内存在一阶连续偏导数，则对于每一点 $P = (x, y) \in D$，都可以定义一个向量 $\left(\dfrac{\partial f}{\partial x} \quad \dfrac{\partial f}{\partial y} \right)^{\mathrm{T}}$，该向量称为函数 $z = f(x, y)$ 在 $P = (x, y)$ 点的梯度，记作 $\mathrm{grad}(f(x, y))$，也可以写成 $\nabla f(x, y)$，即

$$\nabla f(x, y) = \mathrm{grad}(f(x, y)) = \begin{bmatrix} g_x(x, y) \\ g_y(x, y) \end{bmatrix} = \begin{bmatrix} \dfrac{\partial f(x, y)}{\partial x} \\ \dfrac{\partial f(x, y)}{\partial y} \end{bmatrix} \tag{6-1}$$

其中,$g_x(x,y)$ 与 $g_y(x,y)$ 分别表示函数在 (x,y) 处沿着 x 和 y 方向的梯度。

梯度向量在点 (x,y) 处的幅值 $M(x,y)$ 可以用向量的长度,即向量的2范数定义:

$$M(x,y) = \| \nabla f(x,y) \| = \sqrt{g_x^2(x,y) + g_y^2(x,y)} \tag{6-2}$$

梯度向量在点 (x,y) 处的方向 $\theta(x,y)$ 可以定义为

$$\theta(x,y) = \arctan\left(\frac{g_y(x,y)}{g_x(x,y)}\right) \tag{6-3}$$

可以证明,梯度的方向是函数在该点增长最快的方向。通过以上分析,在边缘检测任务中,就是要定位局部区域内灰度函数变化最大的位置。因此,如果能计算得到图像中每个像素的梯度幅值,在一定范围内寻找梯度最大值,其位置即为所求边缘。

在数字图像中,对于离散信号可以用差分计算来代替函数的求导。此时像素的梯度可利用前向差分进行计算:

$$g_x(x,y) = \frac{\partial f(x,y)}{\partial x} = f(x+1) - f(x)$$
$$g_y(x,y) = \frac{\partial f(x,y)}{\partial y} = f(y+1) - f(y) \tag{6-4}$$

利用这样的一阶微分思想计算梯度,构造的算子都称为梯度算子,也称为一阶微分算子。为了获取更好的边缘检测性能,出现了不同边缘方向、梯度计算方法的梯度算子,如 Roberts 算子、Sobel 算子、Prewitt 算子等。

1. Roberts 算子

在使用 Roberts 算子进行像素的梯度计算时,考虑该像素的 2×2 邻域。如图 6-4a 所示,像素 (x,y) 的梯度计算为以下邻域像素的差分:

$$g_x(x,y) = \frac{\nabla f}{\nabla x} = f(x+1,y+1) - f(x,y)$$
$$g_y(x,y) = \frac{\nabla f}{\nabla y} = f(x+1,y) - f(x,y+1) \tag{6-5}$$

从其差分表达式可以看出,Roberts 算子的梯度方向定义并非水平、竖直方向,而是斜向下 45° 的方向,如图 6-4a 所示,这样的定义使得该算子对图像中倾斜的边缘更加敏感。因此 Roberts 算子也称为罗伯特交叉算子。式(6-5) 的差分计算也可以采用模板卷积的方式完成,如图 6-4b 所示,两种计算方法是等价的。

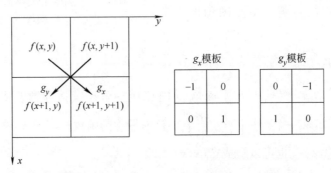

a) Roberts算子梯度方向　　　　　b) Roberts算子卷积模板

图 6-4　Roberts 边缘检测算子

2. Sobel 算子

使用 Sobel 算子计算像素 (x,y) 的梯度，则要以 (x,y) 为中心，计算其 3×3 邻域内像素的差分，并对其 4 邻域的像素施加更大的权重，如下所示：

$$
\begin{aligned}
g_x(x,y) = \frac{\nabla f}{\nabla x} &= f(x+1,y-1) + 2f(x+1,y) + f(x+1,y+1) - \\
&\quad [f(x-1,y-1) + 2f(x-1,y) + f(x-1,y+1)]
\end{aligned}
$$

$$
\begin{aligned}
g_y(x,y) = \frac{\nabla f}{\nabla y} &= f(x-1,y+1) + 2f(x,y+1) + f(x+1,y+1) - \\
&\quad [f(x-1,y-1) + 2f(x,y-1) + f(x+1,y-1)]
\end{aligned}
\tag{6-6}
$$

由式(6-6) 可以看出，Sobel 算子的梯度方向定义为水平、竖直方向，因此相对于 Roberts 算子，Sobel 算子对水平和竖直方向的边缘更加敏感。此外，在中心像素的 4 邻域施以权重系数 2，具有平滑图像噪声的作用，可以获得更为准确的梯度信息。式(6-6) 的差分计算也可以利用 Sobel 算子模板过卷积计算实现，如图 6-5a 所示。

g_x模板			g_y模板			g_x模板			g_y模板		
−1	−2	−1	−1	0	1	−1	−1	−1	−1	0	1
0	0	0	−2	0	2	0	0	0	−1	0	1
1	2	1	−1	0	1	1	1	1	−1	0	1

a) Sobel算子模板　　　　　　　　　　　b) Prewitt算子模板

图 6-5　3×3 邻域的梯度算子模板

此外，在像素 3×3 邻域内计算梯度信息的方法还有 Prewitt 算子，其卷积模板形式如图 6-5b所示。与 Sobel 算子不同的是，Prewitt 算子没有在中心像素的 4 邻域施加更高的权重系数。因此，Prewitt 算子计算实现更为简单。

在利用梯度算子计算图像中每个像素的梯度向量之后，可参照式(6-2) 计算梯度幅值，得到梯度幅值图 $M(x,y)$。为了简化计算，也可将梯度幅值近似为

$$
M(x,y) \approx |g_x(x,y)| + |g_y(x,y)|
\tag{6-7}
$$

既然边缘对应于局部灰度函数一阶导数的峰值。在确定边缘时，可简化为通过预先设定一个阈值 T 以判断该像素是否为边缘，得到边缘二值标签图 $e(x,y)$，其中获得标签"1"的像素为边缘。

$$
e(x,y) = \begin{cases} 1 & (x,y) \geqslant T \\ 0 & (x,y) < T \end{cases}
\tag{6-8}
$$

梯度算子对噪声较为敏感。因此，在利用梯度算子进行边缘检测时，通常需要先对图像进行平滑去噪。例如，使用高斯滤波器对图像进行滤波处理。

例 6-1　利用 Sobel 算子进行图像边缘检测。

图 6-6 展示了一组利用 Sobel 算子进行边缘检测的结果。图 a 为输入的原始图像，图 b 为图像梯度 $|g_x(x,y)|$ 分量，图 c 为图像梯度 $|g_y(x,y)|$ 分量。观察发现，图 b 中水平方向的边缘获得较大值；而图 c 中竖直方向的边缘获得较大值。图 d 为梯度图像 $|g_x(x,y)| + |g_y(x,y)|$。图 e 为预先设定阈值 $T = 15$，得到的边缘二值图。图 f 为对图 a 进行 $n = 5$、

$\sigma = 1.1$ 的高斯滤波后，再利用 Sobel 算子计算梯度，然后采用同样的阈值 $T = 15$，得到的边缘二值图。可以看出采用高斯滤波对图 a 平滑后，能避免检测出木板纹理、瓦片这种细碎的图像细节，得到的结果几乎都是图像中的主要边缘，如图 f 所示。

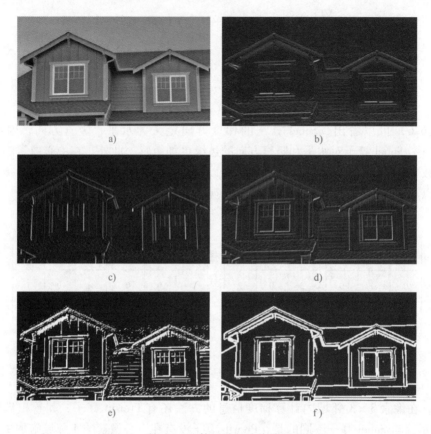

图 6-6　利用 Sobel 算子进行边缘检测的结果

6.1.2　二阶微分算子

在利用梯度算子进行边缘检测时，为了定位局部区域的梯度峰值，预先设置了阈值 T。但通过设置阈值的方法难以在一阶导数曲线上准确定位在峰值点的位置，如图 6-7b 所示，灰度函数的一阶导数 $f'(x, y)$ 中 a、b 之间的像素都将被标记为边缘。显然，一个边缘的响应对应于多个像素，这并不符合边缘的定义，也是梯度算子难以克服的问题。考虑到在灰度函数的二阶导数曲线 $f''(x, y)$ 上，边缘将位于过 "0" 点，如图 6-7c 所示。此时，若能在二阶导数曲线上搜索到过 "0" 点的位置，就能得到该边缘在图像上唯一的一个响应。二阶微分算子就是利用该优势检测边缘。

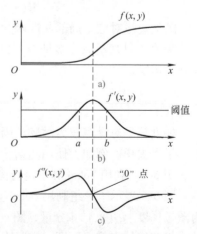

图 6-7　灰度函数的一阶微分、二阶微分的边缘响应

1. 拉普拉斯算子

根据 6.1 节的分析，边缘同时也对应于其灰度函数

二阶导数的过"0"点。因此，也可以利用图像的二阶微分算子进行边缘检测。例如，第4章中用于图像增强的拉普拉斯算子。

灰度函数的二阶导数可表示为

$$\nabla^2 f(x,y) = \frac{\partial^2 f}{\partial x^2} + \frac{\partial^2 f}{\partial y^2} \tag{6-9}$$

对于离散信号数字图像，其二阶偏导数可以采用二阶差分进行计算：

$$\begin{cases} \dfrac{\partial^2 f(x,y)}{\partial x^2} = [f(x+1,y) - f(x,y)] - [f(x,y) - f(x-1,y)] \\ \qquad = f(x+1,y) + f(x-1,y) - 2f(x,y) \\ \dfrac{\partial^2 f(x,y)}{\partial y^2} = f(x,y+1) + f(x,y-1) - 2f(x,y) \end{cases} \tag{6-10}$$

根据式（6-9）的定义，将式（6-10）两项相加，整理出拉普拉斯算子计算表达式为

$$\nabla^2 f(x,y) = \frac{\partial^2 f}{\partial x^2} + \frac{\partial^2 f}{\partial y^2}$$

$$= f(x+1,y) + f(x-1,y) + f(x,y+1) + f(x,y-1) - 4f(x,y) \tag{6-11}$$

参照式（6-11）的计算方法，可得到拉普拉斯算子卷积模板，如图6-8所示。

使用拉普拉斯算子进行边缘检测时，采用式（6-11）计算灰度二阶导数与利用模板卷积是等价的。为图像中每一个像素计算其二阶差分值后，得到一幅拉普拉斯图像。在拉普拉斯图像中检测过"0"点的位置，即为所求的图像边缘。

0	1	0
1	-4	1
0	1	0

图6-8　拉普拉斯卷积模板

例6-2　拉普拉斯图像中过"0"点位置的确定。

假设一幅输入图像和其拉普拉斯滤波结果分别如图6-9a、b所示。则拉普拉斯图像中一个正值和一个负值之间数值为"0"的像素，即为过"0"点，也就是边缘位置，可以通过边缘二值图记录并显示。实际上，拉普拉斯图像中更多的情况是正值与负值直接相邻（包括左右、上下、斜对角相邻），二者之间并不存在一个"0"值。此时可以利用线性插值获得亚像素级的过"0"点位置，也可以简化为标记其中任何一个正值或负值的像素为边缘。

2	2	2	2	2	5	8	8	8	8
2	2	2	2	2	5	8	8	8	8
2	2	2	2	2	5	8	8	8	8
2	2	2	2	2	5	8	8	8	8
2	2	2	2	2	5	8	8	8	8
2	2	2	2	2	5	8	8	8	8

a) 输入图像

过"0"点，边缘定位

0	0	0	3	0	-3	0	0
0	0	0	3	0	-3	0	0
0	0	0	3	0	-3	0	0
0	0	0	3	0	-3	0	0

b) 拉普拉斯图像与过"0"点位置

图6-9　拉普拉斯图像中边缘位置的确定

然而，相比于梯度算子，灰度的二阶微分算子对噪声更加敏感。利用拉普拉斯算子对图像进行滤波检测边缘，边缘信号极易被淹没在噪声之中。因此，在应用拉普拉斯算子之前，必须对图像进行平滑去噪处理。

2. LOG 算子

为了解决拉普拉斯算子对图像噪声极为敏感的问题，Marr 和 Hildreth 提出了 LOG 算子。该方法先对图像进行高斯滤波去噪，再应用拉普拉斯算子进行滤波，从而克服二阶算子对噪声过于敏感的问题。以上思想可以表示为

$$LOG 算子 = 高斯滤波器滤波 + 拉普拉斯算子滤波$$

数学上，LOG 算子输出为

$$h(x,y) = \nabla^2 (G(x,y) \star f(x,y)) \tag{6-12}$$

其中，$G(x,y)$ 为高斯滤波卷积模板。

在实际处理图像时，采用式(6-12) 要先对图像进行一次高斯滤波，再对其结果进行拉普拉斯滤波，实现过程较为烦琐。为了简化计算过程，可以证明式(6-12) 和以下表达式等价：

$$h(x,y) = (\nabla^2 G(x,y)) \star f(x,y) \tag{6-13}$$

其中，$\nabla^2 G(x,y)$ 是二维高斯函数的二阶偏导数。假设二维高斯函数为

$$G(x,y) = e^{-\frac{x^2+y^2}{2\sigma^2}} \tag{6-14}$$

其二阶偏导数可以表示为

$$\nabla^2 G(x,y) = \frac{\nabla^2 G(x,y)}{\partial x^2} + \frac{\nabla^2 G(x,y)}{\partial y^2} = \frac{\partial}{\partial x}\left(\frac{-x}{\sigma^2}e^{-\frac{x^2+y^2}{2\sigma^2}}\right) + \frac{\partial}{\partial y}\left(\frac{-y}{\sigma^2}e^{-\frac{x^2+y^2}{2\sigma^2}}\right)$$

$$= \left(\frac{x^2}{\sigma^4} - \frac{1}{\sigma^2}\right)e^{-\frac{x^2+y^2}{2\sigma^2}} + \left(\frac{y^2}{\sigma^4} - \frac{1}{\sigma^2}\right)e^{-\frac{x^2+y^2}{2\sigma^2}} \tag{6-15}$$

整理可得

$$\nabla^2 G(x,y) = \left(\frac{x^2+y^2-2\sigma^2}{\sigma^4}\right)e^{-\frac{x^2+y^2}{2\sigma^2}} \tag{6-16}$$

式(6-16) 即为 LOG 算子的数学表达式，也称为高斯拉普拉斯函数。

由式(6-16) 绘制出 LOG 算子的三维曲面图与剖面图，如图 6-10a、b 所示，可以看到 LOG 算子在原点处为负值，随着 x、y 取值增大，函数取值趋于正值。当 $x^2+y^2=2\sigma^2$ 时，定义了 LOG 函数的一个中心为原点、半径为 $\sqrt{2}\sigma$ 的圆，该圆上的点为函数的过"0"点。此后，随着 x、y 取值不断增大，函数无限趋于 0。图 6-10c 示意了一个 9×9 的 LOG 算子近似模板。

0	−1	−1	−2	−2	−2	−1	−1	0
−1	−2	−4	−5	5	−5	−4	−2	−1
−1	−4	−5	−3	0	−3	−5	−4	−1
−2	−5	−3	12	24	12	−3	−5	−2
−2	−5	0	24	40	24	0	−5	−2
−2	−5	−3	12	24	12	−3	−5	−2
−1	−4	−5	−3	0	−3	−5	−4	−1
−1	−2	−4	−5	−5	−5	−4	−2	−1
0	−1	−1	−2	−2	−2	−1	−1	0

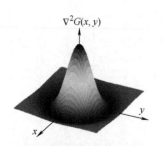

a) 函数的曲面示意图

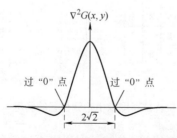

b) 函数剖面曲线示意图

c) 9×9的LOG算子模板

图 6-10　LOG 函数曲面与剖面曲线示意图

在使用 LOG 算子检测图像边缘时，先参照式(6-16) 选择高斯函数方差 σ，再根据 3σ 准则确定不小于 6σ 的一个奇数 n，设计大小为 $n \times n$ 的 LOG 卷积模板。然后根据式(6-13)，使用设计好的卷积模板对原图像进行卷积运算，得到滤波后的 LOG 图像 $h(x,y)$。LOG 算子本质上也是二阶微分算子，因此图像中的边缘对应于 $h(x,y)$ 中的过"0"点。在进行边缘定位时，为了尽量减少噪声的影响，常预先设置阈值 T。相邻两像素（包括左右、上下、斜对角相邻）数值符号相反且数值差的绝对值超过 T 的位置才会最终标记为边缘。

例 6-3 利用 LOG 算子检测图像边缘。

首先，令 $\sigma = 3.5$，计算得到 $n = 21$ 的 LOG 算子模板，应用该模板对输入图像进行卷积得到 LOG 图像如图 6-11b 所示，图 6-11c 为图 6-11b 的过"0"点检测图像。设置阈值 $T = 1.5\max\{c\}$，得到边缘检测结果如图 6-11d 所示。通过设置阈值，较好地抑制了图像噪声的影响，检测得到宽度为 1 个像素的边缘。

a) 输入图像

b) LOG算子滤波结果：σ=3.5，n=21

c) 过 "0" 点检测结果

d) 采用图c中图像最大值的1.5倍为阈值，筛选后的过 "0" 点

图 6-11 应用 LOG 算子检测图像边缘

6.1.3 Canny 算子

Canny 边缘检测算子是 John F. Canny 于 1986 年提出的一种性能优异的算法。在构造该算子时，Canny 认为优良的边缘检测算子应具有以下三个特性：

（1）检测性能良好 应该能具备定位所有边缘的能力，且输出边缘的信噪比最高。

（2）定位性能优异 检测到的边缘点应该与实际边缘的位置最接近。

（3）边缘响应唯一 对于图像中每一个真实的边缘点检测算子只有一个响应，而不应该标记多个像素为边缘。

Canny 用数学表达式描述了以上三个特性，并试图找到这些模型的最优解，但获取其解析解非常困难。最后 Canny 证明了高斯函数的一阶导数是最优边缘检测算子的一个有效近似。根据式(6-14) 假设 $G(x,y)$ 表示一个二维高斯函数，则其一阶偏导数可以表示为

$$\nabla G(x,y) = \frac{\nabla G(x,y)}{\partial x} + \frac{\nabla G(x,y)}{\partial y} \qquad (6\text{-}17)$$

根据 Canny 的证明，$\nabla G(x,y)$ 即为最优边缘检测算子的数学模型。因此，假设 $f(x,y)$ 为待处理图像，利用以上算子对图像进行滤波，可得到图像的边缘检测结果

$$c(x,y) = (\nabla G(x,y)) \star f(x,y) \qquad (6\text{-}18)$$

与 LOG 算子类似，卷积与求导的顺序可以交换，因此

$$c(x,y) = (\nabla G(x,y)) \star f(x,y)$$
$$= \frac{\partial}{\partial x}(G(x,y) \star f(x,y)) + \frac{\partial}{\partial y}(G(x,y) \star f(x,y)) \qquad (6\text{-}19)$$

也就是说，根据 $\nabla G(x,y)$ 设计卷积模板与输入图像卷积，与用高斯函数 $G(x,y)$ 对图像进行平滑后计算其结果的一阶微分，是等价的。因此，Canny 算法的实现过程如下：

（1）图像的高斯滤波平滑　对于输入图像 $f(x,y)$ 进行高斯滤波平滑，得到

$$f_s(x,y) = G(x,y) \star f(x,y) \qquad (6\text{-}20)$$

虽然卷积的实现比较简单，但计算量较大，尤其对于二维卷积来说，计算量是成倍增长的。由于一个二维的高斯卷积可以分解成两个一维的高斯卷积，其微分也可表示为两个方向上的一维卷积，因此 Canny 边缘检测算法可以用一维卷积实现，简化计算过程。

（2）图像梯度幅值和方向的计算　对（1）滤波得到的结果进行一阶差分计算，得到每个像素的梯度向量。其中，一阶差分计算可以使用任何梯度算子实现，如 Roberts 算子、Prewitt 算子或 Sobel 算子。梯度幅值和方向的定义分别如式（6-2）式（6-3）所示，用 $M_s(x,y)$ 和 $\theta_s(x,y)$ 分别表示梯度幅值数组和梯度方向数组。

（3）梯度幅值的非极大值抑制（Non-maxima Suppression）　既然良好的检测算子对于一个真实的边缘点只能有一个响应，那么边缘检测就是要在 $M_s(x,y)$ 中准确定位局部极大值点。对于局部极大值附近包含的一些较宽山脊区域，必须细化这些山脊至单一像素峰值点，即为所求边缘。考虑到沿着峰值点的梯度方向灰度变化最快，为了最有效地细化山脊，应该沿着梯度的方向将非山脊（ridge）峰值点压缩，以得到正确的峰值。

根据以上思想，同时为了简化图像处理计算，Canny 将梯度方向 360° 分为 4 个区，如图 6-12 所示。

定义分区后，查询像素点 (x,y) 在 $\theta_s(x,y)$ 中的梯度方向角，根据图 6-12 确定梯度方向的分区，并以 $\eta_s(x,y) = \text{Sector}(\theta_s(x,y))$ 表示。然后在数组 $M_s(x,y)$ 中考察点 (x,y) 的 3×3 邻域，沿其分区 $\eta_s(x,y)$ 考查它两侧的相邻像素。若它的梯度幅值均大于这两个邻点，则在非极大值抑制后的幅值数组 $N_s(x,y)$ 中将其原梯度幅值拷贝下来，否则将 $N_s(x,y)$ 置为 "0"。记为

$$N_s(x,y) = \text{nms}(M_s(x,y), \eta_s(x,y)) \qquad (6\text{-}21)$$

以上过程被称为梯度幅值的非极大值抑制。当对数组 $M_s(x,y)$ 的每个像素的梯度幅值都进行非极大值抑制后，数组 $N_s(x,y)$ 内非 "0" 值代表了图像中可能存在的边缘点。

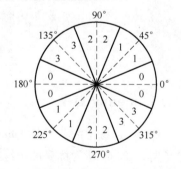

图 6-12　梯度方向的分区

第 0 区的方向范围是：$[-22.5°, 22.5°) \cup [157.5°, 202.5°)$

第 1 区的方向范围是：$[22.5°, 67.5°) \cup [202.5°, 247.5°)$

第 2 区的方向范围是：$[67.5°, 112.5°) \cup [247.5°, 292.5°)$

第 3 区的方向范围是：$[112.5°, 157.5°) \cup [292.5°, 337.5°)$

例 6-4　非极大值抑制数组的赋值。

如图 6-13 所示，假设考查数组 $M_s(x,y)$ 中的被粗框标记的像素是否为潜在的边缘。如果在 $\theta_s(x,y)$ 中检索到其梯度方向为 85°，该方向落在"2"区，则在 $M_s(x,y)$ 中沿着竖直方向考查其 2 个邻域像素的幅值，发现该像素的梯度幅值 85 确实大于两邻点。因此在非极大值抑制后数组 $N_s(x,y)$ 中拷贝幅值 85。如果其梯度方向为 140°，则选择"3"区的邻点，发现该像素不是局部梯度峰值，其梯度幅值被置为"0"。

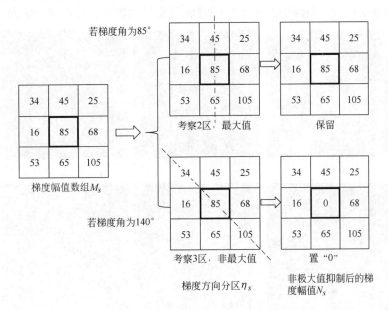

图 6-13　非极大值抑制数组的赋值

（4）双阈值法检测和连接边缘（Double thresholding algorithm）　在利用梯度算子检测边缘的方法中，若梯度幅值的阈值 T 设置太低，噪声不能完全有效滤除，结果依然会存在一些假边缘；若阈值设置得太高，部分有效边缘也会被一同删除。因此，在 Canny 算法中，采用了双阈值检测来改善这种情况。具体来说，对 $N_s(x,y)$ 应用双阈值 τ_1 和 τ_2（且 $\tau_2 > \tau_1$），得到两幅边缘检测的结果 $T_1(x,y)$ 和 $T_2(x,y)$

$$T_1(x,y) = N_s(x,y) \geqslant \tau_1$$
$$T_2(x,y) = N_s(x,y) \geqslant \tau_2 \tag{6-22}$$

显然，$T_1(x,y)$ 中保留的边缘点较多、图像轮廓较完整，但虚假边缘点也较多；$T_2(x,y)$ 中会包含较少的虚假边缘点，但是图像轮廓缝隙较大。因此，该算法认为 $T_2(x,y)$ 中所有非"0"像素均为失效边缘，然后参照 $T_1(x,y)$ 中的非"0"像素，对 $T_2(x,y)$ 进行边缘缝隙的填充。方法如下：

1）在 $T_2(x,y)$ 中定位一个非"0"边缘像素 p。

2）在 $T_1(x,y)$ 中用 8 连通连接到像素 p 的所有非"0"像素标记为有效边缘。

3）将 $T_1(x,y)$ 中没有标记为有效边缘的像素值置为"0"。

4）考查完 $T_2(x,y)$ 中所有非"0"像素后，将 $T_1(x,y)$ 中的非"0"值叠加至 $T_2(x,y)$，得到最终的边缘检测结果。

一般情况下，设置 $2\tau_1 \approx \tau_2$，或者 $3\tau_1 \approx \tau_2$ 可以得到较好的检测效果。

例 6-5 Canny 边缘检测。

图 6-14 展示了应用 Canny 边缘检测算子的主要步骤处理图像的过程与效果。从图 b 梯度幅值计算结果中可以看出，很多边缘都会呈现较粗的山脊形态。图 c 为非极大值抑制的结果，抑制后的潜在边缘已经被很好地细化。图 d 为应用较大阈值 $\tau_2 = 50$ 后保留的边缘，噪声抑制较好，但经常出现轮廓的不连续。图 e 为应用较小阈值 $\tau_1 = 25$ 后保留的边缘，图像中轮廓更加完整，但噪声较多。图 f 为经过连通性分析后，将双阈值边缘叠加后的最终边缘检测结果。与图 d 相比，图像中很多边缘的缝隙被很好地填充，轮廓更为完整。

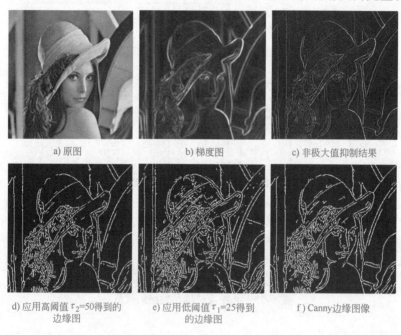

a) 原图　　　　　　　　b) 梯度图　　　　　　　　c) 非极大值抑制结果

d) 应用高阈值 τ_2=50得到的　　e) 应用低阈值 τ_1=25得到　　f) Canny边缘图像
　边缘图　　　　　　　　的边缘图

图 6-14　Canny 边缘检测

例 6-6 各边缘检测算子的实验结果比较。

图 6-15 对比了几种边缘检测算子进行边缘检测的结果。图 b ~ 图 f 展示了对车轮图像应用 Roberts 算子、Prewitt 算子、Sobel 算子、LOG 算子、Canny 算子进行边缘检测的结果。图 b ~ 图 d 为梯度幅值。图 e 为二阶微分算子，LOG 边缘检测使用了高斯滤波以抑制噪声，损坏了部分低强度边缘，也可以从图 e 中看到，噪声对边缘图像仍有影响。图 b ~ 图 e 中很多边缘都呈现较粗的山脊形态。图 e 中 Canny 算子运算复杂度高，但其边缘连续性、细度、轮廓效果比其他算子效果好。

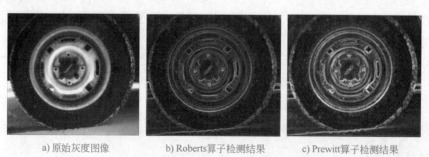

a) 原始灰度图像　　　　b) Roberts算子检测结果　　c) Prewitt算子检测结果

图 6-15　各边缘检测算子的实验结果比较

d) Sobel算子检测结果　　　　e) LOG算子检测结果　　　　f) Canny算子检测结果

图 6-15　各边缘检测算子的实验结果比较（续）

6.2　Hough 变换

通过边缘检测，只能得到图像中离散的边缘点集合，还需要将这些边缘点连接起来，才能形成完整的边界描述。在一幅边缘图中，有些边缘位于感兴趣区域的边界处，有些边缘标记在区域内部灰度变化较大的地方，但以上信息事先是未知的。因此，在连接边缘以确定区域边界时，所有边缘都是连接的候选点，然后根据预先定义的全局性质删除某些边缘，以保留下来的边缘为基础形成边界。本节介绍一种基于规定形状的曲线拟合方法，一旦根据边缘点信息确定曲线，就形成了感兴趣区域或目标的边界。

Hough 变换是一种利用点与线的对偶性，通过 Hough 参数空间极值点的检测定位直线和解析曲线的有效方法。经典 Hough 变换可以用来检测图像中的直线，后来又被扩展到其他形状物体轮廓的检测，如圆和椭圆。

6.2.1　基于 Hough 变换的直线检测

首先，以直线检测为例，介绍 Hough 变换的原理。

平面上不重合的两点可以确定一条直线。若已知平面上有 n 个点，若要找到这些点确定的所有直线，并令每条直线经过的点构成一个集合，是一项困难的计算任务。Hough 于 1962 年提出了 Hough 变换方法解决上述问题。

如图 6-16 所示，坐标系 $x\text{-}y$ 下平面上有一点 (x_0, y_0)，其在极坐标系 $r\text{-}\varphi$ 下可表示为

$$\begin{cases} x_0 = r\cos\varphi \\ y_0 = r\sin\varphi \end{cases} \tag{6-23}$$

图 6-16　$x\text{-}y$ 坐标系下平面点与直线的参数表示

若一条法线为 n 的直线 ℓ 经过点 (x_0, y_0)，则点 (x_0, y_0) 在直线 ℓ 的法线方向投影为 ρ。假设法线 n 与 x 轴的夹角为 θ，则有：

$$\rho = r\cos(\varphi - \theta)$$
$$= r\cos\theta + r\sin\theta = x_0\cos\theta + y_0\sin\theta \tag{6-24}$$

式（6-24）描述了点 (x_0, y_0) 定义在 $\rho\text{-}\theta$ 平面上的一条曲线。既然 ℓ 上任一点在法线 n 上的投影都为 ρ。根据式（6-24），对于 ℓ 上的任一点 (x, y)，都有

$$\rho = x\cos\theta + y\sin\theta \tag{6-25}$$

式(6-25)就是l的直线表达式,ρ、θ为描述该直线的参数。因此,对于一组确定的ρ和θ,在x-y坐标系平面上可以唯一确定一条直线。现在思考新的问题,假设在x-y平面内的直线l上选取两点(x_1,y_1)、(x_2,y_2),然后通过式(6-25)将两点变换到ρ-θ平面内,得到两条曲线

$$\begin{cases} \rho = x_1\cos\theta + y_1\sin\theta \\ \rho = x_2\cos\theta + y_2\sin\theta \end{cases} \tag{6-26}$$

假设在ρ-θ平面上,两条曲线的交点为(ρ_0,θ_0),如图6-17所示。则参数(ρ_0,θ_0)可使得式(6-26)中的两个等式成立,即

$$\begin{cases} \rho_0 = x_1\cos\theta_0 + y_1\sin\theta_0 \\ \rho_0 = x_2\cos\theta_0 + y_2\sin\theta_0 \end{cases} \tag{6-27}$$

同时,根据式(6-25),交点(ρ_0,θ_0)对应于x-y平面上的一条直线

$$\rho_0 = x\cos\theta_0 + y\sin\theta_0 \tag{6-28}$$

联合考虑式(6-27)可知,式(6-28)中直线将同时经过点(x_1,y_1)与(x_2,y_2),即为连接两点的一条直线。同理可知,若x-y平面内有一组点(x_1,y_1),…,(x_n,y_n)属于同一条直线,将这些点变换至ρ-θ平面内形成一组曲线,曲线必相交于一点(ρ',θ')。交点(ρ',θ')对应于x-y平面上的直线$\rho' = x\cos\theta' + y\sin\theta'$,这条直线就是经过以上$n$点的直线。

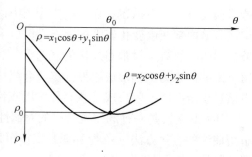

图6-17 基于Hough变换进行直线检测的原理示意图

根据上述Hough变换原理,在图像直线检测任务中,可以将x-y坐标系下的图像边缘点坐标(x,y)向ρ-θ空间转换,令每个边缘点定义一条曲线,获得ρ-θ平面上所有曲线的交点。将这些交点转换回x-y坐标系下,就得到了这些边缘点在图像中定义的直线。

然而在数字图像中,这些边缘点即便在空间中属于同一条直线,成像后也很难共线。尽管在数学上两点可以构成一条直线,但这并不符合绝大多数图像处理任务中区域边界的实际情况。如图6-18所示,假设一幅图像上有若干离散的边缘点,虚线经过的边缘点较少。尽管实线经过的边缘点有限,但其两侧可以"包含"大多数边缘点。考虑到数字图像中数据采样后的特点,实线更大概率是所要寻找的区域边界。因此,对于一幅边缘图像,如何尽可能找到最佳位置的直线,使得其能包含更多的、符合实际场景轮廓的边缘点,就需要依靠ρ-θ参数空间的离散化处理来实现。

为了将ρ-θ参数空间离散化,如图6-19所示,通常定义参数的取值范围$-90° \leqslant \theta \leqslant 90°$,$-D \leqslant \rho \leqslant D$。其中,$D$为待检测的边缘图像的对角线长度。然后定义两个方向上的离散化间隔分别为$\Delta\theta$、$\Delta\rho$,用其对ρ-θ空间离散化。然后记录每个间隔处的ρ和θ数值,得到两个方向的细分值分别为$\{\theta_j\}$、$\{\rho_i\}$。通过参数ρ与θ的取值范围与离散化间隔的比值确定二维累加数组A的尺寸,建立累加数组A,并使得A在(i,j)处的单元具有累加值$A(\rho_i,\theta_j)$。

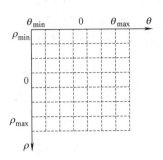

图 6-18　合理连接图像边缘点得到区域边界　　　　图 6-19　$\rho\text{-}\theta$ 参数空间的累加单元

具体地，对于图像的每个边缘点 (x^*, y^*)，令 $\theta \in [-90°, 90°]$，且从小至大依次等于 $\rho\text{-}\theta$ 空间离散化后的细分值 $\{\theta_j\}$。通过式（6-25）计算所对应的 ρ 值，对 ρ 值四舍五入并取离散参数空间 $\rho\text{-}\theta$ 中最接近的细分值 ρ_i，进而对数组 A 中的对应元素累加，即 $A(\rho_i, \theta_j) = A(\rho_i, \theta_j) + 1$。对图像中的所有边缘点均做同样的处理，即可得到最终累加数组 A。其累加单元的值 $A(\rho_i, \theta_j)$ 表示 $\rho\text{-}\theta$ 平面上经过点 (ρ_i, θ_j) 的曲线数量，也对应于图像 $x\text{-}y$ 平面中落在直线 $\rho_i = x\cos\theta_j + y\sin\theta_j$ 上的边缘点个数。此外，也可以将数组 A 看作一幅灰度图像，称为 Hough 变换图像，并进行可视化显示。在进行直线检测时，可预先设定一个阈值 T。数组 A 中大于阈值 T 的单元所对应的图像 $x\text{-}y$ 平面的直线即为所求。此外，也可将图像中直线的方向作为先验信息，在数组 A 中选取对应角度 θ 的累加单元，从而得到图像上相应的直线。

因此，Hough 变换把直线检测问题转换成参数空间中像素点的检测问题，通过在参数空间中进行简单的累加统计完成检测任务。

例 6-7　图 6-20a 为一幅大小为 $M \times M (M = 101)$ 像素并包含 5 个边缘点的图像。将 5 个边缘点的坐标值分别利用式（6-25）映射到离散后的 $\rho\text{-}\theta$ 空间中，得到累加数组 A，该 Hough 变换图像显示结果如图 6-20b 所示，Hough 变换图像中显示了 5 条曲线相交于 A、B、C、D、

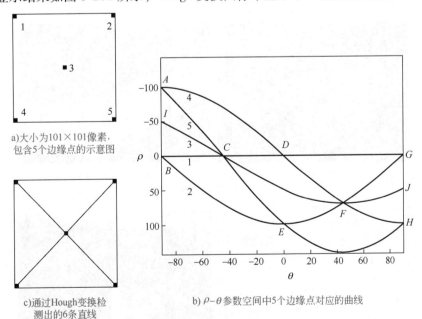

a) 大小为 101×101 像素，包含 5 个边缘点的示意图

c) 通过 Hough 变换检测出的 6 条直线

b) $\rho\text{-}\theta$ 参数空间中 5 个边缘点对应的曲线

图 6-20　$\rho\text{-}\theta$ 参数空间与基于 Hough 变换的直线检测

E、F、G、H 共 8 个交点。其中，A、H 为图 a 中边缘点 4、5 对应曲线的交点；B、G 为图 a 中边缘点 1、2 对应曲线的交点。由于两点确定一条直线，可以判断出交点 A 与 H 对应于图像 x-y 平面中的同一条直线，即边缘点 4 和 5 的连线。同样地，交点 B 与 G 均对应边缘点 1 和 2 的连线。因此，图 b 中 ρ-θ 空间的曲线之间仅有 6 个有效交点，对应于图像 x-y 平面的 6 条直线，如图 6-20c 所示。

在以上示例中，A、H 和 B、G 两组曲线交点分别关于原点（0,0）对称，如图 6-20b 所示。这说明了在 Hough 变换的参数空间中，左边缘和右边缘具有一种反射邻接关系，这一性质是由 θ 和 ρ 的取值在 ±90° 边界改变符号引起的。类似地，图 6-21b 中的交点 I、J 也体现了同样的特点。因此，计算累加数组 A 时，可以取 $\theta \in [-90°, 90°)$，从而避免得到重复的直线。

例 6-8 应用 Hough 变换进行车道线检测的示例。图 6-21a 为输入图像，对图 a 首先进行阈值分割得到二值图像如图 6-21b 所示，阈值分割的内容将在 6.3 节详细介绍。再采用 Canny 算子进行边缘提取处理，得到边缘图如图 6-21c 所示。然后采用 Hough 变换，得到边缘点的 Hough 参数空间，如图 6-21d 所示。通过计算累加数组 A，以及预先设定的阈值 $T = 120$，得到检测出的直线，6 条直线如图 6-21e 所示，对应于图 d 中用黑框标注的 6 个点。图 6-21f 展示了将检测直线叠加到原图像上的结果。

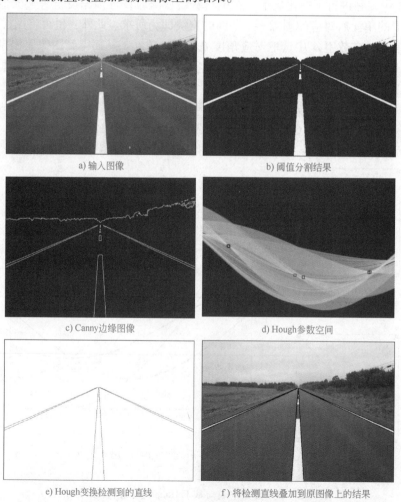

a) 输入图像

b) 阈值分割结果

c) Canny 边缘图像

d) Hough 参数空间

e) Hough 变换检测到的直线

f) 将检测直线叠加到原图像上的结果

图 6-21　基于 Hough 变换的直线检测

6.2.2 基于 Hough 变换的圆检测

Hough 变换不仅可以用来检测直线，还可以用于曲线的检测。实际上，对于可用数学表达式描述的任意圆形，都能够利用 Hough 变换进行检测。

对于一个 $x\text{-}y$ 平面上圆心位于 (a,b)、半径为 r 的圆，其一般方程可写为

$$(x-a)^2 + (y-b)^2 = r^2 \tag{6-29}$$

平面上的 3 点可确定一个圆。因此，最少需要 3 个边缘点，就能确定参数 (a,b,r)，也就在图像 $x\text{-}y$ 平面上确定了唯一的圆。那么，可以换个角度思考如何获得参数 (a,b,r) 这一问题。若将问题转换到 $a\text{-}b\text{-}r$ 空间中，即 Hough 参数空间中，式(6-29) 可以理解为三维空间的圆锥曲面。具体地，对于图像中每一个边缘点 (x_i, y_i)，都将定义 $a\text{-}b\text{-}r$ 空间的一个圆锥面，即

$$(a-x_i)^2 + (b-y_i)^2 = r^2 \tag{6-30}$$

假设图像 $x\text{-}y$ 平面上有 3 个边缘点，若要通过这 3 点确定 (a,b,r)，就相当于在 $a\text{-}b\text{-}r$ 空间中寻找这些边缘点定义的圆锥面的交点 $C:(a_c, b_c, r_c)$，该交点将对应于图像 $x\text{-}y$ 平面上经过这 3 个边缘点的圆，如图 6-22 所示。

类似直线的检测方法，要在 Hough 参数空间中寻找参数 a、b 和 r，需要建立一个三维累加数组 $\boldsymbol{A}$，其累加元素可以写为 $\boldsymbol{A}(a,b,r)$。然后，让 a 和 b 依次变化并根据式(6-29) 计算 r，完成 $\boldsymbol{A}(a,b,r)$ 的累加，最后通过预先设置的阈值定位圆锥面的交点

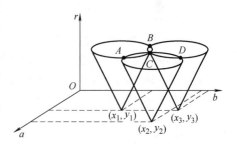

图 6-22 基于 Hough 变换进行圆检测的原理示意图

位置，检测出图像中的圆。然而，上述方法在参数空间多了一维，复杂性大大增加了。因此，在实际应用时，常采用 Hough 梯度法来简化圆检测。该方法先进行圆心的确定，然后根据圆心推导出半径，具体过程如下：

(1) 圆心的定位　采用 Canny 等算子检测图像的边缘，获得边缘点位置的同时记录其梯度方向。考虑到圆的切线方向与半径垂直，若边缘点在圆上，则边缘点梯度方向应与该点的半径方向一致。因此，设计一个二维 Hough 空间累加器，记录每个边缘点梯度方向的直线。累加器中累加值越大的位置，表明在该点上直线相交次数越多，也就是支持该点成为圆心的半径越多，越有可能是所求的圆心。通过预先设定的阈值 N_1，选择一定数量的圆心。

(2) 半径的确定　计算某一圆心到所有边缘的距离。找到距离相同的边缘点，并记录点的数量 N 与该距离。设定阈值 N_2，当 $N > N_2$ 时，认为支持该距离是半径的边缘点数量满足要求，则该距离值为圆的半径。一般情况下，可令 $N_1 = N_2$。

获取圆心位置与半径长度后，通过圆的表达式，可在图像中绘制出检测到的圆形边界。

例 6-9　基于 Hough 梯度法的圆检测结果。

图 6-23 展示了一组图像中圆的检测实例。可以看到，每个硬币的边界都能够被较好地标记出来。

a) 硬币图像　　　　　　　　　　　　　　　　b) 圆的检测结果

图 6-23　基于 Hough 梯度法的圆检测

6.2.3　广义 Hough 变换

Hough 变换本是用于检测平面内的直线和二次曲线的，但是实际应用中，绝大部分物体的轮廓不能用直线和二次曲线来描述，因此有必要将 Hough 变换作进一步的推广。

首先建立物体的一般化表示，令 $B = \{(x_i, y_i), i = 1, 2, \cdots, n\}$ 为表示物体的一个点集，它可以是物体的边缘点，也可以是经图像分割而得的物体点集，B 得自模板。又令 $P(x_0, y_0)$ 为参考点，常取 P 为 B 的中心点，以 P 为参考点建立 B 的 Hough 表示 $H(B, P)$，$H(B, P)$ 是一个矢量集合：$\{(dx_i, dy_i), i = 1, 2, \cdots, n\}$。其中 $dx_i = x_0 - x_i = -(x_i - x_0)$，$dy_i = y_0 - y_i = -(y_i - y_0)$。实际上，从点集 B 到 P 的 Hough 表示 $H(B, P)$，仅仅将点集 B 的坐标做了很简单的对参考点 P 的平移，其中 x_i 和 y_i 前取负号完全是为了后面的运算方便。

现在，对于一个给定的被测图像，假定我们已经做了类似样板图像的处理，得到点集 $E = \{(x_i, y_i), i = 1, 2, \cdots, m\}$。点集 E 中，有可能包含被测物体的点集。在理想情况下，由于预处理效果好，被测物体点集完全包含于点集 E 中。大多数情况下，由于噪声、物体间的相互掩盖、成像条件、处理方法不完善等因素，被测物体点集并没有完全被提取出来，而且提取出来的点集有可能存在噪声、变形，点集 E 只包含了被测物体点集的一部分。现在，为了确定图像中是否存在模板中的物体，将点集 E 与 $H(B, P)$ 作如下相关运算：

```
for each(x_i, y_i) in E do
    for each(dx_j, dy_j) in H(B, P) do
        R(x_i + dx_j, y_i + dy_j) = R(x_i + dx_j, y_i + dy_j) + 1
    end do
end do
```

R 是 Hough 变换结果矩阵，其坐标实际为

$$(x_i + dx_j, y_i + dy_j) = (x_i - x_j + x_0, y_i - y_j + y_0)$$

在理想情况下，点集 E 与点集 B 完全一致，对于它们之中的 n 个相应点，上式中 R 的坐标都为 (x_0, y_0)，也就是说，在 R 矩阵中的 (x_0, y_0) 处的值为 n。而非理想情况下，R 中对应目标内部区域的位置处会有较高的值出现，这时对 R 取阈值，大于阈值的位置就对应目标的内部。图 6-24 显示了理想情况下和非理想情况下推广的 Hough 变换。

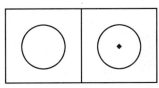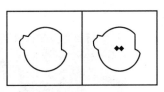

| a) 模板 | b) 待测曲线 | c) 图 b 经 Hough 变换
后取阈值并与待测
曲线叠加的结果 | d) 待测曲线 | e) 图 d 经 Hough 变换
后取阈值并与待测
曲线叠加的结果 |

图 6-24　广义 Hough 变换

Hough 变换的最大优点是抗噪声能力强，能够在信噪比较低的条件下，检测出直线或解析曲线。它的缺点是需要先做二值化以及边缘检测等图像预处理工作，使输入图像转变成宽度为一个像素的直线或曲线形式的点阵图。但是，在做了预处理工作后，原始图像中的许多信息将损失，例如原始图像中的大部分灰度信息在做了二值化处理后将丢失；又如原图经边缘检测后，像素之间的许多关系也将丢失。由于这个原因，给它的应用带来了一定的局限性。

6.3　阈值分割

阈值分割是利用灰度阈值将像素分为若干类，以获得图像的前景和背景区域的图像分割技术。其计算量小、处理直观、性能稳定，是图像分割领域应用最为广泛的一种技术。

6.3.1　阈值分割的原理

假设一幅图像 $f(x,y)$ 中包含有亮色的前景目标、暗色的背景和噪声，其灰度直方图如图 6-25 所示。若想从背景中提取目标，最直接的方法就是选择一个阈值 T，使得：

$$g(x,y) = \begin{cases} 1 & f(x,y) \geq T \\ 0 & f(x,y) < T \end{cases} \quad (6-31)$$

或者

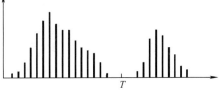

图 6-25　图像 $f(x,y)$ 的灰度直方图

$$g(x,y) = \begin{cases} 1 & f(x,y) \leq T \\ 0 & f(x,y) > T \end{cases} \quad (6-32)$$

其中，$g(x,y)$ 为分割后的标签二值图像。$g(x,y)$ 的每个像素的值可认为是 $f(x,y)$ 中对应像素获得的区域标签。若采用式(6-31)，白色区域为 $f(x,y)$ 的前景目标，其中任何一个像素都获得一个前景标签"1"；黑色区域为 $f(x,y)$ 的背景，每个像素都获得一个背景标签"0"。采用式(6-32)则刚好相反。该方法就是最简单的二值化阈值分割。

上述阈值分割方法中，对图像所应用的阈值 T 适用于整幅图像，因此也成为全局阈值处理法。此时，全局阈值的选取不同，将极大影响最终的分割结果，如图 6-26 所示。通过观察其直方图，在灰度值 100、160 左右存在波谷，为此，实验也分别选择 $T = 100$、$T = 160$ 作为全局阈值，采用式(6-31)对图像进行分割，得到差异较明显的两组标签二值图像。

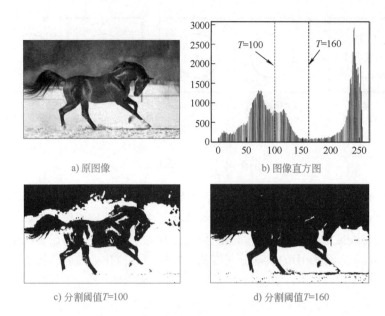

a) 原图像

b) 图像直方图

c) 分割阈值T=100

d) 分割阈值T=160

图 6-26 全局阈值的选择对应的分割结果

例 6-10 二值化阈值分割实例。

此外，在实际拍摄场景中，图像中很可能出现亮度不同的多个物体，而且图像的目标和背景不一定只分布在两个灰度区间内，如图 6-27 所示。因此，有些任务中，可以设定 2 个或多个阈值来提取多个目标。

例如根据图像的灰度差异设置 $i = 0,1,2,\cdots,n-1$ 共 n 个阈值 T_i，并进行如下分割处理，对每一个像素进行归类与标签 g_i 的分配，得到区域分割标签图

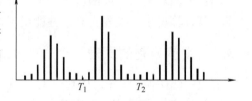

图 6-27 含有多目标图像的灰度直方图

$$g(x,y) = \begin{cases} g_0 & f(x,y) \leqslant T_0 \\ g_1 & T_0 < f(x,y) \leqslant T_1 \\ \vdots & \vdots \\ g_{n-1} & T_{n-2} < f(x,y) \leqslant T_{n-1} \\ g_n & f(x,y) > T_{n-1} \end{cases} \tag{6-33}$$

然而，一般的场景中，目标和背景的灰度值分布范围都比较广，且互有交叠，同时图像还受到噪声的干扰，如图 6-26b 所示。仅靠多阈值对灰度值进行分类，很难获得正确的分割结果。通常在使用多阈值对图像像素进行分类形成局部区域后，还需要利用一些其他如区域生长方法等，对区域进行判断与合并，以获得完整的前景目标和背景区域。

6.3.2 基本的全局阈值处理

当所拍摄图像中目标像素与背景像素的分布明显不同，使得背景区域和目标区域在灰度直方图上能够各自形成一个波峰，且两个波峰间形成一个清晰的低谷，如图 6-28 所示，可

以选择双峰间低谷处所对应的灰度值为阈值来分离目标和背景。

尽管如此，不同的图像直方图中，波谷的位置也不一样。如何设计一种能够自动选取阈值的方法，以适应分割不同的图像，是全局阈值处理的重要任务。以下介绍一种简单的全局阈值迭代算法，即双峰法，可适用于这类简单图像的分割任务。

图 6-28 某幅图像的直方图呈现双峰的形状

1）取一个全局阈值初始值 T。

2）以该阈值分割图像，得到两个区域，分别计算两区域灰度平均值：m_1、m_2。

3）更新全局阈值，使得新阈值 $T = (m_1 + m_2)/2$。

4）重复步骤 2）~3），直至连续更新的阈值 T 的变化小于预先设定参数 ΔT 为止。

上述方法中，阈值初始值可以随意指定，但必须在该图像灰度值范围内，也可以令其等于整幅图像的灰度平均值。参数 ΔT 可使阈值变化不大的时候结束迭代，同时也帮助控制迭代次数。

例 6-11 全局阈值处理实验示例。

图 6-29a 是一幅时钟图像，现在的图像分割任务是将时钟的刻度、指针与圆形边框从图像中分割出来。图 6-29b 是该图像的直方图，显示出两个明显的波峰和一个清晰的波谷，适合采用双峰法进行阈值分割。首先，计算输入图像的平均灰度值为 214；然后，令阈值初始值 $T = 214$，且 $\Delta T = 0$，进行阈值迭代。实验表明，经历 3 次迭代后，得到阈值 $T = 130$，该灰度值落在直方图的波谷位置。图 6-29c 显示了用 $T = 130$ 阈值分割后结果。

a) 带噪声时钟图

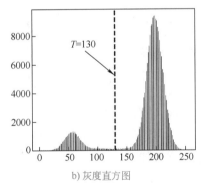

b) 灰度直方图

c) 基本全局阈值分割结果

图 6-29 时钟图像的全局阈值分割结果

6.3.3 基于大津法的最优全局阈值处理

阈值处理的目的是把图像中的像素分为两个，或多个组，并使该过程中引入的平均误差最小。一种解决思路是将像素根据灰度值进行分类，使得类间的方差达到最大，此时能够给出最大类间方差的阈值即为所求。1980 年，日本的大津展之基于上述思想提出了一种图像分割方法，称为大津法（Otsu）。该方法可以完全在图像直方图的数据上进行运算，且计算简单，在实际工程任务中应用广泛。

令 $\{0, 1, \cdots, L-1\}$ 表示图像的 L 个灰度级，n_i 表示灰度级 i 的像素数，则图像中总的像素

数为 $M \times N = n_1 + n_2 + n_3 + \cdots + n_{L-1}$。在归一化直方图中，$p_i = n_i / MN$，从而 $\sum\limits_{i=0}^{L-1} p_i = 1$。

假设选取一个灰度阈值 $T(k) = k, 0 < k < L-1$，将图像的像素分为两类，即 $C_1 = \{0, 1, \cdots, k\}$，$C_2 = \{k+1, k+2, \cdots, L-1\}$。

基于该阈值 k，像素被划分到"类" C_1 中的概率可由累计概率表达为

$$P_1(k) = \sum_{i=0}^{k} p_i \tag{6-34}$$

类似地，像素被划分到"类" C_2 中的概率为

$$P_2(k) = \sum_{i=k+1}^{L-1} p_i = 1 - P_1(k) \tag{6-35}$$

且 $P_1(k) + P_2(k) = 1$。那么，被分配到"类" C_1 中的像素的平均灰度值为

$$
\begin{aligned}
m_1(k) &= \sum_{i=0}^{k} i P(i \mid C_1) \\
&= \sum_{i=0}^{k} i P(C_1 \mid i) P(i) / P(C_1) \\
&= \sum_{i=0}^{k} i P(i) / P_1(k) = \frac{1}{P_1(k)} \sum_{i=0}^{k} i p_i
\end{aligned}
\tag{6-36}
$$

在式(6-36)的第二步中，只考虑 $i \in C_1$ 的情况，即 $P(C_1 \mid i) = 1$，可得到第三步的结果。

从 0 灰度级累积至 k 灰度级的平均灰度为

$$m(k) = m_1(k) P_1(k) \sum_{i=0}^{k} i p_i \tag{6-37}$$

类似地，也可得到分配到"类" C_2 中像素的平均灰度值

$$m_2(k) = \sum_{i=k+1}^{L-1} i P(i \mid C_2) = \frac{1}{P_2(k)} \sum_{i=k+1}^{L-1} i p_i \tag{6-38}$$

由直方图的定义，整幅图像的平均灰度值为

$$m_G = \sum_{i=0}^{L-1} i p_i \tag{6-39}$$

故将式(6-36)与式(6-38)整理，代入式(6-39)可得

$$P_1(k) m_1(k) + P_2(k) m_2(k) = m_G \tag{6-40}$$

"类" C_1 和 C_2 的类间方差 $\sigma_B^2(k)$ 的定义如下：

$$\sigma_B^2(k) = P_1(k)(m_1(k) - m_G)^2 + P_2(k)(m_2(k) - m_G)^2 \tag{6-41}$$

为了使类间方差的计算可完全通过图像直方图数据得到，对式(6-41)进行进一步推导和简化。根据式(6-40)与 $P_1(k) + P_2(k) = 1$，式(6-41)可整理为

$$
\begin{aligned}
\sigma_B^2(k) &= P_1(k)(m_1(k) - P_1(k) m_1(k) - P_2(k) m_2(k))^2 + \\
&\quad P_2(k)(m_2(k) - P_1(k) m_1(k) - P_2(k) m_2(k))^2 \\
&= P_1(k)(P_2(k) m_1(k) - P_2(k) m_2(k))^2 + \\
&\quad P_2(k)(P_1(k) m_2(k) - P_1(k) m_1(k))^2 \\
&= P_1(k) P_2^2(k)(m_1(k) - m_2(k))^2 + P_2(k) P_1^2(k)(m_1(k) - m_2(k))^2 \\
&= P_1(k) P_2(k)(m_1(k) - m_2(k))^2 (P_2(k) + P_1(k)) \\
&= P_1(k) P_2(k)(m_1(k) - m_2(k))^2
\end{aligned}
\tag{6-42}
$$

再由式(6-40)整理出关于 $m_2(k)$ 的表达式，并利用式(6-37)，代入式(6-42)可得

$$\sigma_B^2(k) = P_1(k)P_2(k)\left(m_1(k) - \frac{m_G - P_1(k)m_1(k)}{P_2(k)}\right)^2$$

$$= \frac{P_1(k)}{P_2(k)}(P_2(k)m_1(k) - m_G + P_1(k)m_1(k))^2$$

$$= \frac{P_1(k)}{P_2(k)}(m_1(k) - m_G)^2 = \frac{(m_G P_1(k) - m_1(k)P_1(k))^2}{P_1(k)(1 - P_1(k))}$$

$$= \frac{(m_G P_1(k) - m(k))^2}{P_1(k)(1 - P_1(k))} \tag{6-43}$$

由上述最终推导结果式(6-43)可以看出，仅需要根据直方图数据计算出 $P_1(k)$、m_G 和 $m(k)$，就可以得到类间方差 $\sigma_B^2(k)$。

图像被分割的两区域 C_1 和 C_2 的类间方差 $\sigma_B^2(k)$ 达到最大时，即实现两区域的最佳分类状态，此时对应的最优阈值 k^* 应满足

$$\sigma_B^2(k^*) = \max_{0 \leqslant k \leqslant L-1} \sigma_B^2(k) \tag{6-44}$$

依据上述的理论推导，将基于大津法的最佳全局阈值处理方法具体步骤总结如下：

1）计算输入图像的归一化直方图。使用 p_i 表示各灰度分量出现的概率。

2）对于 $k = 0,1,\cdots,L-1$，计算累计概率 $P_1(k)$。

3）对于 $k = 0,1,\cdots,L-1$，计算累计均值 $m(k)$。

4）计算图像全局平均灰度值 m_G。

5）对于 $k = 0,1,\cdots,L-1$，计算类间方差 $\sigma_B^2(k)$。

6）检测一维数组 $\sigma_B^2(k)$ 中的最大值 $\sigma_B^2(k^*)$，相应的 k^* 即为所求阈值。

7）利用阈值 $T = k^*$ 得到二值标签图像，完成图像分割。

例 6-12 使用大津法的最佳全局阈值处理。

图 6-30a 是一幅聚合细胞的光学显微图像，观察发现目标内部区域与背景的灰度差别很小，其灰度直方图中并没有明显的波谷，如图 6-30b 所示。首先采用双峰法，迭代计算出全局阈值 $T = 169.39$，得到分割结果如图 6-30c 所示，说明采用双峰法并不能从背景中正确分割出细胞区域。图 6-30d 展示了采用大津法得到的分割结果，此时得到全局阈值 $T = 181$，分割效果明显好于图 6-30c。

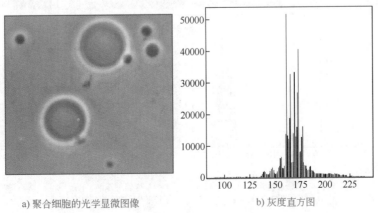

a) 聚合细胞的光学显微图像　　　　　b) 灰度直方图

图 6-30　使用大津法的最佳全局阈值处理

c) 双峰法分割结果，阈值T=169.39   d) 大津法分割结果，阈值T=181

图 6-30　使用大津法的最佳全局阈值处理（续）

6.3.4　基于局部图像性质的动态门限法

实际图像中，前景目标和背景区域的灰度值分布往往都是相互交叠、分界不明显的非理想情况。即便是人眼看起来十分容易分辨的简单图像，在其直方图中也很难找到合适的阈值，将其完美分割。这样的非理想情况往往导致 3 类误差的出现，即误将部分背景当作目标区域分割出来、目标区域分割不完整、区域分割边界定位不正确。例 6-13 展示了一幅图像即使仅受噪声和非均匀光照的影响，也很难在其灰度直方图上寻找到理想的全局域值，将简单的目标正确分割出来。如图 6-31a 所示，原始图像为一幅主要含有 2 个灰度级的简单图像。然后对该图像添加高斯噪声，得到噪声污染的图像，其直方图显示了两个清晰的波峰，如图 6-31b 所示。图 6-31c 模拟了拍摄环境光照不均的成像效果，并将其叠加在图 b 上，获得最终模拟效果如图 6-31d 所示。观察发现，对于图 d 这样的直方图，很难找到一个最佳的全局阈值。

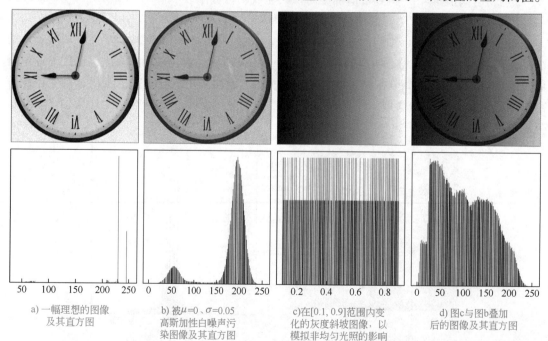

a) 一幅理想的图像及其直方图

b) 被μ=0、σ=0.05高斯加性白噪声污染图像及其直方图

c) 在[0.1, 0.9]范围内变化的灰度斜坡图像，以模拟非均匀光照的影响

d) 图c与图b叠加后的图像及其直方图

图 6-31　噪声和非均匀光照对灰度直方图的影响

例 6-13 噪声和非均匀光照对灰度直方图的影响。

如上所述,若采用本节介绍的两种全局阈值处理方法,对例 6-13 进行阈值分割,可能达不到理想的分割效果。即使先进行图像平滑等预处理,也无法改善阈值处理的效果。此时,可采用动态门限方法对全局阈值法进行改进。动态门限方法是首先把整幅图像分成几个子图像,对每个子图像绘制单独的直方图,并设置不同的阈值,分别对子图像进行阈值处理。最后将子图像的分割结果拼接在一起,得到较为理想的整幅图像的分割效果。

例 6-14 动态门限法分割图像。

图 6-32a、b 对应图 6-31d,采用动态门限方法对图 a 进行图像分割。首先把图 a 分成子图像,对每个子图像绘制直方图,通过大津法分别计算阈值,获得子图像二值分割结果。最后,将所有子图分割结果拼接在一起,达到理想的分割效果,如图 6-32d 所示。

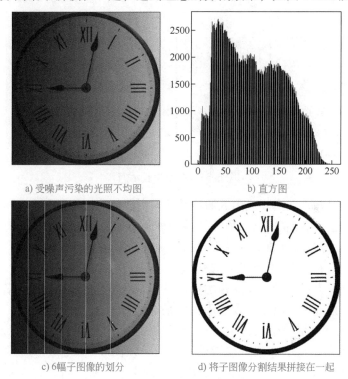

a) 受噪声污染的光照不均图　　　　　　b) 直方图

c) 6幅子图像的划分　　　　　　d) 将子图像分割结果拼接在一起

图 6-32　采用动态门限法分割图像

6.4　区域分割

阈值分割法由于没有或很少考虑空间关系,使多阈值选择受到限制,基于区域的分割方法可以弥补这点不足。该方法利用的是图像的空间性质,认为分割出来的属于同一区域的像素应具有相似的性质,其概念是相当直观的。传统的区域分割法有区域生长法和分裂合并法,下面对这两种方法加以介绍。

6.4.1　区域生长

1. 区域生长的原理和步骤

区域生长的基本思想是将具有相似性质的像素集合起来构成区域。具体是先对每个需要分割的区域找一个种子像素作为生长的起点,然后将种子像素周围邻域中与种子像素有相同或相似性质的像素(根据某种事先确定的生长或相似准则来判定)合并到种子像素所在的区域中。将这些新像素当作新的种子像素继续进行上面的过程,直到再没有满足条件的像素可被包括进来,这样,一个区域就长成了。

图6-33给出已知种子点进行区域生长的一个示例。图6-33a给出待分割的图像,设已知有两个种子像素(标为深浅不同的灰色方块),现要进行区域生长。假设这里采用的判断准则是:如果所考虑的像素与种子像素灰度值差的绝对值小于某个门限T,则将该像素包括进种子像素所在的区域。图6-33b给出$T=3$时的区域生长结果,整幅图像被较好地分成两个区域;图6-33c给出$T=1$时的区域生长结果,有些像素无法判定;图6-33d给出$T=6$时的区域生长结果,整幅图像都被分在一个区域中了。由此可见门限的选择是很重要的。

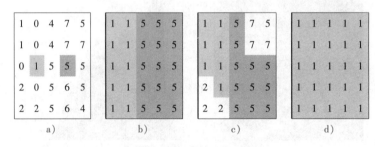

图6-33 区域生长示例

从上面的示例可知,在实际应用区域生长法时需要解决三个问题:

1)选择或确定一组能正确代表所需区域的种子像素。

2)确定在生长过程中能将相邻像素包括进来的准则。

3)制定让生长过程停止的条件或规则。

种子像素的选取常可借助具体问题的特点进行。例如军用红外图像中检测目标时,由于一般情况下目标辐射较大,所以可以选用图中最亮的像素作为种子像素。如果对具体问题没有先验知识,则常可借助生长所用准则对像素进行相应计算。如果计算结果呈现聚类的情况,则接近聚类中心的像素可取为种子像素。以图6-33为例,通过对它所做直方图可知具有灰度值为1和5的像素最多且处在聚类的中心,所以可各选一个具有聚类中心灰度值的像素作为种子。具体在选择种子像素时可以由某种规则自动选取,也可以用交互的方式完成。

生长准则的选取不仅依赖于具体问题本身,也和所用图像数据的种类有关。例如当图像是彩色的时候,仅用单色的准则效果就会受到影响。另外还要考虑像素间的连通性和邻近性,否则有时会出现无意义的结果。我们将在后面介绍几种典型的生长准则和对应的生长过程。

一般生长过程在进行到再没有满足生长准则的像素时停止,但常用的基于灰度、纹理、色彩的准则大都基于图像的局部性质,并没有充分考虑生长的"历史"。为增加区域生长的性能,常需考虑一些与尺寸、形状等图像和目标的全局性质有关的准则。在这种情况下常需对分割结果建立一定的模型或辅以一定的先验知识。

2. 生长准则

区域生长的一个关键是选择合适的生长或相似准则,大部分区域生长准则使用图像的局部性质。生长准则可根据不同原则制定，而使用不同的生长准则会影响区域生长的过程，下面介绍三种基本的生长准则和方法。

（1）基于区域灰度差　基于区域灰度差的方法主要有以下步骤：

1）对像素进行扫描，找出尚没有归属的像素。

2）以该像素为中心检查它的邻域像素，即将邻域中的像素逐个与它比较，如果灰度差小于预先确定的阈值，将它们合并。

3）以新合并的像素为中心，返回到步骤2），检查新像素的邻域，直到区域不能进一步扩张。

4）返回到步骤1），继续扫描，直到所有像素都有归属，则结束整个生长过程。

采用上述方法得到的结果对区域生长起点的选择有较大的依赖性。为克服这个问题可以将方法做以下改进：将灰度差的阈值设为零，这样具有相同灰度值的像素便合并到一起，然后比较所有相邻区域之间的平均灰度差，合并灰度差小于某一阈值的区域。这种改进仍然存在一个问题，即当图像中存在缓慢变化的区域时，有可能会将不同区域逐步合并而产生错误分割结果。一个比较好的做法是：在进行生长时，不用新像素的灰度值与邻域像素的灰度值比较，而是用新像素所在区域的平均灰度值与各邻域像素的灰度值进行比较，将小于某一阈值的像素合并进来。

（2）基于区域内灰度分布统计性质　这里考虑以灰度分布相似性作为生长准则来决定区域的合并，具体步骤为：

1）把像素分成互不重叠的小区域。

2）比较邻接区域的累积灰度直方图，根据灰度分布的相似性进行区域合并。

3）设定终止准则，通过反复进行步骤2）中的操作将各个区域依次合并直到满足终止准则。

为了检测灰度分布情况的相似性，采用下面的方法。这里设 $h_1(X)$ 和 $h_2(X)$ 为相邻的两个区域的灰度直方图，X 为灰度值变量，从这个直方图求出累积灰度直方图 $H_1(X)$ 和 $H_2(X)$，根据以下两个准则：

1）Kolmogorov-Smirnov 检测

$$\max_X |H_1(X) - H_2(X)| \tag{6-45}$$

2）Smoothed-Difference 检测

$$\sum_X |H_1(X) - H_2(X)| \tag{6-46}$$

如果检测结果小于给定的阈值，就把两个区域合并。这里灰度直方图 $h(X)$ 的累积灰度直方图 $H(X)$ 被定义为

$$H(X) = \int_0^X h(x)\,\mathrm{d}x$$

在离散情况下
$$H(X) = \sum_{i=0}^X h(i) \tag{6-47}$$

对上述两种方法有两点值得说明：

1）小区域的尺寸对结果影响较大，尺寸太小时检测可靠性降低，尺寸太大时得到的区域形状不理想，小的目标可能漏掉。

2）式（6-46）比式（6-45）在检测直方图相似性方面较优，因为它考虑了所有灰度值。

（3）基于区域形状　在决定对区域的合并时也可以利用对目标形状的检测结果，常用

的方法有两种：

1) 把图像分割成灰度固定的区域，设两相邻区域的周长 P_1 和 P_2，把两区域共同边界线两侧灰度差小于给定值的那部分设为 L，如果（T_1 为预定的阈值）

$$\frac{L}{\min\{P_1, P_2\}} > T_1 \tag{6-48}$$

则合并两区域。

2) 把图像分割成灰度固定的区域，设两邻接区域的共同边界长度为 B，把两区域共同边界线两侧灰度差小于给定值的那部分长度设为 L，如果（T_2 为预定阈值）

$$\frac{L}{B} > T_2 \tag{6-49}$$

则合并两区域。

上述两种方法的区别是：第一种方法是合并两邻接区域的共同边界中对比度较低部分占整个区域边界份额较大的区域，第二种方法则是合并两邻接区域的共同边界中对比度较低部分比较多的区域。

例 6-15 区域生长实例。

图 6-34a 是细胞图像，在细胞体上手工选择一个种子点，采用区域灰度差的生长准则，图 6-34b 是区域生长的结果。

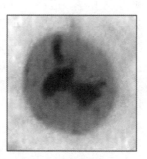
a) 原图

b) 区域生长结果

图 6-34　区域生长实例

6.4.2　分裂合并

6.4.1 节介绍的区域生长法是先从单个种子像素开始通过不断接纳新像素最后得到整个区域。分裂合并法是先从整幅图像开始通过不断分裂得到各个区域。实际中常先把图像分成任意大小且不重叠的区域，然后再合并或分裂这些区域以满足分割的要求。

在这类方法中，常需要根据图像的统计特性设定图像区域属性的一致性测度，其中最常用的测度多基于灰度统计特征，如同属性区域中的方差（Variance Within Homogeneous Region，VWHR）。算法根据 VWHR 的数值合并或分裂各个区域。为得到正确的分割结果，需要根据先验知识或对图像中噪声的估计来选择 VWHR，选择的 VWHR 的精度对算法性能影响很大。

假设以 VWHR 为一致性测度，令 $V(R)$ 代表趋于区域 R 内的 VWHR 值，阈值设为 T，下面介绍一种利用图像四叉树（Quadtree，QT）表达方法的简单分裂合并算法。如图 6-35 所示，设 R_0 代表整个四方形图像区域，从最高层开始，如果 $V(R_0) > T$，就将其四等分，得到四个子区域 R_i。如果 $V(R_i) > T$，则将该区域四等分。依此类推，直到 R_i 为单个像素。

如果仅仅使用分裂，最后有可能出现相邻的两个区域属于同一个目标但并没有合并成一个整体。为解决这个问题，每次分裂后允许其后继续分裂或合并。合并过程只合并相邻的区域且合并后组成的新区域要满足一致性测度，即相邻的 R_i 和 R_j，如果 $V(R_i \cup R_j) \leq T$，则将二者合并。

综上所述，分裂合并算法的步骤可以简单描述如下：

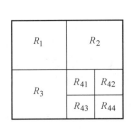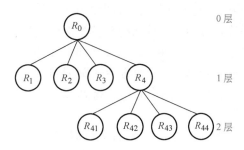

图 6-35　简单的区域分裂过程

1）对于任一 R_i，如果 $V(R_i) > T$，则将其分裂成互不重叠的四等分。

2）对相邻区域 R_i 和 R_j，如果 $V(R_i \cup R_j) \leqslant T$，则将二者合并。

3）如果进一步的分裂或合并都不可能了，则终止算法。

图 6-36 给出一个简单分裂合并图像各步骤的例子。设图中阴影区域为目标，白色区域为背景，它们都具有常数灰度值。设 $T = 0$（该例子比较特殊），则对于整个图像 R_0，因 $V(R_0) > T$，所以将其四等分，如图 6-36a 所示。由于右上角区域满足一致性测度，所以停止分裂，其他三个区域则继续四等分，得到图 6-36b。接下来根据分裂合并准则将相邻的满足一致性准则的区域合并，同时将不满足一致性测度的区域继续分裂，得到图 6-36c。再执行一次分裂合并过程后得到最终结果，如图 6-36d 所示。

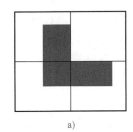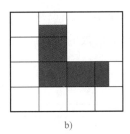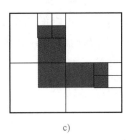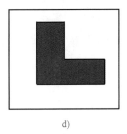

图 6-36　分裂合并法分割图像示例

6.5　形态学的图像分割

6.5.1　形态学分析基础

数学形态学（Mathematics Morphology）形成于 1964 年，法国巴黎矿业学院马瑟荣（G. Matheron）和他的学生赛拉（J. Serra）在从事铁矿核的定量岩石学分析中提出了该理论。数学形态学是在集合代数的基础上通过物体和结构元素相互作用的某些运算来得到物体更本质的形态（Shape）的，是用集合论方法定量描述目标几何结构的学科，其基本思想和方法对图像处理的理论和技术产生了重大的影响，已成为数字图像处理的一个主要研究领域，在文字识别、显微图像分析、医学图像、工业检测、机器人视觉方面都有很成功的应用。

用数学形态学处理二值图像时，要设计一种搜集图像信息的"探针"，称为结构元素。结构元素通常是一些小的简单集合，如圆形、正方形等的集合。如图 6-37 所示，观察者在图像中不断地移动结构元素，看是否能将这个结构元素很好地填放在图像的内部，同时验证填放结构元素的方法是否有效，并对图像内适合放入结构元素的位置做标记，从而得到关于图像结构的信息。这些信息与结构元素的尺寸和形状都有关。构造不同的结构元素（如方形或圆形结构元素），便可完成不同的图像分析，得到不同的分析结果。

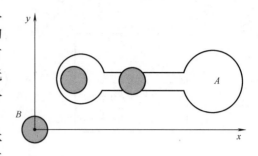

图 6-37　形态学基本运算

用形态学的方法处理和分析图像即是对物体或目标的形态分析，本节主要介绍二值形态分析方法中最基本的几种运算，即腐蚀、膨胀以及由它们组合得到的开闭运算和边缘检测算法。

1. 腐蚀

将一个集合 A 平移距离 b 可以表示为 $A+b$，其定义为

$$A + b = \{a + b \mid a \in A\} \tag{6-50}$$

图 6-38 说明了集合平移的过程，从几何上看，$A+b$ 表示 A 沿向量 b 平移了一段距离。探测的目的，就是要标记出图像内部那些可以将结构元素填入的（平移）位置。

集合 A 被 B 腐蚀，表示为 $A\Theta B$，其定义为

$$A\Theta B = \{a : B + a \subset A\} \tag{6-51}$$

其中 A 称为输入图像，B 称为结构元素。

$A\Theta B$ 由将 B 平移 b 仍包含在 A 内的所有点 b 组成。如果将 B 看作模板，那么，$A\Theta B$ 则由在将模板平移的过程中，所有可以填入 A 内部的模板的原点组成，如图 6-39 所示。

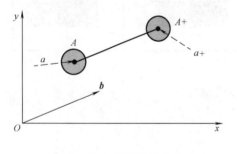

图 6-38　二值图像的平移

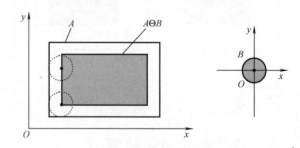

图 6-39　腐蚀类似于收缩

从图中可以看出腐蚀是表示用某种"探针"（即结构元素）对一个图像进行探测，以便找出图像内部可以放下该基元的区域。它是一种消除边界点，使边界向内部收缩的过程。可以用来消除小且无意义的物体。一般而言，如果原点在结构元素内部，则腐蚀后的图像为输入图像的子集，如果原点不在结构元素的内部，则腐蚀后的图像可能不在输入图像的内部，但输出形状不变，如图 6-40 所示。

例 6-16　用 0 代表背景，1 代表目标，设数字图像 S 和结构元素 E 为

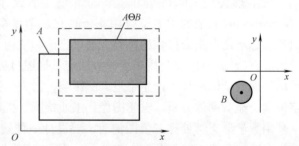

图 6-40　腐蚀不是输入图像的子图像

$$S = \begin{pmatrix} 0 & 1 & 0 & 1 & 0 \\ 0 & 1 & 1 & 0 & 1 \\ 0_\Delta & 1 & 1 & 1 & 0 \end{pmatrix} \qquad E = \begin{pmatrix} 1 & 0 \\ 1 & 1_\Delta \end{pmatrix}$$

三角 "Δ" 代表坐标原点，则用 E 对 S 腐蚀的结果为

$$S\ominus E = \begin{pmatrix} 0 & 0 & 0 & 0 & 0 \\ 0 & 0 & 1 & 0 & 0 \\ 0_\Delta & 0 & 1 & 1 & 0 \end{pmatrix}$$

2. 膨胀

设有一幅图像 A，将 A 中所有元素相对原点转 $180°$，即令 (x_0, y_0) 变成 $(-x_0, -y_0)$，所得到的新集合称为 A 的对称集，记为 $-A$，如图 6-41 所示。

以 A^C 表示集合 A 的补集，$-B$ 表示 B 关于坐标原点的反射（对称集）。那么，集合 A 被 B 膨胀，表示为 $A\oplus B$，其定义为

$$A\oplus B = \left[A^C\ominus(-B) \right]^C \qquad (6\text{-}52)$$

为了利用结构元素 B 膨胀集合 A，可将 B 相对原点旋转 $180°$，得到 $-B$，再利用 $-B$ 对 A^C 进行腐蚀，腐蚀结果的补集就是所求的结果，如图 6-42 所示。

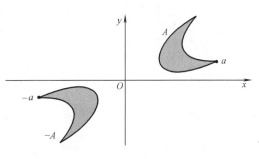

图 6-41　相对原点转 $180°$

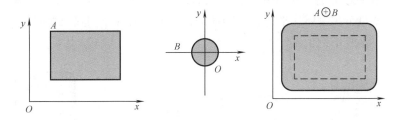

图 6-42　利用圆盘膨胀

图 6-43 所示是采用 3×3 的矩形结构元素，并且设定其原点为对该矩形的中心进行腐蚀运算和膨胀运算的结果。

| a) 原始图像 | b) 腐蚀图像 | c) 膨胀图像 |

图 6-43　图像的腐蚀和膨胀效果

膨胀的等效方程：膨胀还可以通过相对结构元素的所有点平移输入图像，然后计算并集得到，可用如下表达式描述：

$$A \oplus B = \cup \{A + b \mid b \in B\} \tag{6-53}$$

式(6-53)也称为明夫斯基和形式。图 6-44 是用式(6-53)膨胀的示意图，图 6-44a 为输入图像，图 6-44b 为结构元素，将输入图像相对于结构元素内的三个点进行平移并将三个平移图像叠加，最后的输出图像如图 6-44c 所示，图 6-44c 中三种不同外框标出的点对应了输入图像的三次平移。

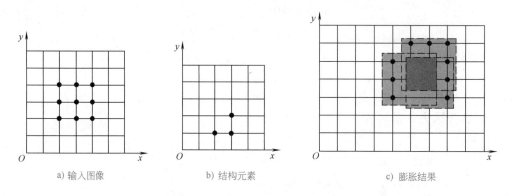

a) 输入图像　　　　　　b) 结构元素　　　　　　c) 膨胀结果

图 6-44　用式(6-53)膨胀的示意图

3. 开运算

假定 A 仍为输入图像，B 为结构元素，利用 B 对 A 作开运算，用 $A \circ B$ 表示，其定义为

$$A \circ B = (A \ominus B) \oplus B \tag{6-54}$$

所以，开运算实际上是 A 先被 B 腐蚀，然后再被 B 膨胀的结果。开运算通常用来消除小对象物、在纤细点处分离物体、平滑较大物体的边界的同时并不明显改变其体积。图 6-45 是用圆盘对矩形作开运算的例子。

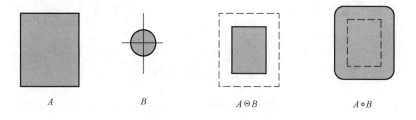

A　　　　　　B　　　　　　$A \ominus B$　　　　　　$A \circ B$

图 6-45　用圆盘对矩形开运算的结果

从图 6-45 我们看到，开运算具有两个显著的作用：①利用圆盘可以磨光矩形内边缘，即可以使图像的尖角转化为背景；②用 $A - A \circ B$ 可以得到图像的尖角，因此圆盘的圆化作用可以起到低通滤波的作用。

开运算在粘连目标的分离及背景噪声（椒盐噪声）的去除方面有较好的效果，如图 6-46b 所示，通过开运算之后，原图（图 6-46a）中原有的目标粘连情况被分离开，同时图像内一些小的椒盐噪声被滤出了，而目标原有大小和形状基本保持不变。

4. 闭运算

闭运算是开运算的对偶运算，定义为先作膨胀然后再作腐蚀。利用 B 对 A 作闭运算表示为 $A \cdot B$，其定义为

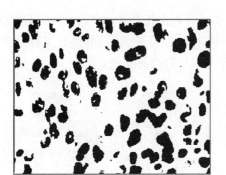
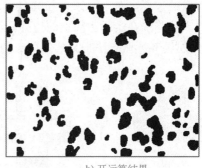

a) 原图   b) 开运算结果

图 6-46 开运算滤除背景噪声

$$A \cdot B = \left[A \oplus (-B) \right] \Theta (-B) \tag{6-55}$$

即用 $-B$ 对 A 进行膨胀，将其结果再用 $-B$ 进行腐蚀。闭运算通常用来填充目标内细小孔洞、连接断开的邻近目标、平滑其边界的同时并不明显改变其面积。图 6-47 描述了闭运算的过程及结果。显然，用闭运算对图形的外部做滤波，仅仅磨光了凸向图像内部的边角。

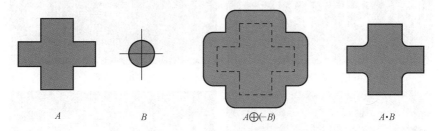

A B $A \oplus (-B)$ $A \cdot B$

图 6-47 利用圆盘对输入图像进行闭运算

闭运算在去除图像前景噪声（砂眼噪声）方面有较好的应用，如图 6-48b 所示。通过闭运算之后，将原图（图 6-48a）中原有的目标间断以及目标内部的孔洞在基本保持原目标大小与形态的同时进行了连接与填充。从图中可以看出，目标内部大的空洞并没有填充上，这是结构元素选择过小的缘故。但如果结构元素过大也会造成粒子粘连的结果，如图 6-48b 中椭圆区域中所标示的那样，实际应用中要根据具体问题具体分析。

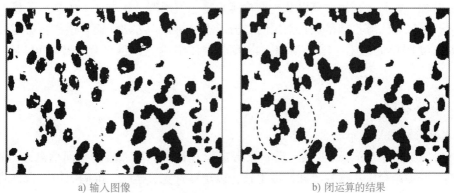

a) 输入图像   b) 闭运算的结果

图 6-48 利用闭运算去除前景噪声

5. 边界检测

利用圆盘结构元素作膨胀会使图像扩大，作腐蚀会使图像缩小，这两种运算都可以用来检测二值图像的边界。对于图像 A 和圆盘 B，图 6-49 给出了三种求取二值边界的方法：内边界、外边界和跨骑在实际边缘上的边界。其中跨骑在实际边缘上的边界又称形态学梯度。图 6-50 是用腐蚀和膨胀方法得到的实际二值图像的三种边界实例。

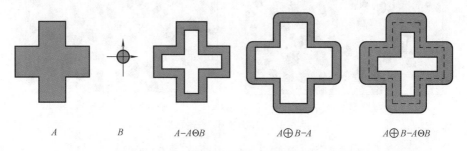

A　　　B　　　$A-A\ominus B$　　　$A\oplus B-A$　　　$A\oplus B-A\ominus B$

图 6-49　用腐蚀和膨胀运算得出的三种图像边界

a) 原二值图　　　　　　　　　　　b) 内边界

c) 外边界　　　　　　　　　　　d) 形态学梯度

图 6-50　三种形态边界实例

以上腐蚀、膨胀、开闭运算以及边界检测等是二值形态分析方法中的基本运算，其他方法如细化、骨架算法等也都是比较常用的二值形态分析处理方法，而且这些算法还可以推广到一般的灰度图像处理上。限于篇幅，本书不做详细讨论，感兴趣的读者可以参阅相关文献。

6.5.2　水域分割

1. 水域分割的基本原理

水域分割又称 Watershed 变换，借鉴了形态学理论，利用邻域的空间信息来分割图像。水域分割算法中结合了边缘检测和区域生长，以单像素宽、连续、准确的边缘为目的。

水域分割算法是建立在基于局部极小值和汇水盆地（Catchment Basin）概念的基础上的。汇水盆地可以想象为一片地形中局部最低点的影响区（Influence Zones），局部最低点在数学上对应于函数的局部极小值。如图 6-51 所示，当向汇水盆地不断注水时，水平面会从这些局部极小值处逐渐上涨。在水平面浸没地形过程中，若想避免不同汇水盆地中的水混合在一起,就需要在这些汇水盆地之间筑"坝"以防止其混合。随着注水的持续进行,当该地形完全浸没在水中之后,这些筑起来的"坝"就构成了"分水岭"。

一般情况下,图像中的背景区域的灰度变化较为缓慢,而对于图像中的目标来说,其边缘处灰度值会发生明显的跳变,但其内部区域的灰度变化较小。因此,背景与目标内部在梯度图像中常表现为灰度值较小的区域,而目标的边缘在梯度图像中呈现为一些亮带。在图像分割任务中,考虑到上述水域的概念,可将梯度图像中灰度值较

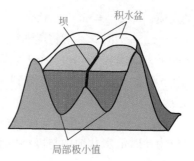

图 6-51 地形浸没过程说明

小,且平滑的区域视为汇水盆地的极小值区域。然后使水面从这些极小值位置开始上涨,不同区域中的水面升高到将要汇合时,就在其间"筑坝",最终得到由这些"坝"构成的分水线,从而实现了图像分割。其中,任何汇水盆地中的点都将形成一个连通分量。

图 6-52 是一个水域分割实例。其中,图 a 是一幅聚合细胞的光学显微图像,图 b 是其 Sobel 梯度图像。图 c 展示了将分水线叠加到梯度图像上的结果。为了清楚显示,这里首先将梯度图像图 b 与 -1 相乘,再叠加分水线标注显示。图 d 是将分水线标注在原图像上显示的结果。

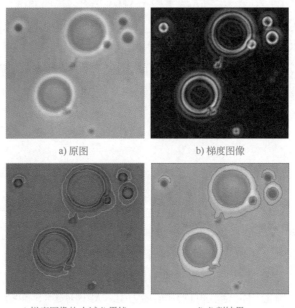

a) 原图　　　　　　　　　　b) 梯度图像

c) 梯度图像的水域分界线　　　　d) 分割结果

图 6-52 水域分割实例

2. 水域分割算法

假设 $g(x,y)$ 是一幅梯度图像,$M_1, M_2, \cdots, M_R$ 为图像 $g(x,y)$ 中局部区域极小值点的坐标集合,令 $T[n]$ 表示满足 $g(s,t) < n$ 的像素坐标 (s,t) 的集合:

$$T[n] = (s,t) \,\big|\, g(s,t) < n \tag{6-56}$$

通过定义可知,$T[n]$ 为 $g(x,y)$ 中位于平面 $g(x,y) = n$ 下方的像素点集合。

将梯度图像 $g(x,y)$ 想象为高低起伏的地形。令 $g_{\min}$ 和 $g_{\max}$ 分别为 $g(x,y)$ 的最小值和

最大值，即 $g_{\min} = \min[g(x,y)]$、$g_{\max} = \max[g(x,y)]$。当水位从整数 $n = g_{\min} + 1$ 不断上升到 $n = g_{\max} + 1$ 时，地形将逐渐被水淹没。在每一次水位上升时，记录 n，并将位于 $g(x,y) = n$ 平面下方的像素 $T[n]$ 标记为黑色，而将其他像素标记为白色。于是，当以任何淹没增量 n 向下观察 x-y 平面时，可看到一幅二值图像，其中黑色区域为平面 $g(x,y) = n$ 下方的像素点。

然后，令 $C(M_i)$ 为与区域极小值 M_i 相关联的汇水盆地中的像素集合；令 $C_n(M_i)$ 表示水位为 n 时汇水盆地中与极小值 M_i 相关联的像素集合。由上述讨论可知，$C_n(M_i)$ 与 $C(M_i)$ 的关系为

$$C_n(M_i) = C(M_i) \cap T[n] \tag{6-57}$$

即在满足条件 $(x,y) \in C(M_i)$ 且 $(x,y) \in T[n]$ 的位置 (x,y) 上，有 $C_n(M_i) = 1$；在其他位置上有 $C_n(M_i) = 0$，则可得到一幅关于 $C_n(M_i)$ 的二值图像。

当水位为 n 时，令 B 表示被洪水淹没的汇水盆地的数量，则这些汇水盆地的并集可表示为

$$C[n] = \bigcup_{i=1}^{B} C_n(M_i) \tag{6-58}$$

因此，所有汇水盆地的并集可以表示为

$$C[g_{\max} + 1] = \bigcup_{i=1}^{R} C(M_i) \tag{6-59}$$

可以证明，在水位 n 不断升高的过程中，$C_n(M_i)$ 和 $T[n]$ 中的像素数量将会一直增加或保持不变。于是，得到 $C[n-1] \subset C[n]$。因此，可由 $C[n-1]$ 递归计算得到 $C[n]$。由式(6-58)和式(6-59)可知，$C[n] \subset T[n]$，故 $C[n-1] \subset T[n]$。由此可得到重要结论：$C[n-1]$ 中的每一个连通分量都恰好包含在 $T[n]$ 的一个连通分量中。

在定位分水线时，首先进行初始化设置，令 $C[g_{\min} + 1] = T[g_{\min} + 1]$。假设 Q 为 $T[n]$ 中的连通分量集合，对于每个连通分量 $q \in Q$，针对存在的以下三种情况给出相应的处理方法：

1）若 $q \cap C[n-1]$ 是空集，则遇到了一个新小极值。此时，将连通分量 q 并入 $C[n-1]$ 形成新的 $C[n]$。

2）若 $q \cap C[n-1]$ 中包含 $C[n-1]$ 的一个连通分量，则 q 一定位于某些局部极小值的汇水盆地内。此时，将 q 并入 $C[n-1]$ 形成新的 $C[n]$。

3）若 $q \cap C[n-1]$ 包含 $C[n-1]$ 的一个以上的连通分量，则遇到了汇水盆地之间的山脊线。此时进一步注水会使这些汇水盆地中的水溢出汇合。因此，应该在 q 中建筑水坝，来阻止汇水盆地间的水流溢出汇合。可使用元素为 1，大小为 3×3 的结构元素对 $q \cap C[n-1]$ 进行膨胀处理，以构建一座宽为 1 个像素的水坝。

按照以上步骤，可由 $C[n-1]$ 递归地构建 $C[n]$，从而得到所有的"水坝"或者分水线。

3. 基于标记的 Watershed 变换

图像中经常存在一些琐碎的细节，任务中并不需要将这些细节分割出来。同时，图像噪声不可避免。因此梯度图像中可能出现许多虚假的局部最小值，这些最小值的数量往往会多于图像中真实目标的数量。直接应用上述方法定位分水线，可能会造成图像的过度分割，如图 6-53 所示。图 6-53a 为一幅待分割的细胞图像，考虑到输入图像中存在较多的琐碎细节，首先采用 15×15、$\sigma = 3$ 的高斯低通滤波器进行平滑处理，然后计算梯度图像，并应用上述

水域分割算法，得到了数量众多的小连通区域，每一个连通区都无法表示一个完整的目标，如图 6-53b、c 所示。即使事先采用了平滑滤波处理，依然不能避免过度分割。

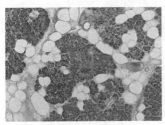
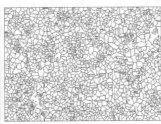
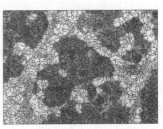

a) 微型细胞结构图　　　　　b) 对梯度图像应用水域　　　　　c) 细胞图像分割结果
分割算法得到的分水线

图 6-53　水域分割算法的图像过度分割

解决过度分割问题的一个方案是事先确定图像中目标的标记，在水位升高的过程中仅对具有不同标记的标记点筑建堤坝，防止溢流汇合，从而产生分水线，这就是基于标记的 Watershed 变换。

基于标记的 Watershed 变换大致可分为以下三个步骤：

1）计算待分割图像的梯度图像。

2）根据某个合适的标记函数，对图像的目标和背景进行标记，得到标记图。

3）以目标图的标记点作为种子点，对梯度图像进行 Watershed 变换，产生分水线。

可以看出，目标标记函数的选择将直接影响分割结果的好坏。到目前为止，标记提取并没有统一的方法，通常依赖一些图像的先验信息，如平坦区域、纹理或直方图峰值等。基于距离变换的分水岭算法是其中最简单的、基于标记的分水岭算法。该方法通过计算每个目标像素与其最近的背景像素间的距离生成标记图像。

距离变换于 1996 年由 Rosenfeld 和 Pfaltz 首次提出。利用距离变换可实现骨架提取、粘连物体分离、目标细化等，目前广泛应用于计算机视觉、图像分析和模式识别等领域。一幅二值图像仅包含目标和背景两类像素，其中将"1"赋予目标像素、"0"赋予背景像素。距离变换是将一幅二值图像变换为灰度图像，其中每个目标像素的灰度值定义为该像素到其最近的背景像素的距离，同时对背景像素赋予"0"值。距离变换后，图像中最亮的点对应于距离背景最远的目标像素，可视为水域分割算法的初始点。

通常，靠近目标中心的区域为前景，远离目标中心的区域为背景，二者之间为未知区域或待定区域。因此，对图像进行二值化处理后，经过多次腐蚀处理可得到前景区域；经过多次膨胀可得到背景区域；前景区域和背景区域的重合部分可定义为未知区域。

以下是基于距离变换的水域分割算法的主要步骤：

1）首先通过阈值分割将灰度图像转换为二值图像，并使用开运算消除噪声。

2）通过形态学的膨胀操作，生成"确定的背景"区域。

3）通过距离变换，并由阈值分割得到高亮区域，生成"确定的前景"区域。

4）对"确定的前景"区域进行连通性分析，为不同的连通域使用"2~255"的编号作为标记，即对多个分割目标进行编号，编号的最大值记为 N。

5）对"确定的背景"区域编号，标记为"1"。

6）将"确定的前景"区域与"确定的背景"区域重合的部分定义为"未知区域"，对其编号,标记为"0"。

7)在梯度图像上,向局部极小值区域注水。随着水位的升高,根据连通性将"未知区域"的像素的标记更新为$1 \sim N$的某个值。沿用水域分割算法的符号,考虑$q \in T[n], q \cap C[n-1]$包含$C[n-1]$的一个以上的连通分量。若这些连通分量像素仅属于某个"确定的前景"或者"未知区域",则将这些像素的标记更新为该"确定的前景"的标记,形成新的"前景";若这些连通分量像素仅属于"确定的背景"或者"未知区域",则将"未知区域"像素的标记更新为"1",形成新的"背景";若以上均不符合,则遇到了汇水盆地之间的山脊线,即前景目标和背景的分水线,此时,在q中筑建宽为1个像素的坝,将坝所在像素标记为"-1"。注水结束时,由所有标记为"-1"的像素构成各个分割目标的轮廓集合。

8)将目标的轮廓叠加至原始输入图像,完成图像分割。

图6-54展示了基于距离变换的水域分割算法的标记过程以及分割结果。首先,为了减少图像琐碎细节的影响,利用9×9、$\sigma = 1.5$的高斯低通滤波器对图6-54a滤波。然后对其进行阈值分割得到二值化图像,并使用开运算消除噪声,结果如图6-54b所示。再通过形态学膨胀得到"确定的背景"区域,如图6-54c中的黑色区域所示;通过距离变换得到"确定的前景"区域,如图6-54d中白色区域所示。将图c与图d相减,得到"未知区域",如

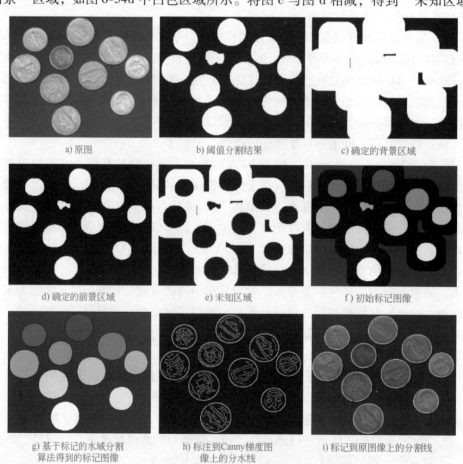

a) 原图　　　　　　　　b) 阈值分割结果　　　　　　c) 确定的背景区域

d) 确定的前景区域　　　　e) 未知区域　　　　　　　f) 初始标记图像

g) 基于标记的水域分割　　h) 标注到Canny梯度图　　i) 标记到原图像上的分割线
算法得到的标记图像　　　　像上的分水线

图6-54　基于距离变换提取标记的水域分割结果

图 6-54e 白色区域所示。接下来对图 d 中的 "确定的前景" 区域进行连通性分析，将不同的连通域进行 2～255 编号，完成标记。然后将 "确定的背景" 标记为 "1"、将未知区域标记为 "0"，得到初始标记图，如图 6-54f 所示。在注水时，注水盆仅被允许存在于标记为 2～255 的区域。采用基于标记的水域分割算法，更新 "未知区域" 的标记，得到最终的标记图像，如图 6-54g 所示。此时，分水线所在位置被标记为 "−1"，对应于图 g 中圆周处的黑线位置。图 6-54h、i 分别显示了将分水线标注在梯度图像和原图像上的结果。为了清楚展示图像分割结果，这里将梯度图像和原图像的灰度值减半，再叠加上分水线进行显示。此外，为了进一步减小目标内部纹理细节的影响，使用了经过非极大值抑制后的梯度图像进行了水域分割。

图 6-53 中过度分割的情况可采用此方法进行改善。图 6-55 展示了对图 6-53a 采用基于距离变换提取标记的水域分割算法的分割结果。比较图 6-53c 与图 6-55c，基于标记的水域分割改善了过度分割并且正确地检测出目标轮廓。

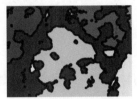  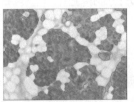

a) 初始标记　　　　b) 基于标记的水域分割得到的分水线　　　　c) 分割结果

图 6-55　基于标记的水域分割

习　　题

6-1　图 6-15 中，为什么采用 Roberts 算子、Prewitt 算子、Sobel 算子、LOG 算子和 Canny 算子进行边缘检测的结果是不一样的？

6-2　试用 Robert 算子和拉普拉斯算子检测图 6-56 的边缘。

6-3　编写程序，用 Sobel 模板中的垂直或水平方向的单个模板与图像做卷积，得到 G_x 和 G_y，能看到什么现象？能否自己设计一个模板，用来检测图像在 45° 方向上的边缘？

6-4　如果图像中的纵向边缘如图 6-57 所示，画出它们每行像素的灰度剖面图以及该剖面上的一阶和二阶导数的图形。

6-5　编写程序，用 Hough 变换检测直线，并用带有直线的图像验证算法的正确性。

6-6　简述什么是阈值分割？该技术适用于什么场景下的图像分割？

6-7　编写程序实现区域生长算法，要求种子点的选取由人工制定，用不同的生长准则，比较生长结果的差异。

6-8　分别用方形和圆形两种结构元素实现二值图像的腐蚀运算，改变结构元素的大小，观察并分析腐蚀结果。

6-9　编写程序求二值图像的形态学边界。

6-10　设计一个利用 Roberts 算子、Sobel 算子、LOG 算子、Canny 算子与形态学算子进行边缘检测的程序，比较各边缘检测算子检测的视觉效果与运算量。

6-11　请说明：在执行水域分割算法的过程中，集合 $C_n(M_i)$ 和集合 $T[n]$ 的元素不会被替换，且当 n 增大时，$C_n(M_i)$ 和 $T[n]$ 中的元素数量增加或保持不变。

4	4	4	4	4	4	4	4	0	0
4	4	4	4	4	4	4	4	0	0
4	4	5	5	5	5	5	4	0	0
4	4	5	6	6	6	5	4	0	0
4	4	5	6	7	6	5	4	0	0
4	4	5	6	6	6	5	4	0	0
4	4	5	5	5	5	5	4	0	0
4	4	4	4	4	4	4	4	0	0
4	4	4	4	4	4	4	4	0	0
4	4	4	4	4	4	4	4	0	0

图 6-56　题 6-2 图

图 6-57　题 6-4 图

图像描述与分析是图像处理与分析的核心内容。为了便于有效地研究和应用，往往需要用一些简单明确的数值、符号或图来表征给定的图像及其已分割的图像区域。这些数值、符号或图是按一定的概念和公式产生的，反映了图像或图像区域的基本信息和主要特征。通常称这些数值、符号或图为图像的特征，而用这些特征表示图像称为图像描述。图像描述与分析是图像识别和理解的必要前提。

7.1 灰度描述

7.1.1 幅度特征

在所有的图像特征中，最基本的是图像的幅度特征。可以在某一像素点或其邻域内做出幅度的测量，例如在 $N \times N$ 区域内的平均幅度，即

$$\bar{f}(x,y) = \frac{1}{N^2} \sum_{i=0}^{N} \sum_{j=0}^{N} f(i,j) \tag{7-1}$$

可以直接从图像像素的灰度值，或从某些线性、非线性变换后构成新的图像幅度的空间来求得各式各样图像的幅度特征图。图像的幅度特征对于分离目标物的描述等具有十分重要的作用。如图 7-1 所示，其中图 a 是原图，图 b 是利用幅度特征将背景中的快艇分割出来的结果。

a) 原图　　　　　　　　　　　b) 利用幅度特征将目标分割出来

图 7-1　利用灰度信息将目标分割出来

7.1.2 直方图特征

一幅数字图像可以看作是一个二维随机过程的样本，可以用联合概率分布来描述。通过图像的各像素幅度值可以设法估计出图像的概率分布，从而形成图像的直方图特征。

图像灰度的一阶概率分布定义为

$$P(b) = P\{f(x,y) = b\} \quad (0 \leqslant b \leqslant L-1) \tag{7-2}$$

式中，b 为量化值；L 为量化值范围，即

$$P(b) \approx \frac{N(b)}{M} \tag{7-3}$$

式中，M 为围绕 (x,y) 点被测窗口内的像素总数；$N(b)$ 为该窗口内灰度值为 b 的像素总数。

图像的直方图特征可以提供图像信息的许多特征。例如若直方图密集地分布在很窄的区域之内，说明图像的对比度很低；若直方图有两个峰值，则说明存在着两种不同亮度的区域。

一阶直方图的特征参数有：

1）平均值：$\bar{b} = \displaystyle\sum_{b=0}^{L-1} bP(b)$

2）方差：$\sigma_b^2 = \displaystyle\sum_{b=0}^{L-1} (b - \bar{b})^2 P(b)$

3）倾斜度：$b_n = \dfrac{1}{\sigma_b^3} \displaystyle\sum_{b=0}^{L-1} (b - \bar{b})^3 P(b)$

4）峭度：$b_k = \dfrac{1}{\sigma_b^4} \displaystyle\sum_{b=0}^{L-1} (b - \bar{b})^4 P(b) - 3$

5）能量：$b_N = \displaystyle\sum_{b=0}^{L-1} \left[P(b) \right]^2$

6）熵：$b_E = - \displaystyle\sum_{b=0}^{L-1} P(b) \log_2 \left[P(b) \right]$

二阶直方图特征是以像素对的联合概率分布为基础得出的。若两个像素 $f(i,j)$ 及 $f(m,n)$ 分别位于 (i,j) 点和 (m,n) 点，两者的间距为 $|i-m|$、$|j-n|$，并可用极坐标 ρ、θ 表达，那么其幅度值的联合分布为

$$P(a,b) \overset{\triangle}{=\!=} P_k\{f(i,j) - a, f(m,n) - b\} \tag{7-4}$$

式中，a、b 为量化的幅度值。因此直方图估值的二阶分布为

$$P(a,b) \approx \frac{N(a,b)}{M} \tag{7-5}$$

式中，$N(a,b)$ 表示在图像中，在 θ 方向上、径向间距为 ρ 的像素对 $f(i,j) = a$，$f(m,n) = b$ 出现的频数；M 为测量窗口中像素的总数。

假设图像的各像素对都是相互关联的，则 $P(a,b)$ 将在阵列的对角线上密集起来。以下列出一些度量，用来描述围绕 $P(a,b)$ 对角线能量扩散的情况。

1）自相关：$B_A = \displaystyle\sum_{a=0}^{L-1} \sum_{b=0}^{L-1} abP(a,b)$

2）协方差：$B_C = \displaystyle\sum_{a=0}^{L-1} \sum_{b=0}^{L-1} (a - \bar{a})(b - \bar{b}) P(a,b)$

3）惯性矩：$B_I = \displaystyle\sum_{a=0}^{L-1} \sum_{b=0}^{L-1} (a - b)^2 P(a,b)$

4）绝对值：$B_V = \displaystyle\sum_{a=0}^{L-1} \sum_{b=0}^{L-1} |a - b| P(a,b)$

5）能量：$B_N = \sum\limits_{a=0}^{L-1} \sum\limits_{b=0}^{L-1} \left[P(a,b) \right]^2$

6）熵：$B_E = - \sum\limits_{a=0}^{L-1} \sum\limits_{b=0}^{L-1} P(a,b) \log_2 \left[P(a,b) \right]$

7.1.3 变换系数特征

由于图像的二维变换得出的系数反映了二维变换后图像在频率域的分布情况，因此常常用二维的傅里叶变换作为一种图像特征的提取方法。例如：

$$F(u,v) = \iint f(x,y) e^{-j2\pi(ux+vy)} dxdy \qquad (7-6)$$

设 $M(u,v)$ 是 $F(u,v)$ 的平方值，即

$$M(u,v) = \left| F(u,v) \right|^2 \qquad (7-7)$$

当 $f(x,y)$ 的原点有了位移时，$M(u,v)$ 的值保持不变，因此 $M(u,v)$ 与 $F(u,v)$ 不是唯一对应的，这种性质称为位移不变性，在某些应用中可利用这一特点。

如果把 $M(u,v)$ 在某些规定区域内的累计值求出，也可以把图像的某些特征突出起来，这些规定的区域如图 7-2 所示，其中图 7-2a 为水平切口，图 7-2b 为垂直切口，图 7-2c 为环形切口。

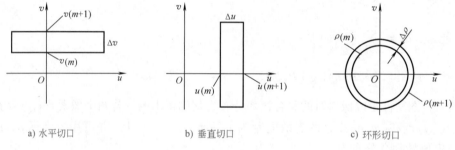

a) 水平切口   b) 垂直切口   c) 环形切口

图 7-2 不同类型的切口

由各种不同切口规定的特征度量可由下面各式来定义。

1）水平切口：$S_1(m) = \int_{v(m)}^{v(m+1)} M(u,v) dv$

2）垂直切口：$S_2(m) = \int_{u(m)}^{u(m+1)} M(u,v) du$

3）环状切口：$S_3(m) = \int_{\rho(m)}^{\rho(m+1)} M(\rho,\theta) d\rho$

式中，$M(\rho,\theta)$ 为 $M(u,v)$ 的极坐标形式。

这些特征说明了图像中含有这些切口的频谱成分的含量。把这些特征提取出来以后，可以作为模式识别或分类系统的输入信息。这种方法已经成功地运用到土地情况分类、放射照片病情诊断等方面。

7.2 边界描述

为了描述目标物的二维形状，通常采用的方法是利用目标物的边界来表示物体，即所谓的边界描述。当一个目标区域边界上的点已被确定时，就可以利用这些边界点来区别不同区域的形

状。这样做既可以节省存储信息，又可以准确的确定物体。下面介绍两种常用的边界描述方法。

7.2.1　链码描述

在数字图像中，边界或曲线是由一系列离散的像素点组成的，其最简单的表示方法是由美国学者 Freeman 提出的链码方法。

链码实质上是一串指向符的序列，有 4 向链码、8 向链码等。如图 7-3 所示的 8 向链码，对任一像素点 P，考虑它的 8 个邻近像素，指向符共有 8 个方向，分别用 0、1、2、3、4、5、6、7 表示。链码表示就是从某一起点开始沿曲线观察每一段的走向并用相应的指向符来表示，结果形成一个数列。因此可以用链码来描述任意曲线或者闭合的边界。如图 7-4a 中，选取像素 A 作为起点，形成的链码为 0112223310000765556706。

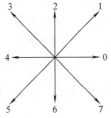

图 7-3　链码指向符

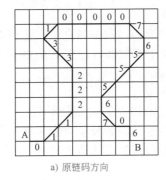

a) 原链码方向

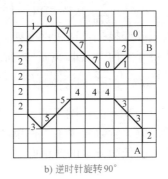

b) 逆时针旋转 90°

图 7-4　线条的链码表示

从上面的定义方法中可以看到，利用链码来表示和存储物体信息，是很方便和节省空间的。

用链码表示给定目标的边界时，如果目标平移，链码不会发生变化，而如果目标旋转则链码会发生变化。为解决这个问题，可利用链码的一阶差分来重新构造一个表示原链码各段之间方向变化的新序列，这相当于把链码进行旋转归一化。差分链码可用相邻两个方向数按反方向相减（后一个减去前一个），并对结果作模 8 运算得到。例如：

图 7-4a 中曲线的链码为 0112223310000765556706

其差分链码为 1010010670000777001116

图 7-4b 是图 7-4a 中曲线逆时针旋转 90°后得到的。

曲线的链码为 2334445532222221107770120

其差分链码为 1010010670000777001116

由此可见，一条曲线旋转到不同的位置将对应不同的链码，但其差分链码不变，即差分链码关于曲线旋转是不变的。

7.2.2　傅里叶描述

对边界的离散傅里叶变换表达，可以作为定量描述边界形状的基础。采用傅里叶描述的一个优点是将二维的问题简化为一维问题，即将 x-y 平面中的曲线段转化为一维函数 $f(r)$（在 r-$f(r)$ 平面上），也可将 x-y 平面中的曲线段转化为复平面上的一个序列。具体就是将

$x-y$ 平面与复平面 $u-v$ 重合，其中，实部 u 轴与 x 轴重合，虚部 v 轴与 y 轴重合。这样可用复数 $u+jv$ 的形式来表示给定边界上的每个点 (x,y)。这两种表示在本质上是一致的，是点点对应的（见图7-5）。

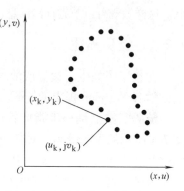

图7-5 边界点的两种表示方法

现在考虑一个由 N 点组成的封闭边界，从任一点开始绕边界一周就得到一个复数序列，即

$$s(k) = u(k) + jv(k) \qquad k = 0,1,\cdots,N-1 \qquad (7\text{-}8)$$

$s(k)$ 的离散傅里叶变换是

$$S(w) = \frac{1}{N^2} \sum_{k=0}^{N-1} s(k) \exp\left(-j\frac{2\pi wk}{N}\right) \qquad w = 0,1,\cdots,N-1$$
$$(7\text{-}9)$$

$S(w)$ 可称为边界的傅里叶描述，它的傅里叶逆变换是

$$s(k) = \sum_{w=0}^{N-1} S(w) \exp\left(-j\frac{2\pi wk}{N}\right) \qquad k = 0,1,\cdots,N-1 \qquad (7\text{-}10)$$

可见，离散傅里叶变换是可逆线性变换，在变换过程中信息没有任何增减，这为我们有选择地描述边界提供了方便。只取 $S(w)$ 的前 M 个系数即可得到 $s(k)$ 的一个近似式：

$$\bar{s}(k) = \sum_{w=0}^{M-1} S(w) \exp\left(-j\frac{2\pi wk}{N}\right) \qquad k = 0,1,\cdots,N-1 \qquad (7\text{-}11)$$

需注意，式(7-11)中 k 的范围不变，即在近似边界上的点数不变，但 w 的范围缩小了，即重建边界点所需的频率阶数减少了。傅里叶变换的高频分量对应一些细节而低频分量对应总体形状，因此用一些低频分量的傅里叶系数足以近似描述边界形状。

7.3 区域描述

对一幅灰度图像或者彩色图像运用图像分割的方法进行处理，把其中感兴趣的像素分离出来作为目标像素，取值为1，而把不感兴趣的其余部分作为背景像素，取值为0，就可以得到一幅二值图像。在理想情况下，希望该二值图像中的两个值准确地代表"目标"及"背景"。但实际中，往往所检测到的"目标"中还有若干个"假目标"出现，还有可能提取的是多个目标，因此，就需要对二值图像进行处理，实现对目标的分析。二值图像包含目标的位置、形状、结构等很多重要信息，是图像分析和目标识别的依据。本节将围绕二值图像处理的方法进行阐述。

7.3.1 几何特征

1. 像素与邻域

二值图像中的像素值不是1，就是0。其中1表示目标的值，0表示背景的值。$f(x,y)$ 表示位于图像阵列中第 x 行、第 y 列的像素的值。一幅 $m \times n$ 的图像具有 m 行和 n 列，行的标号从0到 $m-1$，列的编号从0到 $n-1$。这样 $f(0,0)$ 表示图像左上角的像素值，$f(m-1,n-1)$ 表示图像右下角的像素值。

在许多算法中，当对某个像素进行运算时，不仅要用到该像素的值，也要用到它邻近像素的值。关于邻域最常见的有两种，即4-邻域(4-neighbor)和8-邻域(8-neighbor)。图7-6为像素 (x,y) 的4-邻域和8-邻域示意图。

	$(x-1,y)$	
$(x,y-1)$	(x,y)	$(x,y+1)$
	$(x+1,y)$	

$(x-1,y-1)$	$(x-1,y)$	$(x-1,y+1)$
$(x,y-1)$	(x,y)	$(x,y+1)$
$(x+1,y-1)$	$(x+1,y)$	$(x+1,y+1)$

a) 4-邻域　　　　　　　　　　　　　b) 8-邻域

图 7-6　像素 (x,y) 的 4-邻域和 8-邻域示意图

2. 区域面积

定义二值图像中目标物的面积 A 就是目标物所占像素点的数目，即区域的边界内包含的像素点数。面积的计算公式如下：

$$A = \sum_{x=0}^{m-1} \sum_{y=0}^{n-1} f(x,y) \tag{7-12}$$

对二值图像而言，若用 1 表示目标，用 0 表示背景，其面积就是统计 $f(x,y)=1$ 的个数。

3. 位置

由于目标在图像中总有一定的面积大小，因此有必要定义目标在图像中的精确位置。目标的位置有形心、质心之分，形心为目标形状的中心，质心为目标质量的中心。

对 $m \times n$ 大小的目标，其灰度值为 $f(x,y)$，质心 $(\overline{X}, \overline{Y})$ 为

$$\overline{X} = \frac{1}{mn} \sum_{x=0}^{m-1} \sum_{y=0}^{n-1} xf(x,y), \quad \overline{Y} = \frac{1}{mn} \sum_{x=0}^{m-1} \sum_{y=0}^{n-1} yf(x,y)$$

形心为

$$\overline{x} = \frac{1}{mn} \sum_{i=0}^{n-1} \sum_{j=0}^{m-1} x_i, \quad \overline{y} = \frac{1}{mn} \sum_{i=0}^{n-1} \sum_{j=0}^{m-1} y_j \tag{7-13}$$

4. 区域周长

数字图像子集 S 的周长定义有不同概念，通常用下面三种定义来近似：

1）若将图像中每个像素都看作是单位面积的小方格，则区域和背景都由方格组成，区域的周长可以定义成区域和背景交界线（接缝）的长度。

2）将像素看作一个个的点，则区域周长可以定义为区域边界 8 链码的长度。

3）区域周长用边界所占像素表示，也即边界像素点数之和。

5. 方向

计算物体的方向比计算它的位置要稍微复杂，因为某些形状（如圆）的方向并不唯一，为了定义唯一的方向，一般假定物体是长形的，并将其长轴方向定义为物体的方向。在图像二维平面上，常定义最小二阶矩轴为物体的方向。

图像中物体的二阶矩轴定义如下：

$$x^2 = \sum_{x=0}^{m-1} \sum_{y=0}^{n-1} r_{xy}^2 f(x,y) \tag{7-14}$$

式中，x^2 是二阶矩轴，r_{xy} 是物体上的点 (x,y) 到直线的距离。

x^2 的最小值为最小二阶矩轴，它是这样一条线，物体上的全部点到该线的距离平方和最小。因此，给出一幅二值图像 $f(x,y)$，计算物体点到直线的最小二乘方拟合，使所有物体上的点到直线的距离平方和最小。

6. 距离

图像中两点 $P(x,y)$ 和 $Q(u,v)$ 之间的距离是重要的几何特性，常用以下三种方

法测量:

1)欧几里得距离(Euclidean)

$$d_e(P,Q) = \sqrt{(x-u)^2 + (y-v)^2} \tag{7-15}$$

2)4-邻域距离(City-block 城区距离)

$$d_4(P,Q) = |x-u| + |y-v| \tag{7-16}$$

3)8-邻域距离(Chessboard 棋盘距离)

$$d_8(P,Q) = \max(|x-u|, |y-v|) \tag{7-17}$$

7. 圆形度

圆形度是描述连通域与圆形相似程度的量。根据圆周长与圆面积的计算公式,定义圆形度的计算公式如下:

$$\rho_c = \frac{4\pi A_s}{L_s^2} \tag{7-18}$$

式中,A_s 为连通域 S 的面积;L_s 为连通域 S 的周长。圆形度 ρ_c 值越大,表明目标与圆形的相似度越高。

8. 矩形度

与圆形度类似,矩形度是描述连通域与矩形相似程度的量。矩形度的计算公式如下:

$$\rho_R = \frac{A_s}{A_R} \tag{7-19}$$

式中,A_s 为连通域 S 的面积;A_R 是包含该连通域的最小矩形的面积。对于矩形目标,矩形度 ρ_R 取最大值 1;对细长而弯曲的目标,则矩形度的值变得很小。

9. 长宽比

长宽比是将细长目标与近似矩形或圆形目标进行区分时采用的形状度量。长宽比的计算公式如下:

$$\rho_{WL} = \frac{W_R}{L_R} \tag{7-20}$$

式中,W_R 为包围连通域的最小矩形的宽度;L_R 为包围连通域的最小矩形的长度。

7.3.2　不变矩

由于图像区域的某些矩对于平移、旋转、尺度等几何变换具有一些不变的特性,因此,矩的表示方法在物体分类与识别方面具有重要的意义。

1. 矩的定义

对于二维连续函数 $f(x,y)$,$(j+k)$ 阶矩定义为

$$m_{jk} = \int_{-\infty}^{\infty} \int_{-\infty}^{\infty} x^j y^k f(x,y) \,\mathrm{d}x\mathrm{d}y \qquad j,k = 0,1,2,\cdots \tag{7-21}$$

由于 j 和 k 可取所有的非负整数值,因此形成了一个矩的无限集。而且,这个集合完全可以确定函数 $f(x,y)$ 本身。也就是说集合 $\{m_{jk}\}$ 对于函数 $f(x,y)$ 是唯一的,也只有 $f(x,y)$ 才具有这种特定的矩集。

为了描述物体的形状,假设 $f(x,y)$ 的目标物体取值为 1,背景为 0,即函数只反映了物体的形状而忽略其内部的灰度级细节。

参数 $j+k$ 称为矩的阶。特别的,零阶矩是物体的面积,即

$$m_{00} = \int_{-\infty}^{\infty} \int_{-\infty}^{\infty} f(x,y) \, dx dy \tag{7-22}$$

当 $j=1$，$k=0$ 时，m_{10} 对二值图像来讲就是物体上所有的点 x 坐标的总和。类似地，m_{01} 就是物体上所有的点 y 坐标的总和，令

$$\bar{x} = \frac{m_{10}}{m_{00}}, \qquad \bar{y} = \frac{m_{01}}{m_{00}} \tag{7-23}$$

则 $(\bar{x}, \bar{y})$ 就是二值图像中一个物体的质心的坐标。

中心矩定义为

$$\mu_{jk} = \int_{-\infty}^{\infty} \int_{-\infty}^{\infty} (x-\bar{x})^j (y-\bar{y})^k f(x,y) \, dx dy \tag{7-24}$$

如果 $f(x,y)$ 是数字图像，则式(7-24) 变为

$$\mu_{jk} = \sum_x \sum_y (x-\bar{x})^j (y-\bar{y})^k f(x,y) \tag{7-25}$$

2. 不变矩的应用

定义归一化的中心矩为

$$\eta_{jk} = \frac{\mu_{jk}}{(\mu_{00})^\gamma}, \quad \gamma = \left(\frac{j+k}{2} + 1\right) \tag{7-26}$$

利用归一化的中心矩，可以获得对平移、缩放、镜像和旋转都不敏感的 7 个不变矩，定义如下：

$$\varphi_1 = \eta_{20} + \eta_{02} \tag{7-27}$$

$$\varphi_2 = (\eta_{20} - \eta_{02})^2 + 4\eta_{11}^2 \tag{7-28}$$

$$\varphi_3 = (\eta_{30} - 3\eta_{12})^2 + (3\eta_{21} - \eta_{03})^2 \tag{7-29}$$

$$\varphi_4 = (\eta_{30} + \eta_{12})^2 + (\eta_{21} + \eta_{03})^2 \tag{7-30}$$

$$\varphi_5 = (\eta_{30} - 3\eta_{12})(\eta_{30} + \eta_{12})\left[(\eta_{30} + \eta_{12})^2 - 3(\eta_{21} + \eta_{03})^2\right] +$$
$$(3\eta_{21} - \eta_{03})(\eta_{21} + \eta_{03})\left[3(\eta_{30} + \eta_{12})^2 - (\eta_{21} + \eta_{03})^2\right] \tag{7-31}$$

$$\varphi_6 = (\eta_{20} - \eta_{02})\left[(\eta_{30} + \eta_{12})^2 - (\eta_{21} + \eta_{03})^2\right] + 4\eta_{11}(\eta_{30} + \eta_{12})(\eta_{21} + \eta_{03}) \tag{7-32}$$

$$\varphi_7 = (3\eta_{21} - \eta_{03})(\eta_{30} + \eta_{12})\left[(\eta_{30} + \eta_{12})^2 - 3(\eta_{21} + \eta_{03})^2\right] +$$
$$(3\eta_{12} - \eta_{30})(\eta_{21} + \eta_{03})\left[3(\eta_{30} + \eta_{12})^2 - (\eta_{21} + \eta_{03})^2\right] \tag{7-33}$$

例 7-1 图 7-7b 中显示的图像为图 7-7a 的一半大小，图 7-7c ~ 图 7-7f 分别是将图 7-7a 逆时针旋转 45°、90°、135°、180°得到的图像。运用式(7-27) ~ 式(7-33)计算这些图像的 7 个不变矩。为了减小动态范围，将计算得到的结果取对数。如表 7-1 所示，图 7-7b ~ 图 7-7f 所得到的结果与原图计算得到的不变矩有较好的一致性。

表 7-1 图 7-7a ~ 图 7-7f 中所示图像的 7 个不变矩

不变矩($|\log|$)	原图	一半尺寸	旋转 45°	旋转 90°	旋转 135°	旋转 180°
φ_1	6.9438	6.8222	6.9433	6.9438	6.9435	6.9438
φ_2	18.69	17.703	18.629	18.69	18.649	18.69
φ_3	27.206	26.683	27.095	27.206	27.118	27.206
φ_4	27.246	26.87	27.239	27.246	27.239	27.246
φ_5	54.474	53.651	54.408	54.474	54.416	54.474
φ_6	36.729	35.864	36.691	36.729	36.698	36.729
φ_7	58.649	57.817	57.257	58.649	57.416	58.649

注：$|\log|$ 表示表中数值为取对数后的幅值。

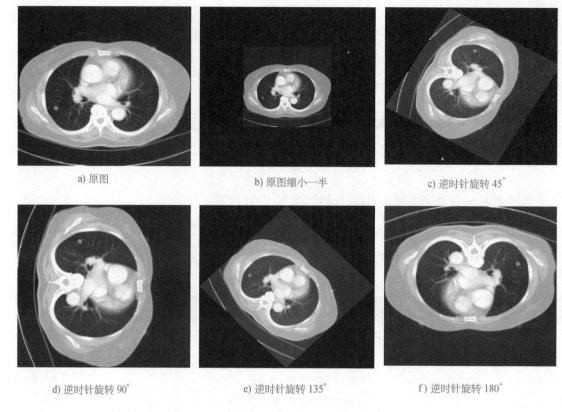

a) 原图	b) 原图缩小一半	c) 逆时针旋转 45°
d) 逆时针旋转 90°	e) 逆时针旋转 135°	f) 逆时针旋转 180°

图 7-7　用于证明不变矩性质的图像

7.4　纹理描述

　　纹理一般是指人们所观察到的图像像素(或子区域)的灰度变化规律。习惯上把图像中这种局部不规则而宏观有规律的特性称之为纹理。通过对实际图片的观察,可以看到,由种子或草地之类构成的图片,表现的是自然纹理图像;由织物或砖墙等构成的图片,表现的是人工纹理图像。一般来说纹理图像中的灰度分布具有周期性,即使灰度变化是随机的,它也具有一定的统计特性。纹理的标志有三个要素:一是某种局部的序列性在该序列更大的区域内不断重复;二是序列由基本部分非随机排列组成的;三是各部分大致都是均匀的统一体,纹理区域内任何地方都有大致相同的结构尺寸。当然,以上这些也只从感觉上看来是合理的,并不能得出定量的纹理测定。正因为如此,对纹理特征的研究方法也是多种多样的。

　　根据纹理的局部统计特征可以将纹理大致分为结构型纹理和随机型纹理,如图 7-8 所示。具有独立基本结构与明显周期性的纹理为结构型纹理(如裂纹、砖墙),反之称为随机型纹理(如气象云图、天空白云)。从纹理图中可看到纹理是一种有组织的区域现象。人工纹理多由点、线和多边形等有规律的排列组成,多为结构型纹理。而自然纹理变化复杂多样,多为随机型纹理。

　　用于纹理分析的算法很多,这些方法可大致分为统计分析和结构分析两大类。为了强化分类,可以从灰度图像计算灰度共生矩阵、能量、相关以及熵等纹理特性。当纹理基元很小并成为微纹理时,统计方法特别有用;相反,当纹理基元很大时,应使用结构化方法,即首

a) 结构型纹理　　　　　　　　　　　b) 随机型纹理

图 7-8　结构型纹理和随机型纹理比较

先确定基元的形状和性质，然后，再确定控制这些基元位置的规则，这样就形成了宏纹理。本节将介绍一些常用的纹理分析方法。

7.4.1　矩分析法

纹理分析的最简单方法之一是基于图像灰度直方图的矩分析法。令 k 为一代表灰度级的随机变量，并令 $f(k_i)$，$i=0,1,2,\cdots,N-1$，为对应的灰度直方图，这里 N 是可区分的灰度级数目，则常用的矩评价参数可表示为

（1）均值（Mean）

$$\mu = \sum_{i=0}^{N-1} k_i f(k_i) \tag{7-34}$$

均值给出了该图像区域平均灰度水平的估计值，它一般不反映什么具体纹理特征，但可以反映纹理的"光密度值"。

（2）方差（Variance）

$$\sigma^2 = \sum_{i=0}^{N-1} (k_i - \mu)^2 f(k_i) \tag{7-35}$$

方差则表明区域灰度的离散程度，它一般反映图像纹理的幅度。

（3）扭曲度（Skewness）

$$\mu_3 = \frac{1}{\sigma^3} \sum_{i=0}^{N-1} (k_i - \mu)^3 f(k_i) \tag{7-36}$$

扭曲度反映直方图的对称性，它表示偏离平均灰度的像素的百分比。

（4）峰度（Kurtosis）

$$\mu_4 = \frac{1}{4} \sum_{i=0}^{N-1} (k_i - \mu)^4 f(k_i) - 3 \tag{7-37}$$

峰度反映直方图是倾向于聚集在均值附近还是散布在尾端。式(7-37)减3的目的是为保证峰度的高斯分布为零。

（5）熵（Entropy）

$$H = - \sum_{i=0}^{N-1} f(k_i) \log_2 f(k_i) \tag{7-38}$$

由图像灰度直方图的不唯一性可知,图像纹理相差很大的两幅图像其直方图可能相同。因此,基于灰度直方图的矩分析法也不能完全反映这两幅图像的纹理差异,难以完整表达纹理的空间域特征信息。

7.4.2 灰度差分统计法

灰度差分统计法又称一阶统计法,它通过计算图像中一对像素间灰度差分直方图来反映图像的纹理特征。

令 $\delta = (\Delta x, \Delta y)$ 为两个像素间的位移向量,$f_\delta(x,y)$ 是位移量为 δ 的灰度差分:

$$f_\delta(x,y) = \left| f(x,y) - f(x+\Delta x, y+\Delta y) \right| \tag{7-39}$$

若 p_δ 为 $f_\delta(x,y)$ 的灰度差分直方图,如果图像有 m 个灰度级,p_δ 为 m 维向量,它的第 i 个分量是 $f_\delta(x,y)$ 值为 i 的概率。粗纹理时,位移相差为 δ 的两像素通常有相近的灰度等级,因此,$f_\delta(x,y)$ 值较小,p_δ 值集中在 $i=0$ 附近;细纹理时,位移相差为 δ 的两像素的灰度有较大变化,$f_\delta(x,y)$ 值一般较大,p_δ 值会趋于发散。该方法采用以下参数描述纹理图像的特征:

(1) 对比度

$$CON = \sum_{i=0}^{m-1} i^2 p_\delta(i) \tag{7-40}$$

(2) 能量

$$ASM = \sum_{i=0}^{m-1} \left[p_\delta(i) \right]^2 \tag{7-41}$$

(3) 熵

$$ENT = -\sum_{i=0}^{m-1} p_\delta(i) \log_2 p_\delta(i) \tag{7-42}$$

(4) 均值

$$MEAN = \sum_{i=0}^{m-1} i p_\delta(i) \tag{7-43}$$

能量(ASM)是灰度差分均匀性的度量,当 $p_\delta(i)$ 值较均匀时,ASM 值较小,而当 $p_\delta(i)$ 大小不均时,ASM 值较大;熵反映差分直方图的一致性,对于均匀分布的直方图,熵值较大;均值较小,说明 $p_\delta(i)$ 值分布在 $i=0$ 附近,纹理较粗糙,反之,均值较大,说明 $p_\delta(i)$ 值分布远离原点,纹理较细。

如果图像纹理有方向性,则 $p_\delta(i)$ 值的分布会随着 δ 方向的变化而变化。可以通过比较不同方向上 $p_\delta(i)$ 的统计量来分析纹理的方向性。例如,一幅图像在某一方向上灰度变化很小,则在该方向上得到的 $f_\delta(x,y)$ 值较小,$p_\delta(i)$ 值多集中于 $i=0$ 附近,它的均值较小,熵值也较小,ASM 值较大。

可见,差分直方图分析方法不仅计算简单,而且能够反映纹理的空间组织情况,克服了基于灰度直方图的矩分析法不能表达纹理空间域特征的不足。

7.4.3 灰度共生矩阵法

灰度共生矩阵(Gray Level Co-occurrence Matrix)是由 Haralick 提出的一种用来分析图像纹理特征的重要方法,是常用的纹理统计分析方法之一,它能较精确地反映纹理粗糙程度和重复方向。灰度共生矩阵是建立在图像的二阶组合条件概率密度函数的基础上,即通过计算图像中特定方向和特定距离的两像素间从某一灰度过渡到另一灰度的概率,反映图像在方向、间隔、变化幅度及快慢的综合信息。

设 $f(x,y)$ 为一幅 $N \times N$ 的灰度图像,$d = (dx, dy)$ 是一个位移矢量,其中 dx 是行方向上

的位移，dy 是列方向上的位移，L 为图像的最大灰度级数。灰度共生矩阵定义为从 $f(x,y)$ 的灰度为 i 的像素出发，统计与距离为 $\delta = (dx^2 + dy^2)^{\frac{1}{2}}$，灰度为 j 的像素同时出现的概率 $P(i,j \mid d,\theta)$，如图 7-9 所示。数学表达式为

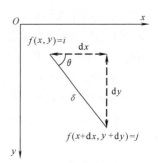

$$P(i,j \mid d,\theta) = \{(x,y) \mid f(x,y) = i, f(x+dx, y+dy) = j\} \tag{7-44}$$

根据这个定义，灰度共生矩阵的第 i 行第 j 列元素表示图像上两个相距为 δ、方向为 θ、分别具有灰度级 i 和 j 的像素点对出现的次数。其中，(x,y) 是图像中的像素坐标，x、y 的取值范围为 $[0, N-1]$，i、j 的取值范围为 $[0, L-1]$。一般而言，θ 取 $0°$、$45°$、$90°$、$135°$。对于不同的 θ，矩阵元素的定义如下：

图 7-9 灰度共生矩阵的像素对

$$P(i,j \mid d,0°) = \{(x,y) \mid f(x,y) = i, f(x+dx, y+dy) = j, \mid dx \mid = d, dy = 0\} \tag{7-45}$$

$$P(i,j \mid d,45°) = \{(x,y) \mid f(x,y) = i, f(x+dx, y+dy) = j,$$
$$(dx = d, dy = -d) \text{ or} (dx = -d, dy = d)\} \tag{7-46}$$

$$P(i,j \mid d,90°) = \{(x,y) \mid f(x,y) = i, f(x+dx, y+dy) = j, dx = 0, \mid dy \mid = d\} \tag{7-47}$$

$$P(i,j \mid d,135°) = \{(x,y) \mid f(x,y) = i, f(x+dx, y+dy) = j,$$
$$(dx = d, dy = d) \text{ or} (dx = -d, dy = -d)\} \tag{7-48}$$

显然 $P(i,j \mid d,\theta)$ 为一个对称矩阵，其维数由图像中的灰度级数决定。若图像的最大灰度级数为 L，则灰度共生矩阵为 $L \times L$ 矩阵。这个矩阵是距离和方向的函数，在规定的计算窗口或图像区域内统计符合条件的像素对数。

例 7-2 对于图 7-10a 所示的 6×6、灰度级为 4 的图像，其相应的灰度共生矩阵如图 7-10b 所示。

0	1	2	3	0	1
1	2	3	0	1	2
2	3	0	1	2	3
3	0	1	2	3	0
0	1	2	3	0	1
1	2	3	0	1	2

	0	1	2	3
0	$P(0,0)$	$P(0,1)$	$P(0,2)$	$P(0,3)$
1	$P(1,0)$	$P(1,1)$	$P(1,2)$	$P(1,3)$
2	$P(2,0)$	$P(2,1)$	$P(2,2)$	$P(2,3)$
3	$P(3,0)$	$P(3,1)$	$P(3,2)$	$P(3,3)$

a) 图像   b) 灰度共生矩阵 (4×4)

图 7-10 图像与其共生矩阵

由前面的公式可以计算出 $d=1$ 时，$0°$、$45°$、$90°$、$135°$ 的灰度共生矩阵分别为

$$\boldsymbol{P}(0°) = \begin{pmatrix} 0 & 8 & 0 & 7 \\ 8 & 0 & 8 & 0 \\ 0 & 8 & 0 & 7 \\ 7 & 0 & 7 & 0 \end{pmatrix} \qquad \boldsymbol{P}(45°) = \begin{pmatrix} 12 & 0 & 0 & 0 \\ 0 & 14 & 0 & 0 \\ 0 & 0 & 12 & 0 \\ 0 & 0 & 0 & 12 \end{pmatrix}$$

$$\boldsymbol{P}(90°) = \begin{pmatrix} 0 & 8 & 0 & 7 \\ 8 & 0 & 8 & 0 \\ 0 & 8 & 0 & 7 \\ 7 & 0 & 7 & 0 \end{pmatrix} \qquad \boldsymbol{P}(135°) = \begin{pmatrix} 0 & 0 & 13 & 0 \\ 0 & 0 & 0 & 12 \\ 13 & 0 & 0 & 0 \\ 0 & 12 & 0 & 0 \end{pmatrix}$$

通过上述计算结果可以看出，图像在0°、90°、135°方向上的灰度共生矩阵的对角线元素全为0，表明图像在该方向上灰度无重复、变化快、纹理细；而图像在45°方向上灰度共生矩阵的对角线元素值较大，表明图像在该方向上灰度变化慢、纹理较粗。

灰度共生矩阵反映了图像灰度分布关于方向、邻域和变化幅度的综合信息，但它并不能直接提供区别纹理的特性。因此，有必要进一步从灰度共生矩阵中提取描述图像纹理的特征，用来定量描述纹理特性。设在取定 d、θ 参数下将灰度共生矩阵 $\boldsymbol{P}(i,j \mid d,\theta)$ 归一化记为 $\hat{\boldsymbol{P}}(i,j \mid d,\theta)$，则最常用的三种特征量计算公式如下：

（1）对比度

$$\text{CON} = \sum_i \sum_j (i-j)^2 \boldsymbol{P}(i,j \mid d,\theta) \tag{7-49}$$

图像的对比度可以理解为图像的清晰度，即纹理清晰程度。在图像中，纹理的沟纹越深，其对比度越大，图像的视觉效果越清晰。

（2）能量

$$\text{ASM} = \sum_i \sum_j \boldsymbol{P}(i,j \mid d,\theta)^2 \tag{7-50}$$

能量是图像灰度分布均匀性的度量。当灰度共生矩阵的元素分布较集中于主对角线时，说明从局部区域观察图像的灰度分布是较均匀的。从图像的整体来观察，纹理较粗，ASM较大，即粗纹理含有较多的能量；反之，细纹理则ASM较小，含有较少的能量。

（3）熵

$$\text{ENT} = -\sum_i \sum_j \boldsymbol{P}(i,j \mid d,\theta) \log_2 \boldsymbol{P}(i,j \mid d,\theta) \tag{7-51}$$

熵是图像所具有信息量的度量，纹理信息也属于图像的信息。若图像没有任何纹理，则灰度共生矩阵几乎为零矩阵，熵值接近为零；若图像有较多的细小纹理，则灰度共生矩阵中的数值近似相等，则图像的熵值最大；若图像中分布着较少的纹理，则该图像的熵值较小。

例7-3 图7-8所示图像为两幅具有不同纹理的图像，运用式(7-49)~式(7-51)计算这两幅图像的纹理特征量，计算结果如表7-2所示。由计算结果可以看到，通过灰度共生矩阵计算出图像的纹理特征量，来定量地描述不同图像的纹理特性。

表7-2 图7-8所示图像的三个纹理特征量

纹理特征量	图7-8a	图7-8b
对比度	914.58	2535.9
能量	0.018237	0.001624
熵	7.2228	9.9931

7.4.4 纹理的结构分析

纹理的结构分析方法认为纹理是由结构基元按某种规则重复分布所构成的模式。为了分析纹理结构，必须提取结构基元，并描述其特性和分布规则。

纹理基元可以是一个像素，也可以是若干灰度上比较一致的像素点集合。纹理的表达可以是多层次的，如图7-11a所示，它可以从像素或小块纹理一层一层地向上拼合。当然，基元的排列可有不同规则，如图7-11b所示，第一级纹理排列为YXY，第二级排列为XYX等，其中X、Y代表基元或子纹理。

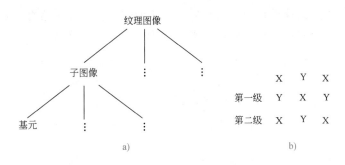

图 7-11　纹理结构的描述及排列

下面给出一个例子。如果纹理基元 a 表示一个圆，如图 7-12a 所示，$aaa\cdots$ 表示"向右排布的圆"的含义，假设有形如 $S{\rightarrow}aS$ 的规则，这种形式的规则表示字符 S 可以被重新写为 aS（例如，三次应用此规则可生成字串 $aaaS$），则规则 $S{\rightarrow}aS$ 可以生成如图 7-12b 所示的纹理图像。

假设下一步给这个方案增加一些新的规则：$S{\rightarrow}bA$，$A{\rightarrow}cA$，$A{\rightarrow}c$，$A{\rightarrow}bS$，$S{\rightarrow}a$，这里 b 表示"向下排布的圆"，c 表示"向左排布的圆"。现在可以生成一个形如 $aaabccbaa$ 的串，这个串对应一个圆的 3×3 阶矩阵。用相同的方式可以很容易地生成更大的纹理图像模式，如图 7-12c 所示。

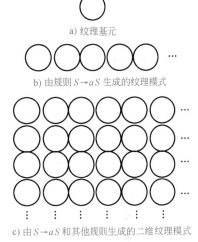

a) 纹理基元

b) 由规则 $S{\rightarrow}aS$ 生成的纹理模式

c) 由 $S{\rightarrow}aS$ 和其他规则生成的二维纹理模式

图 7-12　纹理结构分析图例

7.5　图像特征提取与描述

特征是指某一幅或某一类图像（目标）区别于其他图像（目标）的本质特点或特性。图像特征分为全局特征和局部特征。全局特征描述图像的整体属性。常见的全局特征有颜色特征、纹理特征和形状特征，如图像矩、全局直方图、轮廓特征和变换域下的特征描述等。其特点为，不变性好、表示直观，但有时特征维数高、计算量大。局部特征是指从图像局部区域中抽取的特征，包括边缘、角点、线等。局部特征在图像中数量丰富，特征间相关度小，其在人脸识别、三维重建、目标识别及跟踪、视觉导航等领域得到了广泛的应用。本节主要介绍实现局部特征的提取及描述的传统方法：Harris 角点提取和 SIFT 特征提取及描述，以及基于深度学习的经典特征提取方法，即 AlexNet、VGG、ResNet 和 ViT 网络模型。

7.5.1　角点特征提取方法

角点是图像的局部特征，在图像中定位准确、方便，经常出现在人造物体上，如地板、门窗、桌子等。这些"点"一般位于图像亮度变化剧烈的地方，如线段的终点、曲线曲率最大的点，或水平和竖直方向上灰度值梯度较大的点。角点是图像分析与计算机视觉中重要的图像特征。

Harris 角点提取由 Chris Harris 和 Mike Stephens 提出，其思想是使用一个固定窗口在图像上沿任意方向滑动，比较滑动前与滑动后窗口中像素亮度变化的程度。如果窗口沿任意方向滑动时，窗口内部都有较大亮度变化，则可认为该窗口中存在角点，如图 7-13 所示。

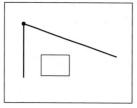 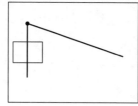 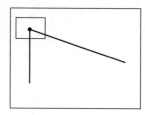

a) 小窗口在亮度变化　　　b) 小窗口沿着竖直边　　　c) 小窗口沿着任意方
平坦区域沿任意方向　　　缘方向移动，亮度无明　　　向移动，亮度变化明显
移动，亮度无明显变化　　　显变化

图 7-13　Harris 角点特征提取的基本思想示意图

上述寻找图像角点的思想，可以用以下数学方法进行描述。当窗口发生偏移 (u,v) 时，滑动前与滑动后该窗口中的像素亮度变化为

$$E(u,v) = \sum_{x,y} w(x,y) \left[I(x+u,y+v) - I(x,y) \right]^2 \qquad (7\text{-}52)$$

其中 (u,v) 为窗口的偏移量，(x,y) 为窗口中像素的坐标，如图 7-14 所示。为了更好地描述窗口中各像素对中心像素的支持程度，设计了一个窗口加权函数 $w(x,y)$，为各个像素赋予相应的权重。通常设定 $w(x,y)$ 为一个以窗口中心为原点的正态分布函数。此时，若中心像素是角点，则中心像素应对亮度变化贡献较大，被赋予的权重系数也较大；而远离中心点的像素，亮度变化较为平缓，被赋予的权重系数也较小。

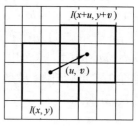

图 7-14　窗口滑动示意图

将式 (7-52) 进行一阶泰勒展开，可得

$$f(x+u,y+v) \approx f(x,y) + uf_x(x,y) + vf_y(x,y) \qquad (7\text{-}53)$$

则有

$$
\begin{aligned}
E(u,v) &= \sum_{x,y} w(x,y) \left[I(x+u,y+v) - I(x,y) \right]^2 \\
&\approx \sum_{x,y} w(x,y) \left[I(x,y) + uI_x + vI_y - I(x,y) \right]^2 \\
&= \sum_{x,y} w(x,y) \left(uI_x + vI_y \right)^2 \\
&= \sum_{x,y} w(x,y) \left(u^2 I_x^2 + 2uv I_x I_y + v^2 I_y^2 \right) \\
&= \sum_{x,y} w(x,y) (u,v) \begin{pmatrix} I_x^2 & I_x I_y \\ I_x I_y & I_y^2 \end{pmatrix} \begin{pmatrix} u \\ v \end{pmatrix} \\
&= (u,v) \left(\sum_{x,y} w(x,y) \begin{pmatrix} I_x^2 & I_x I_y \\ I_x I_y & I_y^2 \end{pmatrix} \right) \begin{pmatrix} u \\ v \end{pmatrix} \qquad (7\text{-}54)
\end{aligned}
$$

其中，I_x 和 I_y 表示像素点所在位置 x 方向与 y 方向的梯度。

将式 (7-54) 记为

$$E(u,v) = (u,v) \boldsymbol{M} \begin{pmatrix} u \\ v \end{pmatrix} \qquad (7\text{-}55)$$

其中，矩阵 $\boldsymbol{M}$ 定义为结构张量：

$$\boldsymbol{M} = \sum_{x,y} w(x,y) \begin{pmatrix} I_x^2 & I_x I_y \\ I_x I_y & I_y^2 \end{pmatrix} = \begin{pmatrix} A & C \\ C & B \end{pmatrix} \tag{7-56}$$

由以上表达式可知，$\boldsymbol{M}$ 为对称矩阵，可将其分解为

$$\boldsymbol{M} = \boldsymbol{P}^{\mathrm{T}} \begin{pmatrix} \lambda_1 & 0 \\ 0 & \lambda_2 \end{pmatrix} \boldsymbol{P} \tag{7-57}$$

其中，$\boldsymbol{P}$ 为正交阵。从而 $E(u, v)$ 可写为

$$E(u,v) = (u \quad v) \boldsymbol{P}^{\mathrm{T}} \begin{pmatrix} \lambda_1 & 0 \\ 0 & \lambda_2 \end{pmatrix} \boldsymbol{P} \begin{pmatrix} u \\ v \end{pmatrix} = \left(\boldsymbol{P} \begin{pmatrix} u \\ v \end{pmatrix} \right)^{\mathrm{T}} \begin{pmatrix} \lambda_1 & 0 \\ 0 & \lambda_2 \end{pmatrix} \left(\boldsymbol{P} \begin{pmatrix} u \\ v \end{pmatrix} \right) \tag{7-58}$$

正交矩阵 $\boldsymbol{P}$ 描述了线性空间中的旋转；特征值 λ_1 和 λ_2 描述了特征向量的拉伸程度。

在上述寻找"角点"的任务中，若一个像素点是角点，应满足无论 (u,v) 如何取值，函数 $E(u, v)$ 的数值都有较大的变化。式(7-58) 是关于变量 u, v 的二次型，可将其视为对椭圆变化的描述。$\boldsymbol{M}$ 的特征值 λ_1 和 λ_2 描述了椭圆的长、短轴长度；特征向量的方向描述了椭圆轴与坐标系的夹角。如图 7-15 所示，图中 $\lambda_{\max}$ 和 $\lambda_{\min}$ 分别为 λ_1、λ_2 中的最大值和最小值，决定了椭

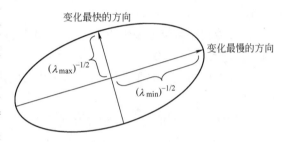

图 7-15　矩阵 $\boldsymbol{M}$ 对应的椭圆

圆沿特征向量方向变化的快慢。因此，可通过考察 λ_1、λ_2 来判断函数 $E(u, v)$ 的取值情况。

若 λ_1、λ_2 均很小，说明椭圆在 u、v 两个方向上的变化都很缓慢，则该窗口位于图像亮度变化的平坦区域；若其中一个特征值远大于另一个特征值，说明椭圆在 u 和 v 中的一个方向上变化快、在另一个方向上变化慢，此时该窗口应位于边缘上；若 λ_1 和 λ_2 都较大且数值相当，则椭圆在 u、v 这两个方向上的变化都较快，因此该窗口存在所求角点，如图 7-16a 所示。

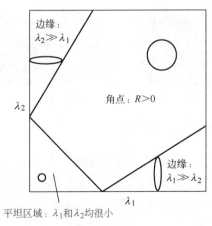

a) 通过特征值 λ_1、λ_2 判断角点

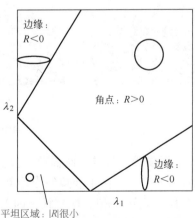

b) 通过角点响应值 R 判断角点

图 7-16　角点判断示意图

为了降低运算量，算法并不直接计算矩阵 M 的特征值。Harris 通过构造角点响应值 R 来判断窗口中心点是否为角点

$$R = \mathrm{Det}\ \pmb{M} - k\ (\mathrm{Trace}\ \pmb{M})^2 \tag{7-59}$$

其中 $\mathrm{Det}\ \pmb{M} = \lambda_1 \lambda_2$，$\mathrm{Trace}\ \pmb{M} = \lambda_1 + \lambda_2$，$k$ 为常数，经验值 $k = 0.04 \sim 0.06$。

如图 7-16b 所示，对于图像亮度变化的平坦区域，$|R|$ 数值较小；当窗口存在边缘时，R 为绝对值较大的负数；而当窗口存在角点时，R 为数值较大的正数。于是，可通过考察 R 的数值情况判断窗口中是否存在角点。

综上所述，Harris 角点提取的一般步骤总结如下：

1）计算图像 $I(x, y)$ 在 x 和 y 两个方向的灰度梯度 I_x、I_y。

2）计算图像的灰度梯度之积：I_x^2、I_x、I_y、I_y^2。

3）设计加权函数 $w(x, y)$，对窗口中每个像素的 I_x^2、I_x、I_y 和 I_y^2 进行加权、求和，计算矩阵 M。

4）计算每个像素的响应值 $R(x, y)$。给定预先设定阈值 q，若 $R(x, y) < q$，则该像素不是角点，记 $R(x, y) = 0$。

5）在响应值矩阵 R 的 3×3 或 5×5 邻域内进行非极大值抑制，只保留局部最大值作为图像中的角点。

一般情况下，阈值越大，所提取到的角点数量越少，受噪声影响较小的同时可能造成正确角点的丢失；阈值越小，所提取到的角点数量越多，这也会带来很多伪角点。

图 7-17 展示了 Harris 角点提取的结果。通过设置阈值 $q = 0.01 \times \max\{R(x, y)\}$，得到图 7-17b 所示的角点检测结果。然后在此基础上进行非极大值抑制，得到的 Harris 角点检测最终结果如图 7-17c 所示。通过观察发现，此时算法可将图像中大多数角点检测出来，但也存在漏检的情况。

a) 输入图像　　　　　　　　b) 利用响应值R提取角点　　　　　　c) 非极大值抑制后的结果

图 7-17　Harris 角点提取实验示例

Harris 角点检测算法设计思路简单，仅需利用图像的一阶导数便可完成计算，其对图像的平移变化具有不变性。由于椭圆的旋转不影响特征值的大小，因此该算法也具有对图像二维旋转的不变性。此外，矩阵 M 在构造时利用了图像灰度差分，抵消了图像灰度的整体变化，因此，该算法也具有一定的光照不变性。

7.5.2　SIFT 特征的提取及描述

SIFT（Scale-Invariant Feature Transform）是由 British Columbia 大学大卫·劳伊（David G. Lowe）教授总结并正式提出的一种基于尺度空间的，对图像缩放、旋转甚至仿射变换保持不变性的图像局部特征描述算子，广泛应用于计算机视觉的各种领域，包括图像识别、图像检索、3D 重建等。其步骤包括 SIFT 特征点提取与特征点描述。

1. SIFT 特征点提取

（1）尺度空间　现实生活中，图像表达的内容都是通过一定的尺度来反映的。假设人在观察一个由远及近运动的目标，目标在视网膜上形成了一系列的像，这些像就构成了尺度空间。距离越远，目标成像越小、越模糊，也反映出人在观察远处物体时，只能关注到物体的轮廓信息。尺度空间理论最早于 1962 年提出，拟通过对原始图像进行尺度变换，获得图像在多尺度下的空间表示序列，以实现边缘、角点检测和不同分辨率上的特征提取。

考虑到人眼观察物体时，当物体所处背景的光照条件变化时，尽管视网膜感知图像的亮度水平和对比度是不同的，但并不影响人眼对场景的判断和理解。因此，尺度空间算子对图像的分析应该不受图像的灰度等级和对比度变化的影响。此外，当观察者和物体之间的相对位置变化时，视网膜所感知的图像的位置、大小、角度和形状是不同的。因此，尺度空间算子对图像的分析也应该与图像位置、大小、角度及仿射变换无关。

（2）高斯图像金字塔　为了让图像尺度变化体现其连续性，在下采样的基础上，SIFT 算法利用高斯滤波产生多尺度空间，即通过高斯模糊函数连续的参数变化来改变图像尺度，最终得到多尺度空间的图像序列。设图像中某一尺度的空间函数 $L(x,y,\sigma)$ 由高斯函数 $G(x,y,\sigma)$ 与输入原始图像 $I(x,y)$ 卷积得到，其中高斯函数为

$$G(x_i,y_i,\sigma) = \frac{1}{2\pi}\sigma^2 \exp\left(-\frac{(x-x_i)^2 + (y-y_i)^2}{2\sigma^2}\right) \tag{7-60}$$

若高斯函数的方差 σ 连续变化，则构成的图像尺度空间为

$$L(x,y,\sigma) = G(x,y,\sigma) \star I(x,y) \tag{7-61}$$

通过改变高斯函数方差 σ 与不断进行图像的下采样，就构成了高斯图像金字塔，如图 7-18 所示。高斯金字塔模拟了人在观察场景时，目标由近及远，在尺寸上越来越小、在尺度上越来越模糊的状态。其构建过程如下：

1）对图像进行不同尺度（σ）的高斯模糊。

2）对高斯金字塔进行下采样，得到一系列尺寸不断缩小的图像。

高斯图像金字塔由若干"组（Octave）"图像构成，每"组"图像由若干"层（level）"图像构成。首先，在尺度空间构建图像"组"。记 σ_0 为初

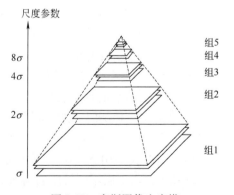

图 7-18　高斯图像金字塔

始图像尺度，S 为每个图像"组"具有的图像"层"数。设图像分辨率为 M、N，则金字塔的"组"数可以由以下公式确定：

$$O = \log_2\left(\min(M,N)\right) - 3 \tag{7-62}$$

若第 1 "组"图像中的每"层"图像的尺度由下至上依次为：$\sigma_0, k\sigma_0, k^2\sigma_0, \cdots, k^{S-1}\sigma_0$，

则第2"组"图像的"层"尺度由下至上为：$k^S\sigma_0, k^{S+1}\sigma_0, \cdots, k^{2S-1}\sigma_0$。Lowe 选取 $S=3$，$\sigma_0=1.6, k=2^{1/S}$，即相邻两"组"的同一"层"图像的尺度为2倍关系。

（3）高斯差分算子　高斯差分算子（Difference of Gaussian）是在同一"组"图像中，将相邻尺度的高斯平滑后的图像相减，得到的差分结果称为 DoG 图像：

$$D(x,y,\sigma)=\left[G(x,y,k\sigma)-G(x,y,\sigma)\right]\bigstar I(x,y)$$
$$=L(x,y,k\sigma)-L(x,y,\sigma) \tag{7-63}$$

DoG 图像描绘了原始图像中的轮廓信息。假设 n 为某"组"图像中的"层"序数，则图像金字塔的第 i 个图像"组"的尺度从下至上依次为 $2^{i-1}(\sigma_0, k\sigma_0, k^2\sigma_0, \cdots, k^{s-1}\sigma_0)$。为了得到 DoG 图像，由"组"内相邻尺度图像进行差分运算，可得到 $n-1$ 个高斯差分图像，这 $n-1$ 个高斯差分图像又构成了 DoG 图像"组"，如图7-19b 所示。

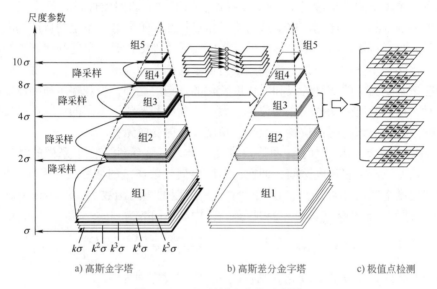

图7-19　SIFT 关键点定位示意图

（4）SIFT 特征点定位　Lowe 认为 SIFT 关键点是由 DoG 空间的局部极值点组成的。为了寻找 DoG 图像的极值点，每一个像素点要和它空间上所有的相邻点比较，看其数值是否比它的图像域和尺度域的相邻点大，或小。被检测点将与它同尺度的8个相邻点，以及上下相邻尺度对应的 9×2 个点，共计26个点进行数值比较，如图7-19c 所示。如果该点在数值上为最大值（或最小值），则将其作为关键点的候选。

考虑到关键点检测时，需要利用上、下相邻尺度，共计3层 DoG 图像进行计算。为了能够在每"组"图像中获得至少3个不同尺度的关键点，在高斯差分金字塔中，需要每"组" DoG 图像至少由5"层"图像构成。因此，在构造最初的高斯图像金字塔时，每一"组"图像至少由6层不同尺度的高斯图像构成，如图7-19a 所示。

然而，DoG 极值点对噪声和边缘比较敏感。因此，在 DoG 尺度空间中检测得到局部极值点后，不仅需要精确定位，还要进行边缘响应剔除，才能精确获得 SIFT 关键点的位置信息。

SIFT 认为尺度是连续的，离散空间的极值点并不是真正的极值点，如图7-20 所示。为了提高关键点的稳定性，需要在尺度空间对 DoG 图像所描述的函数进行曲线插值，以获得亚像素级的精确关键点位置。

令 $D(X)$ 为检测到的极值点 X_0（x_0，y_0，σ_0）附近的 DoG 空间尺度函数。在 X_0（x_0，y_0，σ_0）处，即插值中心处，对 DoG 函数 $D(X)$ 进行泰勒级数展开，省略高阶项，保留到二阶项，以此拟合一个三维二次函数：

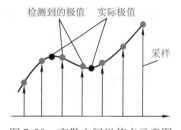

图 7-20 离散空间极值点示意图

$$D\begin{pmatrix} x \\ y \\ \sigma \end{pmatrix} = D\begin{pmatrix} x_0 \\ y_0 \\ \sigma_0 \end{pmatrix} + \begin{pmatrix} \dfrac{\partial D}{\partial x} & \dfrac{\partial D}{\partial y} & \dfrac{\partial D}{\partial \sigma} \end{pmatrix}\left(\begin{pmatrix} x \\ y \\ \sigma \end{pmatrix} - \begin{pmatrix} x_0 \\ y_0 \\ \sigma_0 \end{pmatrix}\right)$$

$$+ \frac{1}{2}\left(\begin{pmatrix} x \\ y \\ \sigma \end{pmatrix} - \begin{pmatrix} x_0 \\ y_0 \\ \sigma_0 \end{pmatrix}\right)^{\mathrm{T}} \begin{pmatrix} \dfrac{\partial^2 D}{\partial x^2} & \dfrac{\partial^2 D}{\partial x \partial y} & \dfrac{\partial^2 D}{\partial x \partial \sigma} \\ \dfrac{\partial^2 D}{\partial x \partial y} & \dfrac{\partial^2 D}{\partial y^2} & \dfrac{\partial^2 D}{\partial y \partial \sigma} \\ \dfrac{\partial^2 D}{\partial x \partial \sigma} & \dfrac{\partial^2 D}{\partial y \partial \sigma} & \dfrac{\partial^2 D}{\partial \sigma^2} \end{pmatrix}\left(\begin{pmatrix} x \\ y \\ \sigma \end{pmatrix} - \begin{pmatrix} x_0 \\ y_0 \\ \sigma_0 \end{pmatrix}\right) \tag{7-64}$$

令 $\overline{X} = X - X_0$ 表示 X 相对于插值中心 X_0 的偏移量，则式（7-64）可写为

$$D(X) = D(X_0) + \frac{\partial D}{\partial X}\overline{X} + \frac{1}{2}\overline{X}^{\mathrm{T}}\frac{\partial^2 D}{\partial X^2}\overline{X} \tag{7-65}$$

式（7-65）对 $\overline{X}$ 求导，求得偏差 $\overline{X}$ 的极值 $\hat{X}$。令

$$D'(X)\big|_{X=\hat{X}} = 0 \tag{7-66}$$

则有

$$\hat{X} = -\left(\frac{\partial^2 D^{\mathrm{T}}}{\partial X^2}\right)^{-1}\frac{\partial D}{\partial X} \tag{7-67}$$

对应于空间尺度函数极值

$$D(\hat{X}) = D(X_0) + \frac{1}{2}\left(\frac{\partial D}{\partial X}\right)^{\mathrm{T}}\hat{X} \tag{7-68}$$

在计算过程中，对于每一个极值点，当所求得的 x、y、σ 中任意一个的数值偏移量大于 0.5，则认为该插值点偏离了插值中心。此时应改变插值中心，重新拟合，直到插值偏移量均小于 0.5 为止。Lowe 进行了 5 次迭代，若不收敛则将该极值点剔除。

若偏移量 $\hat{X} \leqslant 0.5$，考察反应极值点对比度的响应值 $D(\hat{X})$，若其绝对值较小，例如：

$$|D(\hat{X})| < \frac{T}{n}, T = 0.04 \tag{7-69}$$

其中，n 表示该极值点位于图像"组"的层序数，则认为该极值点易受噪声影响，将对该极值点进行剔除。

此外，关键点也不应包括边缘。在 DoG 图像中，边缘的梯度方向上主曲率比较大、沿着边缘方向主曲率较小。而关键点应该在 x、y 两个方向上的曲率变化都较大。一个函数的曲率可以近似为其二阶导数，因此可通过 DoG 图像的 Hessian 矩阵 $\boldsymbol{H}$ 判断极值点是否为边缘：

$$\boldsymbol{H}(x,y) = \begin{pmatrix} \dfrac{\partial^2 D}{\partial x^2} & \dfrac{\partial^2 D}{\partial x \partial y} \\ \dfrac{\partial^2 D}{\partial x \partial y} & \dfrac{\partial^2 D}{\partial y^2} \end{pmatrix} \tag{7-70}$$

设 α、$\beta(\alpha>\beta)$ 为矩阵 $\boldsymbol{H}(x,y)$ 的特征值，则

$$\mathrm{Trace}(\boldsymbol{H})=\alpha+\beta \tag{7-71}$$

$$\mathrm{Det}(\boldsymbol{H})=\alpha\beta \tag{7-72}$$

令 $\alpha=\gamma\beta(\gamma>1)$，考察

$$\frac{(\mathrm{Trace}(\boldsymbol{H}))^{2}}{\mathrm{Det}(\boldsymbol{H})}=\frac{(\alpha+\beta)^{2}}{\alpha\beta}=\frac{(\gamma+1)^{2}}{\gamma} \tag{7-73}$$

当 $\alpha=\beta$ 时，式(7-73) 获得最小值。式(7-73) 的值随着 γ 增大而增大，γ 越大，说明该点的边缘响应越强。因此，关键点必须要满足

$$\frac{(\mathrm{Trace}(\boldsymbol{H}))^{2}}{\mathrm{Det}(\boldsymbol{H})}<\frac{(\gamma_{t}+1)^{2}}{\gamma_{t}} \tag{7-74}$$

其中，Lowe 建议 $\gamma_{t}=10$。不满足式(7-74) 的极值点将被剔除。图 7-21 以实验展示了 SIFT 关键点的定位过程。图 b 中的白色圆圈对应于在 DoG 图像中检测得到的极值点；图 c 为低对比度极值点剔除后的结果；图 d 中的白色圆圈为边缘响应抑制后的剩余极值点，标记为定位 SIFT 特征位置的关键点。

a) 输入图像　　　　　　　　　　b) DoG图像的极值点

c) 低对比度极值点剔除后的结果　　　d) 边缘响应抑制后的关键点

图 7-21　关键点定位的实验示例

（5）关键点方向的确定　上述步骤中，定位关键点的同时，获得了关键点的位置、尺度信息。此外，还将确定关键点的方向信息。

首先，为关键点确定窗口尺寸，统计以关键点为中心的局部区域的图像特征。考虑到尺度 σ 越大、图像越模糊，同等尺寸的窗口包含的图像信息量越少。为了使不同尺度图像中的同等大小窗口内的信息量可以相比，令窗口的大小与关键点所在图像的尺度成正比。因此，假设任意一个关键点所在的图像尺度为 σ，以 $3\times1.5\times\sigma$ 为半径设置窗口，由窗口内各像素点的梯度方向来确定关键点的方向信息。具体地，在高斯金字塔图像 $L(x,y,\sigma)$ 中，计

算窗口内每一个像素点的梯度幅值

$$m(x,y,\sigma) = \sqrt{(L(x+1,y,\sigma) - L(x-1,y,\sigma))^2 + (L(x,y+1,\sigma) - L(x,y-1,\sigma))^2}$$
(7-75)

与梯度方向

$$\theta(x,y) = \tan^{-1}\left[\frac{L(x,y+1,\sigma) - L(x,y-1,\sigma)}{L(x+1,y,\sigma) - L(x-1,y,\sigma)}\right]$$
(7-76)

同时，用以关键点为中心、方差为 $1.5 \times \sigma$ 的高斯函数对窗口内各像素点的梯度幅值 m 进行加权，如图 7-22a 所示，使距离关键点近的像素点获得更大的权重，为关键点方向的确定提供更多的支持。

然后，以每 10° 为单位将 360° 分为 36 个方向柱体。在窗口内统计所有像素点的梯度幅角，将其加权后的梯度幅值投票给对应的方向柱体，如图 7-22 所示。例如，若某像素点的梯度幅角为 15°，其加权梯度幅值将累加至幅角 10°～19° 所代表的方向柱体。完成窗口内所有像素点的加权梯度幅值投票后，得到了方向直方图，如图 7-22b 所示。方向直方图的峰值所对应的方向，被视为该关键点的主方向。并且大于峰值 80% 的方向柱体将作为该关键点的辅方向，如图 7-22b 所示。辅方向的利用可提高 SIFT 的匹配精度。对于具有主方向和辅方向的多方向关键点，将按照方向 θ 的不同，在同一位置和尺度创建多个 SIFT 特征点 (x,y,σ,θ)。

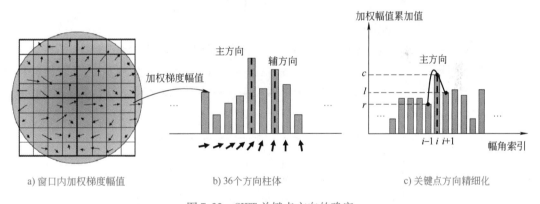

a) 窗口内加权梯度幅值   b) 36个方向柱体   c) 关键点方向精细化

图 7-22   SIFT 关键点方向的确定

为了获得更加精确的关键点主方向或辅方向，可根据主方向或辅方向的左、右两个直方图柱体的幅值进行抛物线插值。最终将抛物线峰值所对应的横轴上的角度，记为该 SIFT 关键点的主方向或辅方向。如图 7-22c 所示，假设在方向直方图的第 i 个柱体处获得了峰值 c，左、右两个柱体 $i-1$、$i+1$ 的加权梯度幅值累加值分别为 r、l。因此，可由 $(i-1,r)$、(i,c)、$(i+1,l)$ 3 点拟合一条抛物线

$$f(\varphi) = a\varphi^2 + b\varphi + c$$
(7-77)

该抛物线的峰值点为

$$\varphi_{\max} = -\frac{b}{2a}$$
(7-78)

该峰值点所对应的横轴上的方向角度为

$$\theta = i + \frac{l-r}{2(l-2c+r)}$$
(7-79)

2. SIFT 特征点描述子

在图像中定位了 SIFT 关键点，并获得每个关键点的三方面信息：位置、尺度和方向。在此基础上，还要通过对特征点描述子的构造，使 SIFT 特征足够独特，对光照变化、旋转尽可能地保持不变性。

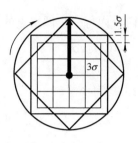

图 7-23　SIFT 描述子窗口选取

▢ —子区域

▢ —将邻域半径扩大 1.5σ

◇ —将▢旋转 45°

○ —最终窗口尺寸

（1）特征点描述子窗口尺寸的选取　首先将关键点的邻域划分为 $d \times d$ 个子区域，Lowe 建议 $d=4$。考虑高斯函数的 3σ 分布规律，每个子区域的边长设置为 3σ。因此，如图 7-23 所示的 4×4 个细线框，首先以关键点为中心，为其定义一个邻域，该邻域包括 4×4 个子区域、每个子区域大小为 $3\sigma \times 3\sigma$。

然后，为了获得更为准确的特征点描述，后续将进行梯度加权幅值的三次线性插值处理。因此，还要将关键点邻域的半径扩大 1.5σ，即子区域尺寸的一半。

最后，考虑到坐标系发生旋转变换后，窗口中依然需要保持足够多的像素。为此，将半径扩大 1.5σ 后的窗口旋转 45°，使得窗口半径变为原来的 $\sqrt{2}$ 倍。综上所述，以关键点为中心的邻域窗口尺寸（半径）应取为

$$\text{radius} = \frac{3\sigma \times \sqrt{2} \times (d+1)}{2} = \left(3\sigma \times \frac{d}{2} + \frac{3\sigma}{2}\right) \times \sqrt{2} \tag{7-80}$$

其中，σ 为该关键点所在图像尺度。

（2）坐标轴的旋转　为了使得 SIFT 特征点描述子具备旋转不变性，要以关键点为原点，将其主方向设定为新的 x' 轴并以右手系定义正交的 y' 轴，为其规定自己的新坐标系 $o\text{-}x'\text{-}y'$，如图 7-24 所示。根据窗口内每个像素点与关键点的相对位置 (x,y)，为其计算在新坐标系 $o\text{-}x'\text{-}y'$ 下的新坐标值：

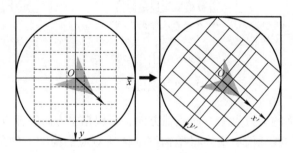

图 7-24　坐标轴旋转

$$\begin{pmatrix} x' \\ y' \end{pmatrix} = \begin{pmatrix} \cos\theta & -\sin\theta \\ \sin\theta & \cos\theta \end{pmatrix} \times \begin{pmatrix} x \\ y \end{pmatrix} \tag{7-81}$$

（3）梯度直方图的生成　在关键点的新坐标系 $o\text{-}x'\text{-}y'$ 下，在高斯金字塔图像上计算其 4×4 个子区域内每一个像素点的梯度幅值 m 和幅角 θ，并以关键点为中心、方差为 $3\sigma \times d/2$ 的高斯函数对每个像素点的梯度幅值加权，得到加权梯度幅值，如图 7-25a 所示。构造梯度直方图时，以每 45° 为单位将 360° 分为 8 个方向柱体。然后，以每个 3σ 子区域作为一个种子点区域，统计其中所有像素点，根据其梯度幅角的值，将其加权后的梯度幅值投票给适合的柱体。并将所有像素点加权梯度幅值的投票结果求和，得到方向直方图。最终，

每个 3σ 子区域获得一个包含 8 个柱体的加权梯度直方图，其直观表示如图 7-25b 所示。

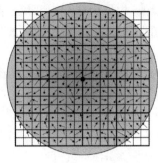

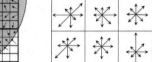

　　这里需要注意的是，每个关键点的子区所包含的像素点数量与其所在图像尺度有关。关键点的像素点数量并不是固定的。

a) 特征点4×4个子区域　　　　　　　　b) 方向直方图直观表示

图 7-25　SIFT 128 维特征向量

　　（4）SIFT 特征点描述子的构造　如图 7-26 所示，SIFT 特征点描述子是以关键点为中心、4×4 子区域内的 8 个方向直方图构成的一个 $4 \times 4 \times 8 = 128$ 维的向量

$$S = (s_1, s_2, \cdots, s_{128}) \tag{7-82}$$

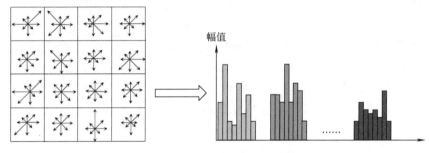

图 7-26　SIFT 特征点描述子 128 维向量的构造示意图

　　由于图像各点的灰度梯度值由邻域像素灰度值相减得到，因此 SIFT 特征能够克服图像灰度值的整体漂移。为了更好地去除光照变化的影响，还需要对特征向量进行归一化处理。

　　归一化的 SIFT 特征描述子为

$$L = (l_1, l_2, \cdots, l_j, \cdots, l_{128}) \tag{7-83}$$

其中

$$l_j = s_j \sqrt{\sum_{j=1}^{128} s_j^2}, j = 1, 2, \cdots, 128 \tag{7-84}$$

　　对于非线性光照环境，相机饱和度变化会造成某些方向的灰度梯度值过大，影响特征鲁棒性。因此 Lowe 为描述子向量的取值设置了门限值 $\tau = 0.2$。对于 $l_j, j = 1, 2, \cdots, 128$，若 $l_j \geqslant 0.2$，则令 $l_j = 0.2$，从而构成新的向量 L'，并对 L' 再一次归一化处理，得到 SIFT 特征描述子 L'' 如下：

$$L'' = \frac{L'}{\|L'\|} \tag{7-85}$$

　　（5）SIFT 特征点描述子的三线性插值　为了提高描述子的鲁棒性，Lowe 认为在构造特征描述子的方向直方图时，每个像素不能仅为自身所在的子区域投票，也应该为和自身相邻的子区域投票；每个像素也不应该只给一个方向柱体投票，也应该参与相邻方向柱体的投票。因此，Lowe 最终采用了三线性插值构造描述子的方向直方图。在关键点所在尺度图像中，考察每一个像素和其相邻种子点区域的距离，按照距离远近的反比关系，将其加权梯度

幅值按比例分配给各种子点区域。根据像素点梯度角度值，考察和其最为相近的方向直方图的两个角度区间，按照角度相近的反比关系，将其加权梯度幅值按比例分配给两个角度区间。

首先，重新定义关键点的坐标系。如图 7-27 所示，在原有 o-x'-y' 坐标系的基础上，先以 $1/(3\sigma)$ 将 o-x'-y' 坐标轴归一化，并将坐标原点向左上方移动 $d/2$ 个单位，再将坐标原点向右下方移动 0.5，使得新的原点位于线性插值区域的角点上，得到新的坐标系 o-x''-y''，即

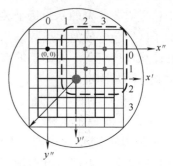

$$\begin{pmatrix} x'' \\ y'' \end{pmatrix} = \frac{1}{3\sigma} \begin{pmatrix} x' \\ y' \end{pmatrix} + \begin{pmatrix} d/2 \\ d/2 \end{pmatrix} - \begin{pmatrix} 0.5 \\ 0.5 \end{pmatrix} \quad (7\text{-}86)$$

取图 7-27 虚线框中的区域放大显示，如图 7-28a 所示，其中 b_1、b_2、b_3、b_4 分别为种子点区域的中心点位置，也代表这 4 个种子点区域。在分配像素 q 的加权梯度幅值时，q 不仅要支持自身所在的种子点子区 b_2，也要支持与 q 相邻的 b_1、b_3 和 b_4 这 3 个种子点子区。q 与 4 个种子点 b_1、b_2、b_3、b_4 水平和竖直距离分别为 $(d_c, 1-d_r)$、(d_c, d_r)、$(1-d_c, 1-d_r)$、$(1-d_c, d_r)$，按照与距离成反比的关系将 q 的加权梯度幅值分配给 4 个种子点区域。则 b_1、b_2、b_3、b_4 所在种子点区域获得 q 的分配权重分别为 $(1-d_c) \times d_r$、$(1-d_c) \times (1-d_r)$、$d_c \times d_r$、$d_c \times (1-d_r)$。

图 7-27　加权梯度幅值三线性插值坐标系

●——关键点位置

▢——种子点区域

▫——线性插值区域

●——种子点区域中心，线性插值区域角点

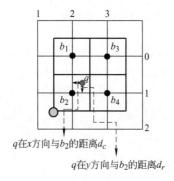

a) 加权梯度幅值向相邻种子点区域分配

q 在 x 方向与 b_2 的距离 d_c

q 在 y 方向与 b_2 的距离 d_r

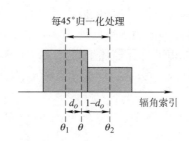

b) 加权梯度幅值向相邻方向柱体分配

图 7-28　像素点的加权梯度幅值向相邻种子点区域和相邻方向柱体分配的示意图

完成了在图像平面内分配每个像素的加权梯度幅值后，还需要将每份幅值按比例分配给方向直方图上相邻的 2 个方向的柱体。如图 7-28b 所示，假设 q 的梯度幅角为 θ，方向直方图上与 θ 相邻的两个柱体的角度范围的中间值分别为 θ_1 和 θ_2。假设 θ 与 θ_1 的距离为 d_o、θ 与 θ_2 的距离为 $1-d_o$，则按照与距离成反比的关系将每份幅值以 $1-d_o$ 和 d_o 的比例分配给 θ_1 和 θ_2 两个方向所在柱体。综上所述，对像素 q 的加权梯度幅值进行两次分配的示意图如图 7-29 所示。

在三线性插值过程中，对于关键点定义的窗口中的每一个像素，其加权梯度幅值分配给方向直方图的某个柱体的份额可以表示如下：

$$weight = w \times d_c{}^k \times (1 - d_c)^{1-k} \times d_r{}^m \times$$
$$(1 - d_r)^{1-m} \times d_0{}^n \times (1 - d_0)^{1-n} \qquad (7\text{-}87)$$

其中，w 为高斯加权系数，k、m、$n = 0$ 或 1。

SIFT 特征是图像的局部特征，其对旋转、尺度缩放、光照、亮度变化具有不变性，对视角变化、仿射变换、噪声也具有一定程度的稳定性。SIFT 特征的独特性好、信息量丰富，适用于在海量特征数据库中进行准确的匹配，即使在包含少数几个物体的简单场景图像中，也可以产生大量的特征向量。此外，SIFT 特征描述方法具有可扩展性，可以很方便地与其他形式的特征向量进行联合，构造出适合特定图像处理任务的特征提取与描述形式。

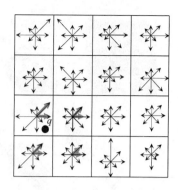

图 7-29　方向直方图上像素 q 的加权梯度幅值分配示意图

7.5.3　基于深度学习的特征提取

基于深度学习的特征提取是一种强大的数据处理方法，它通过深度神经网络自动学习和抽取数据的关键特征。与传统的手工设计特征的方法不同，深度学习能够在无须人工介入的情况下，从原始数据中提取高度抽象和有用的特征表示，以改善图像处理算法的性能。这一方法的核心是多层神经网络设计，它们由许多神经元组成，每一层都能够学习数据的不同方面特征。通过数据逐层处理，网络可以逐渐提取越来越抽象的特征，从低级别的边缘、纹理到高级别的物体形状和语义信息。非线性激活函数的使用使网络能够捕捉数据中的复杂关系。基于深度学习的特征提取方法具有自动学习、层次性表示、泛化能力强、适应性好等优点，这些优点使其成为当今机器学习和人工智能领域的主要技术之一，也被越来越多的图像处理任务，如图像分割、图像检索、目标识别与跟踪等广泛采用。本节将按照该方向的发展脉络，重点介绍经典的 AlexNet、VGG、ResNet 与 ViT 网络模型。

1. AlexNet 网络模型

AlexNet 是一个经典的卷积神经网络（Convolutional Neural Network，CNN）模型，由 Alex Krizhevsky、Ilya Sutskever 和 Geoffrey Hinton 于 2012 年提出。它在 ImageNet 图像分类挑战赛上取得了巨大成功，标志着深度学习在计算机视觉领域的崛起。AlexNet 网络结构如图 7-30所示。

以下是对 AlexNet 网络模型的简要介绍。

（1）网络结构　AlexNet 是一个深层的卷积神经网络，它包含五个卷积层和三个全连接层。

输入层：AlexNet 的输入层采用了 227×227 的 3 通道彩色图像。

卷积层：AlexNet 包含五个卷积层，这些卷积层用于从图像中提取特征。它们采用了不同大小的卷积核，并使用 ReLU 激活函数引入非线性。

池化层：在卷积层之后，AlexNet 包括最大池化层，用于减小特征图的尺寸。

全连接层：AlexNet 有三个全连接层，最后一个全连接层的输出用于图像分类。

输出层：使用 Softmax 函数将网络的输出映射到不同类别的概率分布，从而使网络能够进行图像分类。Softmax 函数定义为

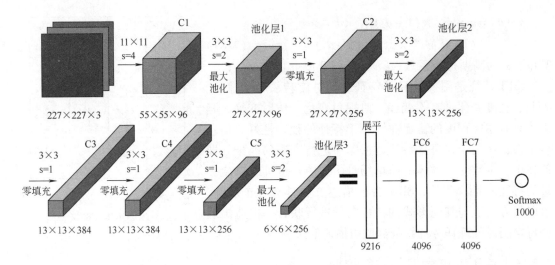

图 7-30 AlexNet 网络结构

Softmax 函数 S 作用于向量 $z = (z_1, z_2, \cdots, z_n)$ 上第 i 个元素 z_i 的输出为:

$$S(z_i) = \frac{z_i}{\sum\limits_{j=1}^{n} e^{z_j}} \tag{7-88}$$

(2)激活函数 传统的 Sigmoid 和 Tanh 激活函数在深度网络中容易导致梯度消失问题，降低了训练速度和收敛性。AlexNet 引入了 ReLU（Rectified Linear Unit）作为激活函数，表达形式如下：

$$f(x) = \max(0, x) \tag{7-89}$$

如图 7-31 所示，该函数在输入为正值时，将输入值输出；当输入为负值时，输出结果为 0。ReLU 激活函数可以有效地缓解梯度消失问题，提高网络训练效率、加速收敛过程。

(3)局部响应归一化 AlexNet 引入了局部响应归一化（Local Response Normalization），用于增强模型的泛化性能。这个操作在后来的模型中并不常见。

(4)Dropout 正则化 为了减少过拟合，AlexNet 使用了 Dropout 正则化技术，随机关闭一些神经元。该

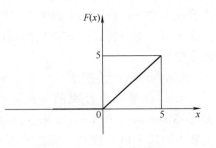

图 7-31 ReLU 函数曲线

技术在全连接层中随机地关闭一部分神经元，以减少神经元之间的依赖性，提高网络的泛化能力。通过随机地"丢弃"神经元的输出，Dropout 有助于防止网络过度适应训练数据。

(5)分类层 AlexNet 的最后一层是一个全连接的分类层，通常用于将特征映射到类别概率分布上。在 ImageNet 挑战中，AlexNet 用于对 1000 个不同类别的物体进行分类。

AlexNet 是深度学习中的一个重要里程碑，证明了深度学习在计算机视觉任务中的强大性能。该模型的架构和技术策略对后来的深度学习研究产生了深远的影响。

2. VGG 网络模型

2014 年，牛津大学 Visual Geometry Group 的研究团队提出了 VGG 网络模型，在 ImageNet 图像分类竞赛中获得了亚军和定位竞赛冠军。相较于 AlexNet，VGG 更深、更大，设计得更加规则，并验证了深度与性能之间存在一定程度的正相关关系。VGG 通过堆叠可重复使用的卷

积块来构建网络模型，可以根据需要灵活配置卷积块的个数和一些超参数。VGG 有两种结构：VGG16 和 VGG19。它们的名字表示网络的深度，即包含 16 层和 19 层的卷积和池化层。

首先，VGG 网络在网络深度方面迈出了重要的一步，有助于更好地捕捉和学习图像中的复杂特征。相比之下，AlexNet 只有 8 层卷积和全连接层。其次，VGG 网络采用了大小统一的卷积核，即 3×3 的卷积核以及 2×2 的最大池化层。这种结构简化了网络设计，使每一层的运算都具有相似的操作，更容易对网络进行调整。相对来说，AlexNet 使用了大小不同的卷积核以捕捉不同尺度的特征，这使得 AlexNet 的结构相对复杂。在池化层处理方面，AlexNet 使用了最大池化和局部响应归一化（LRN）层；而 VGG 主要采用了最大池化层，没有使用 LRN 层。这种简化有助于提高 VGG 网络的可解释性和训练效率。此外，VGG 网络的模型参数数量相对较大，但由于不存在较大的卷积核和 LRN 层，在一定的计算资源下 VGG 更容易部署。VGG16 网络结构如图 7-32 所示，其所有卷积层都采用了 3×3 的卷积核。

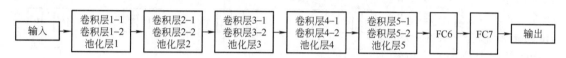

图 7-32　VGG16 的网络结构图

3. ResNet 网络模型

在深度神经网络中，随着网络层数的增加，梯度在反向传播过程中容易出现梯度消失或梯度爆炸的问题，这导致了训练深度网络变得困难。ResNet（Residual Network）旨在通过引入残差连接来解决这一问题，使得训练更深的网络成为可能。ResNet 由 Kaiming He 等人于 2015 年提出，旨在解决深度神经网络训练中的梯度消失和梯度爆炸等问题。其核心思想是残差学习，即网络的每一层应该学习到相对于前一层的残差信息，而不是完整的映射，并通过残差块来实现。每个残差块包含两个主要部分：

恒等映射（Identity Mapping）：残差块通过恒等映射将输入特征映射成与输出特征相同的维度。

残差映射（Residual Mapping）：残差块学习残差映射，用于修正输入与期望输出之间的差异。

通过恒等映射与残差映射，使得残差块能够学习到相对于前一层的残差信息，有助于梯度的流动，减轻了梯度消失的问题。ResNet 残差连接结构如图 7-33 所示。

ResNet 的整体网络结构由多个残差块组成，通常使用堆叠的 3×3 卷积层来构建残差块。此外，ResNet 还使用了步幅大于 1 的卷积层或池化层以减小特征图的尺寸。ResNet 通过引入残差连接的方式，使得训练更深的网络成为可能，成了目前深度学习中的经典模型之一，在图像分类、目标检测和语义分割等计算机视觉任务中得到了成功的应用。

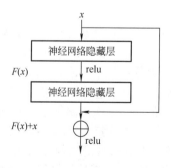

图 7-33　ResNet 残差连接示意图

4. ViT 网络模型

视觉 Transformer（Vision Transformer，ViT）模型是一种深度学习架构，由 Google Research 的研究人员于 2020 年提出。该模型将 Transformer 的自注意力机制引入计算机视觉领域。由于其简洁高效的模型结构、强大的可扩展性以及卓越的性能，在图像分类、目标检测、语义分割等任务上表现出色。

ViT 使用多头注意力模块 (Multi-head Attention, MHA)、层归一化模块 (Layer Normalization) 和前馈神经网络的串联组成基本的 Transformer 编码器块结构, 并且使用了 ResNet 中的跳跃连接 (skip connection)。以下将首先简要介绍多头注意力模块, 然后简述 ViT 的整体处理流程。

(1) 多头自注意力机制 多头自注意力 (Self-Attention) 是 Transformer 网络架构的核心设计, 也是 ViT 模型的核心组成部分。它是一种能够捕捉序列中不同元素之间相互关系的方法。其本质是对输入行自适应加权, 以获得更加全局的上下文信息。

为了清楚地阐述注意力模块的运算过程, 首先介绍单头注意力模块的完整计算过程, 如图 7-34 所示。假设输入信息是 a^1、a^2、a^3、a^4 四个 token 向量, 实际的 Transformer 模型中会在 token 向量的基础上叠加一个位置嵌入向量 (Positional Embedding), 但不影响后续的注意力模块计算过程。

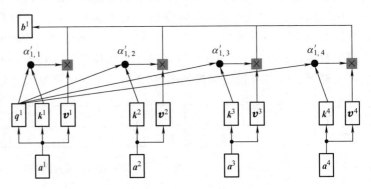

图 7-34 单头自注意力机制计算过程示意图

首先将 a^1 乘以变换矩阵 W^q 得到问询向量 (query) q^1, 然后将 a^1、a^2、a^3、a^4 分别乘以变换矩阵 W^k 得到查询向量 (key) k^1、k^2、k^3、k^4, 再将 q^1 和这四个 key 分别做点积, 就得到四个相关性数值 $\alpha_{1,1}$、$\alpha_{1,2}$、$\alpha_{1,3}$、$\alpha_{1,4}$。

当 query 和 key 向量维度 d_k 较大时, 向量内积的值可能也较大, 导致 Softmax 函数的梯度较小, 从而使得模型误差反向传播 (back-propagation) 经过 Softmax 函数后无法继续传递、参数无法更新, 影响模型的训练效率。因此, 在经过 Softmax 函数前, 会进行缩放对齐操作 (scale), 其中 d_k 代表问询向量 q^i 的特征维度。最后通过 Softmax 运算得到注意力分数 $\alpha'_{1,1}$、$\alpha'_{1,2}$、$\alpha'_{1,3}$、$\alpha'_{1,4}$, 即

$$\alpha'_{i,j} = \text{score}(q^i, k^j) = \text{Softmax}\left(\frac{(q^i)^{\text{T}} k^j}{\sqrt{d_k}}\right) \tag{7-90}$$

得出问询向量 q^i 对查询向量 k^j 的关注度 $\alpha'_{i,j}$ 后, 还要抽取输入 token 中重要的信息。类似地, 将 a^1、a^2、a^3、a^4 分别乘以变换矩阵 W^v, 得到信息向量 (value) v^1、v^2、v^3、v^4; 然后用注意力分数 $\alpha'_{1,1}$、$\alpha'_{1,2}$、$\alpha'_{1,3}$、$\alpha'_{1,4}$ 对信息向量 v^1、v^2、v^3、v^4 进行加权, 得到最后的输出向量 b^1。通过上述计算方式, 可以计算得到输出向量 b^2、b^3、b^4。3 个变换矩阵 W^q、W^k、W^v 具体的线性变换由网络学习得到。

多头注意力可以让模型关注数据不同方面的信息, 其计算过程与单头注意力模块非常类似。以两头注意力模块为例, 对于特定的 a^i, 需要用 2 组 W^q、W^k、W^v 与之相乘, 得到 2 组 q^i、k^i、v^i。然后将得到的 2 个输出 $b^{i,1}$、$b^{i,2}$ 进行拼接, 得到最终的输出 b^i, 如图 7-35 所示。

多头自注意力机制允许模型根据上下文动态地调整每个元素的重要性, 可以更有效地捕获全局和局部特征, 特别擅长处理序列数据。

(2) ViT 模型简述 ViT 模型将整幅图像拆分成小图块, 并把这些小图块的线性嵌入序列作为 Transformer 的输入送入网络, 然后使用监督学习的方式进行图像分类训练, 如图 7-36 所示。

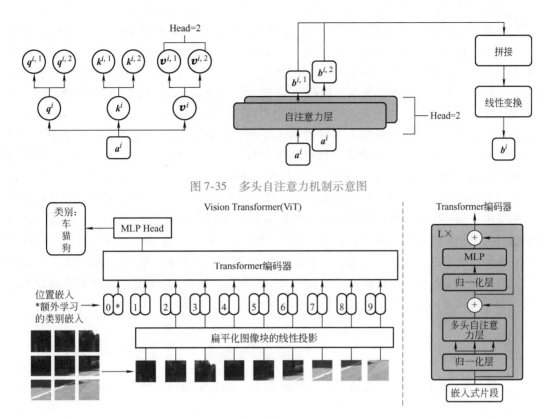

图 7-35　多头自注意力机制示意图

图 7-36　ViT 网络结构示意图

图像划分和位置编码：在 ViT 模型中，图像首先被划分为固定大小的图块（patches）。每个图块都被视为一个序列元素，该序列作为输入进入 Transformer 模型。为了捕捉图块之间的位置信息，ViT 引入了位置编码，将位置信息嵌入到输入序列中，以便 Transformer 理解图块之间的相对位置关系。

Transformer 编码器：ViT 模型包括一系列 Transformer 编码器，由编码器负责处理输入图块序列。每个编码器包括自注意力机制（self-attention）和前馈神经网络，用于捕捉图块之间的关系和提取特征。

多头自注意力：ViT 模型通常使用多头自注意力机制，每个注意力头可以关注序列中不同的图块关系，从而提高模型的表现能力。

类别嵌入：为了处理分类任务，ViT 引入了一个特殊的类别嵌入（class embedding）向量，用于表示图像的全局信息。类别嵌入与图块嵌入一起输入到 Transformer 编码器中，以获得最终的任务相关表示。

预训练和微调：ViT 模型可以进行预训练和微调。在预训练阶段，模型通常使用大规模图像数据集进行自监督学习，如使用图像块的排列任务。然后，在特定的图像处理任务上进行微调，如图像分类、物体检测或语义分割。

高性能和通用性：ViT 模型在处理不同尺寸和分辨率的图像时表现出色。它在图像分类任务上取得了与传统 CNN 相媲美的性能，并且在目标检测和分割等任务中也取得了显著的进展。这使得 ViT 成为图像处理与计算机视觉领域的一个重要研究方向。

随着深度学习的发展，卷积神经网络（CNN）成为图像特征提取的重要工具，通过端到端的训练方式让网络自己学习提取特征。LeNet、AlexNet 等早期 CNN 模型在图像分类任务中取得了突破性的成果。然而，这些模型的深度较浅，无法处理复杂的视觉任务。VGG 和 GoogLeNet 是早期尝试构建更深网络的典型代表。VGG 通过增加网络深度来提高特征抽象能力，但模型参数过多、训练复杂。GoogLeNet 则引入了 Inception 模块，同时增加了网络的宽度和深度，为后续设计更大规模的网络奠定了基础。ResNet 引入残差连接，网络可在更深的层次中进行训练，有效地缓解了梯度消失问题。ResNet 的成功促进了更大规模的网络研究。随后，又不断涌现出很多人工设计的 Backbone，进而产生一个自然的诉求，这样的工作能否交给机器来做。因此，出现了网络结构搜索（Neural Architecture Search，NAS），通过搜索策略找出候选网络结构，对其进行评估，根据反馈进行下一轮的搜索，以自动发现最优的架构。近年来，大型预训练模型，特别是基于 Transformer 结构的模型，其自注意力机制的引入为视觉任务带来了新的思路。ViT 首次将 Transformer 应用于图像分类任务，证明了其在视觉任务中的有效性。未来，随着计算资源的增加，模型的规模和深度可能会继续增加。同时，模型的效率和泛化能力也会成为关注的重点。研究人员将进一步探索更高效的模型结构和训练策略，使其在不同任务和场景下都能够具有良好的性能。

习　题

7-1　图像都有哪些特征？简要说明这些特征，以及它们在图像分析中有何用途？

7-2　已知一幅 4×4，灰度级为 4 的数字图像，如图 7-37 所示，取 $d = 1$，分别求 $\theta = 0°$、$45°$、$90°$、$135°$ 时的灰度共生矩阵 $\boldsymbol{P}(i,j \mid d,\theta)$，分析它在不同方向上的纹理分布情况，并计算该图像的三个纹理特征量。

0	0	1	1
0	0	1	1
2	2	2	2
2	2	3	3

图 7-37　题 7-2 图

7-3　对图 7-38 所示的闭合边界，写出以 S 为起点的链码和差分链码。

7-4　什么是傅里叶描述？它有何特点？试编写计算图像区域傅里叶描述的程序。

7-5　计算图 7-39 所示图像中目标(阴影部分)的面积、质心、周长、圆形度、矩形度以及长宽比。

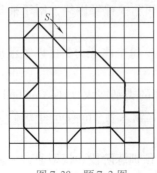

图 7-38　题 7-3 图

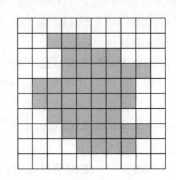

图 7-39　题 7-5 图

7-6　简述 Harris 角点检测基本思想及其优缺点。

7-7　请简述为什么 SIFT 特征描述子具有对光照、旋转、尺度变化的不变性。

7-8　简述 SIFT 特征点提取时，为了实现关键点精确定位，都采取了哪些手段？

7-9　与传统特征提取方法相比，基于深度学习的特征提取的优点是什么？

第8章 数字图像的压缩编码

8.1 概述

8.1.1 图像压缩编码的必要性

在人们的生活中，数字图像随处可见，并已成为不可缺少的一部分。但图像数字化之后，其数据量非常庞大，给图像数据的传输、存储带来了困难。例如，一幅 640×480 分辨率的彩色图像（24bit/像素），其数据量为 900KB，如果以 30 帧/s 的速度播放，则 1s 播放的数据量为 $640 \times 480 \times 24 \times 30 \text{bit} = 210.9 \text{Mbit} = 26.4 \text{MB}$，需要 210.9Mbit/s 的通信回路；如果存放在 650MB 的光盘中，在不考虑音频信号的情况下，每张光盘也只能存储 24s 的视频。对于利用电话线传送黑白二值图像的传真，如果以 200dpi（点/in,1in = 0.0254m）的分辨率传输，一张 A4 稿纸内容的数据量为 $(200 \times 210/25.4) \times (200 \times 297/25.4) \text{bit} = 3866948 \text{bit}$，按目前 14.4kbit/s 的电话线传输速率，需要传送的时间是 263s（约 4.4min）。可见，如不进行编码压缩处理，图像传输及图像存储的困难和成本之高是可想而知的。

总之，大数据量的图像信息会给存储器的存储容量、通信干线信道的带宽以及计算机处理平台增加极大的压力。单纯地通过增加存储器容量、提高信道带宽以及计算机硬件配置等方法来解决这个问题显然是不现实的，必须要考虑压缩数据以减少信息容量。因此，图像压缩在图像数据传输和存储的过程中是必不可少的。

8.1.2 图像压缩编码的可能性

图像压缩的理论基础是信息论。从信息论角度来看，压缩是去掉信息中的冗余成分，即保留不确定的信息，去掉确定的信息（可推知的），也就是用一种更接近信息本质的描述来代替原本冗余的描述。一幅图像存在着大量的数据冗余和主观视觉冗余，因此图像数据压缩既是必要的，也是可能的。

1. 数字图像特征决定数据压缩的可能性

（1）空域冗余 空域冗余也称为空间冗余或几何冗余，空域冗余是一种与像素间相关性直接联系的数据冗余。通常邻近像素灰度分布的相关性很强，例如图 8-1a 中条状物体排列比较整齐，如果用水平方向的任何一行像素预测垂直方向的其他行像素，都能够准确预测出其他行数据，其他行数据完全能够用一行数据复制得到；图 8-1b 中虽然也是相同的 4 个条状物体，但是随意摆放，因此不能用图 8-1b 中某一行像素去预测其他行像素。我们称图 8-1a 中数据存在较大冗余，能够给图像压缩提供较大的压缩空间。

（2）时域冗余 时域冗余又称时间冗余，它是针对视频图像而言的。视频序列每秒连续播放 25 ~ 30 帧图像，相邻帧之间的时间间隔很小（例如，25 帧/s 的电视信号，其帧间时间间隔只有 0.04s）。同时，实际生活中的运动物体具有运动一致性，使得视频序列图像之间有很强的相关性。

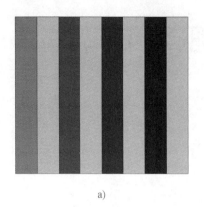
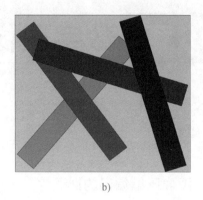

a)

b)

图 8-1　图像的空域冗余

图 8-2a 是一组视频序列的第 1 帧，图 8-2b 是第 2 帧，人眼很难发现两帧图像的差别，如果视频再连续播放，人眼则更难看出两帧图片之间的差别。两帧图像越接近，说明图像序列携带的动态信息越少，换言之，第 2 帧相对第 1 帧而言，存在大量的时域冗余。对于视频压缩而言，时域冗余是视频图像压缩中可利用的最主要的冗余。

a)

b)

图 8-2　图像的时域冗余

（3）频域冗余　频域冗余是针对目前普遍使用的变换编码方法而言的。绝大部分变换编码将空域的图像变换到频域中，使得大量的信息能用较少的数据来表示，从而达到压缩的目的。从空域转化到频域，去除了图像像素在空域的相关性，然而我们发现，图像在频域的表示(频谱系数)，同样存在冗余。大多数图像的频谱具有低通特性，低频部分的系数能够提供绝大部分的图像信息，保留低频部分的系数，而丢弃高频部分的系数，可保持大部分图像能量，在恢复图像时带来的质量劣化也并不明显。因此，去除频域的冗余，能够进一步提升压缩的空间，可提高编码效率。

（4）信息熵冗余　图像中像素灰度分布的不均匀性，造成了图像信息熵冗余，即用同样长度比特表示每一个灰度，则必然存在冗余。若将出现概率大的灰度级用长度较短的码表示，将出现概率小的灰度级用长度较长的码表示，有可能使编码的平均长度下降。

2. 应用环境允许图像有一定程度失真

1）接收端图像设备分辨率较低，则可降低图像分辨率。

2）用户所关心的图像区域有限，可对其余部分图像采用空间和灰度级上的粗化。

3）根据人眼的视觉特性，对不敏感区域进行降分辨率编码（视觉冗余）。

通常人眼能够分辨的灰度级有限，同时，它所感受到的图像区域物体的亮度不仅仅与物体的反射光有关，还与马赫带效应、同时对比度、视觉暂留及视觉非线性等特点有关，有些信息在通常的视觉感知过程中并不那么重要，这些信息可认为是视觉冗余，去除这些冗余，人眼不会明显地感受到图像质量的降低，因此也给图像压缩提供了可能。

8.1.3　图像压缩编码的分类

图像压缩编码的方法很多，其分类方法视出发点不同而有差异。

1. 从图像压缩技术的发展过程出发

根据图像压缩技术的发展过程可将图像压缩编码分为两代：第一代是指 20 世纪 80 年代以前，图像压缩编码主要是根据传统的信源编码方法，研究的内容是有关信息熵、编码方法及数据压缩比；第二代是指 20 世纪 80 年代以后，它突破了信源编码理论，结合分形、模型基、神经网络、小波变换等数学工具，充分利用视觉系统和图像信源的各种特性。

2. 从解码结果对原图像的保真程度出发

根据解码结果对原图像的保真程度，可将图像压缩编码分为两大类：

无损压缩（冗余度压缩、可逆压缩）——是一种在解码时可以精确地恢复原图像，没有任何损失的编码方法，但压缩比不大，通常只能获得 1 ~ 5 倍的压缩率。

有损压缩（熵压缩、不可逆压缩）——解码时只能近似原图像，不能无失真地恢复原图像，压缩比大，但有信息损失。

这里的失真是指编码输入图像与解码输出图像之间的随机误差，压缩比是指原图像与压缩后图像的数据量之比。

3. 从具体编码技术出发

根据具体编码技术不同，可分为预测编码、变换编码、统计编码、轮廓编码、模型编码等。

8.1.4　压缩编码系统评价

1. 图像压缩编码压缩名词术语

（1）图像熵　设数字图像像素灰度级集合为 $\{d_1, d_2, \cdots, d_m\}$，其对应的概率分别为 $p(d_1)$，$p(d_2)$，$\cdots$，$p(d_m)$。按信息论中信源信息熵的定义，图像的熵定义为

$$H = -\sum_{i=1}^{m} p(d_i)\log_2 p(d_i) \tag{8-1}$$

单位为 bit/灰度级。图像的熵表示像素各个灰度级位数的统计平均值，它给出了对此输入灰度级集合进行编码时所需要的平均位数的下限。

（2）平均码字长度　设 β_i 为数字图像中灰度级 d_i 对应的码字长度（二进制代码的位数）。其相应出现的概率为 $p(d_i)$，则该数字图像赋予的平均码字长度为

$$R = \sum_{i=1}^{m} \beta_i p(d_i) \tag{8-2}$$

（3）编码效率　编码效率一般用下列简单公式表示：

$$\eta = \frac{H}{R} \times 100\% \tag{8-3}$$

式中，H 为信息熵，R 为平均码字长度。如果 R 接近 H，则编码效果好，如果 R 远大于 H，则编码效果差。

（4）压缩比　压缩比是衡量数据压缩程度的指标之一。压缩比是指编码前后平均码长之比，即

$$r = \frac{n}{R} \tag{8-4}$$

式中，n 为编码前每个灰度级所用的平均码长，通常为用自然二进制码表示时的比特数，如果灰度级是 256 时，在计算机存储中用 8bit，则 8bit 的自然二进制码表示就是 3。

2. 主客观评价系统

（1）基于压缩编码参数的基本评价　根据信息论中的信源编码理论，可以证明在 $R \geqslant H$ 条件下，总可以设计出某种无失真编码方法。当然，若编码结果使 R 远大于 H，则表明这种编码方法效率很低，占用比特数太多。例如对图像样本量化值直接采用脉冲编码调制（PCM）编码方法，其结果是平均码字长度 R 远比图像熵 H 大。最好的编码结果应使 R 等于或很接近于 H，这样的编码方法，称为最佳编码，它既不丢失信息，又占用很少的比特数，比如后面将要介绍的霍夫曼编码。若要求编码结果 $R < H$，则必然会丢失信息而引起图像失真，这种编码方法就是在允许有某种失真条件下的所谓失真编码。

一般来讲，压缩比大，则说明被压缩掉的数据量大。一个编码系统要研究的问题是设法减小编码平均长度 R，使编码效率 η 尽量趋于 1，而冗余度尽量趋于 0。举例来说，一个有 6 个符号的信源 X，其霍夫曼编码为

符号：	u_1	u_2	u_3	u_4	u_5	u_6
概率：	0.25	0.25	0.20	0.15	0.10	0.05
码字：	01	10	11	000	0010	0011

根据以上数据，可计算信源的图像熵、平均码字长度、编码效率及冗余度。

图像熵：
$$\begin{aligned} H(X) &= -\sum_{k=1}^{6} p_k \log_2 p_k \\ &= -0.25\log_2 0.25 - 0.25\log_2 0.25 - 0.20\log_2 0.20 - 0.15\log_2 0.15 - \\ &\quad 0.10\log_2 0.10 - 0.05\log_2 0.05 \\ &= 2.42 \end{aligned}$$

平均码字长度：
$$\begin{aligned} R(X) &= \sum_{k=1}^{6} \beta_k p_k \\ &= 2 \times 0.25 + 2 \times 0.25 + 2 \times 0.20 + 3 \times 0.15 + 4 \times 0.10 + 4 \times 0.05 \\ &= 2.45 \end{aligned}$$

编码效率：$\eta = \dfrac{H(X)}{R(X)} = \dfrac{2.42}{2.45} \times 100\% = 98.8\%$

冗余度：$r = 1 - \eta = 1 - 98.8\% = 1.2\%$

可见，对于上述信源 X 的霍夫曼编码，其编码效率已达 98.8%，只有 1.2% 的冗余度。

（2）基于保真度准则的评价　为了增加压缩比，在图像压缩过程中，有时会放弃一些细节信息或不太重要的内容，导致信息的损失，因此在图像编码系统中，解码图像与原始图

像可能会不完全相同。在这种情况下，需要对信息损失进行测度，以描述解码图像相对于原始图像的偏离程度，这种测度称为保真度（逼真度）准则。保真度准则分为客观保真度准则和主观保真度准则。

1）客观保真度准则。客观保真度准则就是定义一个数学公式，然后对评价的图像进行运算，得到一个唯一的数字量作为评价编码方法或系统质量优劣的结果。常用的客观保真度准则有输入图像与输出图像的方均根误差、输入图像与输出图像的方均根信噪比和峰值信噪比三种。

方均根误差的定义：令 $f(x,y)$ 代表输入图像，$\hat{f}(x,y)$ 代表对 $f(x,y)$ 先压缩又解压缩后得到的图像，对于任意的 x 和 y，$f(x,y)$ 和 $\hat{f}(x,y)$ 的误差定义为

$$e(x,y) = \hat{f}(x,y) - f(x,y) \tag{8-5}$$

若两幅图像大小均为 $M \times N$，则它们之间的总误差为

$$\sum_{x=0}^{M-1} \sum_{y=0}^{N-1} [\hat{f}(x,y) - f(x,y)] \tag{8-6}$$

这样 $f(x,y)$ 和 $\hat{f}(x,y)$ 之间的方均根误差 e_{rms} 为

$$e_{\mathrm{rms}} = \left\{ \frac{1}{MN} \sum_{x=0}^{M-1} \sum_{y=0}^{N-1} [\hat{f}(x,y) - f(x,y)]^2 \right\}^{1/2} \tag{8-7}$$

方均根信噪比的定义：如果将 $\hat{f}(x,y)$ 看作原始图像 $f(x,y)$ 和噪声图像 $e(x,y)$ 之和，那么输出图像的方均信噪比 $\mathrm{SNR}_{\mathrm{ms}}$ 为

$$\mathrm{SNR}_{\mathrm{ms}} = \sum_{x=0}^{M-1} \sum_{y=0}^{N-1} \hat{f}(x,y)^2 \bigg/ \sum_{x=0}^{M-1} \sum_{y=0}^{N-1} [\hat{f}(x,y) - f(x,y)]^2 \tag{8-8}$$

如果对上式求平方根，就得到方均根信噪比 $\mathrm{SNR}_{\mathrm{rms}}$，实际使用时常将 SNR 归一化并用分贝（dB）表示。

峰值信噪比的定义：如果令 $f_{\max} = \max\{f(x,y), x=0,1,\cdots,M-1, y=0,1,\cdots,N-1\}$，即 $f_{\max}$ 为图像灰度的最大值，则峰值信噪比 PSNR 定义为

$$\mathrm{PSNR} = 10\lg \frac{f_{\max}^2}{\dfrac{1}{MN} \sum\limits_{x=0}^{M-1} \sum\limits_{y=0}^{N-1} [\hat{f}(x,y) - f(x,y)]^2} \tag{8-9}$$

2）主观保真度准则。尽管客观保真度准则为评估信息损失提供了一种简单方便的方法，但解压后的大部分图像最终是给人看的。因此，图像质量的好坏，既与图像本身的客观质量有关，也与人的视觉系统特性有关。有时候，客观保真度完全一样的两幅图像可能会有完全不同的视觉效果，所以又规定了主观保真度准则。主观保真度准则就是把图像显示给观察者，让观察者做出评价，有关图像质量的主观评价内容在第 2 章 2.4.2 小节中已经讲述过。

8.2　预测编码

8.2.1　预测编码的基本原理

预测编码就是根据数据在时间和空间上的相关性，利用已有样本对新样本进行预测，将

样本的实际值与其预测值相减得到误差值，再对误差值进行编码。通常误差值比样本值小得多，因而可以达到数据压缩的效果。

众所周知，在一幅图像中的某个区域，其相邻像素之间灰度值的差别可能很小。如果我们按行扫描进行编码，只记录第一个像素的灰度，而其他像素的灰度都用其与前一个像素灰度的差来表示，就能达到压缩的目的。例如，用 248、2、1、0、1、3 表示 6 个相邻像素的灰度，实际上这 6 个像素的灰度是 248、250、251、251、252、255；表示第二个像素 250 需要 8bit，而表示差值 2 只需要 2bit，这样就实现了压缩。

预测编码方法在图像数据压缩和语音信号数据压缩中都得到了广泛应用。常用的预测编码方法有差分脉冲编码调制（DPCM）和增量调制（ΔM 或 DM）。

8.2.2 DPCM 编码

1. DPCM 编码系统的基本原理

DPCM 编码系统的原理框图如图 8-3 所示。

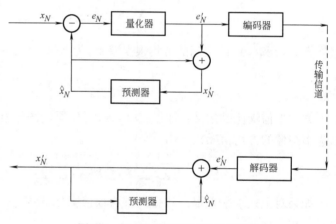

图 8-3　DPCM 编码系统的原理框图

这一系统对实际像素值与其估计差值进行量化和编码，然后再输出。图中 x_N 为 t_N 时刻的亮度取样值。预测器根据 t_N 时刻之前的样本值 $x_1, x_2, \cdots, x_{N-1}$ 对 x_N 作预测，得到预测值 $\hat{x}_N$。x_N 和 $\hat{x}_N$ 之间的误差为

$$e_N = x_N - \hat{x}_N \qquad (8\text{-}10)$$

量化器对 e_N 进行量化得到 e'_N，编码器对 e'_N 进行编码发送。接收端解码时的预测过程与发送端相同，所用预测器也相同。接收端恢复的输出信号 x'_N 和发送端输入的信号 x_N 的误差是

$$\Delta x_N = x_N - x'_N = x_N - (\hat{x}_N + e'_N) = x_N - \hat{x}_N - e'_N = e_N - e'_N \qquad (8\text{-}11)$$

可见，输入输出信号之间的误差主要是由量化器引起的。当 Δx_N 足够小时，输入信号 x_N 和 DPCM 编码系统的输出信号 x'_N 几乎一致。假设在发送端去掉量化器，直接对预测误差进行编码、传送，那么 $e_N = e'_N$，则 $x_N - x'_N = 0$，这样接收端就可以无误差地恢复输入信号 x_N，从而实现信息保持编码。若系统中包含量化器，且存在量化误差时，输入信号 x_N 和输出恢复信号 x'_N 之间一定存在误差，从而影响接收图像的质量。因此，在这样的系统中就存在一个如何能使误差尽可能减小的问题。

2. 预测编码的类型

若 t_N 时刻之前的样本值 $x_1, x_2, \cdots, x_{N-1}$ 与预测值之间的关系呈现某种函数形式，则该函数一般分为线性和非线性两种，预测编码器也就有线性预测编码器和非线性预测编码器两种。

若预测值 $\hat{x}_N$ 与各样本值 $x_1, x_2, \cdots, x_{N-1}$ 呈现线性关系

$$\hat{x}_N = \sum_{i=1}^{N-1} a_i x_i \qquad (8\text{-}12)$$

式中，$a_i(i=1,2,\cdots,N-1)$ 为预测系数，称为线性预测。

若预测值 $\hat{x}_N$ 与各样本值 $x_1,x_2,\cdots,x_{N-1}$ 之间不呈现如式（8-12）的线性组合关系，而是非线性关系，则称为非线性预测。

在图像数据压缩中，常用如下几种线性预测方案：

1）前值预测，即 $\hat{x}_N = ax_{N-1}$。

2）一维预测，即采用 $\hat{x}_N$ 同一扫描行中前面已知的若干个样值来预测 $\hat{x}_N$。

3）二维预测，即不但用 $\hat{x}_N$ 的同一扫描行以前的几个样值 (x_1,x_5)，还要用以前一行的样值 (x_2,x_3,x_4) 来预测 $\hat{x}_N$，如图 8-4 所示。例如：$\hat{x} = a_1x_1 + a_2x_2 + a_3x_3 + a_4x_4 + a_5x_5$。

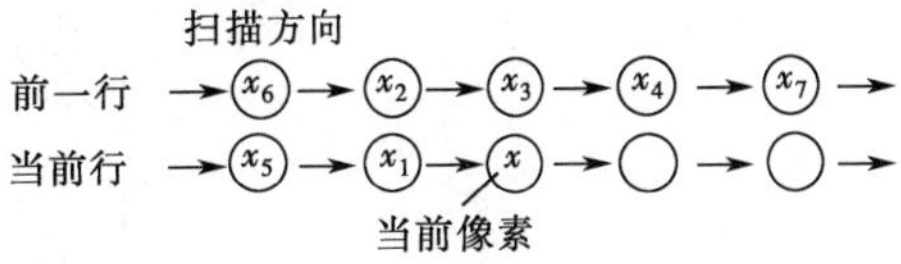

上述讲到的都是一幅图像中像素点之间的预测，统称为帧内预测。

图 8-4　二维预测示意图

4）三维预测（帧间预测）。为了进一步压缩，常采用三维预测，即用前一帧图像来预测本帧图像。由于连续图像（如电视、电影）相邻两帧之间的时间间隔很小，通常相邻帧间细节的变化是很少的，即相对应像素的灰度变化较小，存在极强的相关性。利用预测编码去除帧间的相关性，可以获得更大的压缩比。例如可视电话，相邻帧之间通常只有人的口、眼等少量区域有变化而图像中多数区域没什么变化，采用三维预测可使图像数据压缩到电话话路的频带之内。帧间预测在序列图像的压缩编码中起着很重要的作用。

3. 最佳线性预测

采用方均误差（MSE）为极小值的准则来获得 DPCM，称为最佳线性预测，亦即此时预测误差最小。对于图像来说，最佳线性预测的关键就是求出各个预测系数，使得预测误差最小，从而使得接收图像和原图像差别最小。下面给出一个简单的例子，讲述求解最佳线性预测的过程。

一幅图像中空间相邻的像素点，一般来说，其灰度值、颜色值都很接近，即有很强的相关性，因此可用已知的前面几个扫描邻近的像素对当前值进行预测。例如对图 8-5 中 $f(m,n)$ 点编码，利用与其最近的三个像素来预测，可以写成

$$\hat{f}(m,n) = a_1 f(m-1,n) + a_2 f(m-1,n-1) + a_3 f(m,n-1) \tag{8-13}$$

$f(m-1,n-1)$	$f(m,n-1)$	$f(m+1,n-1)$	
$f(m-1,n)$	$f(m,n)$		

图 8-5　预测位置

预测误差：

$$e(m,n) = f(m,n) - \hat{f}(m,n) \tag{8-14}$$

线性预测器中，a_1、a_2 和 a_3 是待定参数，当 a_1、a_2、a_3 满足使预测误差的方均值最小且保持固定不变的条件时，便构成最佳线性预测器。

现在我们应用方均误差最小准则，求出预测系数 a_1、a_2、a_3，以获得 $f(m,n)$ 的最佳线性预测值 $\hat{f}(m,n)$。

方均误差表达式为

$$E\{[e(m,n)]^2\} = E\{[f(m,n) - \hat{f}(m,n)]^2\}$$
$$= E\{[f(m,n) - a_1 f(m-1,n) - a_2 f(m-1,n-1) - a_3 f(m,n-1)]^2\}$$

为使 $E\{[e(m,n)]^2\}$ 最小, 令

$$\begin{cases} \dfrac{\partial}{\partial a_1} E\{[e(m,n)]^2\} = 0 \\[2mm] \dfrac{\partial}{\partial a_2} E\{[e(m,n)]^2\} = 0 \\[2mm] \dfrac{\partial}{\partial a_3} E\{[e(m,n)]^2\} = 0 \end{cases} \tag{8-15}$$

解方程式(8-15), 求得 a_1、a_2、a_3, 即为最佳线性预测系数。

先求出

$$\frac{\partial}{\partial a_1} E\{[e(m,n)]^2\} = \frac{\partial}{\partial a_1} E\{[f(m,n) - a_1 f(m-1,n) - a_2 f(m-1,n-1)$$
$$- a_3 f(m,n-1)]^2\}$$
$$= -2E\{[f(m,n) - a_1 f(m-1,n) - a_2 f(m-1,n-1) -$$
$$a_3 f(m,n-1)] \cdot f(m-1,n)\}$$

同理可求出 $\dfrac{\partial}{\partial a_2} E\{[e(m,n)]^2\}$ 和 $\dfrac{\partial}{\partial a_3} E\{[e(m,n)]^2\}$, 将结果代入式(8-15)中, 得下列方程组:

$$\begin{cases} E\{[f(m,n) - a_1 f(m-1,n) - a_2 f(m-1,n-1) - a_3 f(m,n-1)] \cdot f(m-1,n)\} = 0 \\ E\{[f(m,n) - a_1 f(m-1,n) - a_2 f(m-1,n-1) - a_3 f(m,n-1)] \cdot f(m-1,n-1)\} = 0 \\ E\{[f(m,n) - a_1 f(m-1,n) - a_2 f(m-1,n-1) - a_3 f(m,n-1)] \cdot f(m,n-1)\} = 0 \end{cases}$$

令相关系数 $R(m,n;p,q) = E\{f(m,n)f(p,q)\}$, 上式变为

$$\begin{cases} R(m,n;m-1,n) = a_1 R(m-1,n;m-1,n) + a_2 R(m-1,n-1;m-1,n) + \\ \qquad\qquad a_3 R(m,n-1;m-1,n) \\ R(m,n;m-1,n-1) = a_1 R(m-1,n;m-1,n-1) + a_2 R(m-1,n-1;m-1,n-1) + \\ \qquad\qquad a_3 R(m,n-1;m-1,n-1) \\ R(m,n;m,n-1) = a_1 R(m-1,n;m,n-1) + a_2 R(m-1,n-1;m,n-1) + \\ \qquad\qquad a_3 R(m,n-1;m,n-1) \end{cases}$$
$$\tag{8-16}$$

对于平稳随机场, 相关函数只与时间差有关, 而与取样时刻无关, 即满足

$$R(m,n;p,q) = R(m-p,n-q) = R(\alpha,\beta) \tag{8-17}$$

因此式(8-16)可写为

$$\begin{cases} R(1,0) = a_1 R(0,0) + a_2 R(0,-1) + a_3 R(1,-1) \\ R(1,1) = a_1 R(0,1) + a_2 R(0,0) + a_3 R(1,0) \\ R(0,1) = a_1 R(1,-1) + a_2 R(-1,0) + a_3 R(0,0) \end{cases} \tag{8-18}$$

对于 $f(m,n)$ 为平稳的一阶马尔可夫过程, 有

$$R(\alpha,\beta) = R(0,0) \exp(-c_1 |\alpha| - c_2 |\beta|) \tag{8-19}$$

可推导得

$$R(1,1) = \frac{R(1,0)R(0,1)}{R(0,0)} \tag{8-20}$$

因此可以解得

$$a_1 = \frac{R(1,0)}{R(0,0)}; \quad a_2 = -\frac{R(1,1)}{R(0,0)}; \quad a_3 = \frac{R(0,1)}{R(0,0)}; \tag{8-21}$$

可以证明预测误差的方均值为

$$E\{[e(m,n)]^2\} = R(0,0) - [a_1 R(1,0) + a_2 R(1,1) + a_3 R(0,1)] \tag{8-22}$$

由相关函数的性质可知 $R(1,0)$、$R(1,1)$ 和 $R(0,1)$ 都小于 $R(0,0)$，因此 a_1、a_2 和 a_3 都是绝对值小于 1 的值。将式(8-21)代入式(8-22)，可以推出

$$E\{[e(m,n)]^2\} < R(0,0) \tag{8-23}$$

由以上可知，误差序列的方差与信号序列相比，总是要小一些，甚至可能小很多，即误差序列的相关性比原始信号序列的相关性要弱一些，甚至弱很多。所以，传送已经消去了大部分相关性的误差序列有利于数据压缩。各样本间相关性越大，差值的方差就越小，所能达到的压缩比也就越大。

预测的值选取还可以扩充到更大的邻域，使用更多的邻近像素进行预测，邻域越大，所选的像素数越多，则预测器就越复杂。由于图像像素的相关性随距离的增大呈指数衰减，通常对于实际的图像进行预测时，所选邻近像素数一般不超过 4 个。

4. 自适应预测编码

前面讲述的 DPCM 编码系统采用固定的预测系数和量化器参数，但是在信号平坦区和边缘处要求量化器的输出差别很大，否则会导致信号出现噪声。为了获得更好的压缩效果和较高的图像质量，要求预测器和量化器的参数能够根据图像的局部区域分布特点而自动调整，这就是自适应预测和自适应量化。

（1）自适应预测　由式(8-13)可知一个三阶预测器的预测值计算公式为

$$\hat{f}(m,n) = a_1 f(m-1,n) + a_2 f(m-1,n-1) + a_3 f(m,n-1)$$

现增加一个可变参数 "k"，得

$$\hat{f}(m,n) = k[a_1 f(m-1,n) + a_2 f(m-1,n-1) + a_3 f(m,n-1)] \tag{8-24}$$

式中，k 是一个自适应参数，k 的取值根据量化误差的大小自适应调整。

设量化器最大输出为 e_{max}，最小输出为 e_{min}，某一个预测误差的量化输出为 e'。

当 $e_{min} < |e'| < e_{max}$ 时，k 不变；

$|e'| = e_{max}$ 时，k 自动增大；

$|e'| = e_{min}$ 时，k 自动减小；

对图像中的黑白边沿部分，由于 $|e'|$ 最大，即在 $|e'| = e_{max}$ 时，k 自动增大，使 $\hat{f}(m,n)$ 随之增大，预测误差将减小，这样可以减轻由斜率过载而引起的图像物体边沿模糊；相反，在 $|e'| = e_{min}$ 时，k 自动减小，使 $\hat{f}(m,n)$ 随之减小，预测误差加大，使量化器输出不致正负跳变，减轻图像灰度平坦区的颗粒噪声。要注意的是，这里所定义的预测系数已不再是一个常数，而是一个变数。因此这样的预测编码不是线性预测编码，而是非线性预测编码。

（2）自适应量化　自适应量化的概念是根据信号局部区域的特点，自适应地修改和调整量化器参数，包括量化器输出的动态范围、量化器判决电平（量化步长）等。实际上是在量化

器分层确定后，也就是总的量化级数确定后，当预测误差值小时，将量化器的输出动态范围减小，量化步长减小；当预测误差值大时，将量化器的输出动态范围扩大，量化器步长扩大。

8.2.3 ΔM 编码

1. ΔM 编码的基本原理

ΔM 编码是一种简单的预测编码方法，ΔM 编码的基本原理框图如图 8-6 所示，其中图 a 为编码器原理框图，图 b 为译码器原理框图。ΔM 编码器包括比较器、本地译码器和脉冲形成器三个部分。接收端译码器比较简单，它只有一个与编码器中的本地译码器一样的译码器及一个低通滤波器。

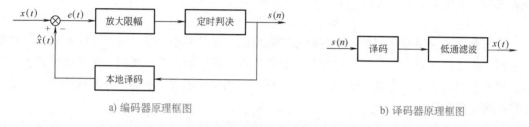

a) 编码器原理框图

b) 译码器原理框图

图 8-6 ΔM 编码器、译码器原理框图

ΔM 编码器实际上就是 1bit 编码的预测编码器，它用一位码字来表示 $e(t)$，即

$$e(t) = x(t) - \hat{x}(t) \tag{8-25}$$

式中，$x(t)$ 为输入视频信号；$\hat{x}(t)$ 是 $x(t)$ 的预测值。当差值 $e(t)$ 为一个正值时，用"1"来表示；当差值 $e(t)$ 为一个负值时，用"0"来表示。在接收端，当译码器收到"1"时，信号则产生一个正跳变；当收到"0"时，信号则产生一个负跳变，由此即可实现译码。

假定"1"的电压值为 $+E$，"0"的电压值为 $-E$，ΔM 编码过程如图 8-7 所示。图像信号 $x(t)$ 送入相减器，输出码经本地译码后产生的预测值 $\hat{x}(t)$ 也送入相减器，相减器输出就是误差信号 $e(t)$。$e(t)$ 送入脉冲形成器以控制脉冲的形成，脉冲形成器一般由放大限幅和双稳判决电路组成，脉冲形成器的输出就是所需要的码字。码率由取样脉冲决定，当取样脉冲到达时，$e(t) > 0$ 则发"1"，$e(t) < 0$ 则发"0"。发"0"还是发"1"完全由 $e(t)$ 的极性来控制，而与 $e(t)$ 的大小无关。在 $t = t_0$ 时，输入一模拟信号 $x(t)$，此时 $x(t_0) > \hat{x}(t_0)$，即 $e(t) > 0$，脉冲形成电路输出"1"。从 t_0 开始本地译码器将输出正的斜变电压，使 $\hat{x}(t)$ 上升，以便跟踪上 $x(t)$。由于

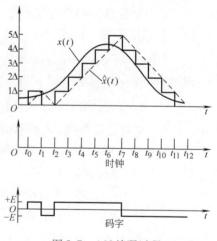

图 8-7 ΔM 编码过程

$x(t)$ 变化缓慢，$\hat{x}(t)$ 上升较快，所以在 t_1 时刻 $x(t_0) - \hat{x}(t_0) < 0$，因此第二个时钟脉冲到来时便输出码"0"。以此类推，在 t_2、t_3、…、t_n 等时刻码字的产生原理相同。图 8-7 分别画出了编出的码流和时钟信号的波形。

2. ΔM 编码的基本问题

ΔM 编码存在的基本问题是斜率过载误差和颗粒误差现象。

（1）斜率过载误差　由 ΔM 的编码原理可知，$\hat{x}(t)$ 应很好地跟踪 $x(t)$，跟踪得越好，误差越小。当一个系统设计好后，时钟的频率及跳变的量化台阶 Δ 就确定了，若遇到输入信号急剧变化时，$\hat{x}(t)$ 很难跟踪上 $x(t)$ 的变化，这时就会产生较大的误差，这种现象称为斜率过载。斜率过载现象将使图像中原本陡峭的轮廓变为缓变的轮廓，从而引起图像边缘的模糊。

解决斜率过载的有效办法是自适应增量编码法。斜率过载现象产生的主要原因是量化台阶固定不变，自适应增量编码法的基本思想则是根据信号变化快慢相应的调整量化台阶大小，这种改变可由系统自动控制。由于出现斜率过载现象时，编码输出将是连续"1"或连续"0"码，因此通过监测编码输出中连续"1"或连续"0"的个数，可检测出输入信号的变化趋势，及时调整量化台阶，以便较好地跟踪上输入信号。

（2）颗粒误差　颗粒误差是信号平坦区反复量化产生的，如图 8-8 所示。这种跳变在图像中表现为胡椒状颗粒噪声。

虽然可采取小量化台阶减小颗粒误差，但小量化台阶就不能精确地跟上快速上升信号的变化，出现斜率过载误差现象，因

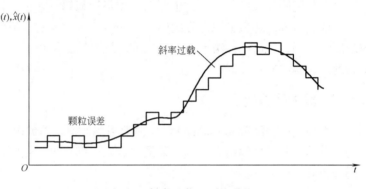

图 8-8　斜率过载和颗粒误差

此二者应折中考虑。现在最好的解决办法就是利用自适应技术，不再采用固定的量化台阶，而是根据输入信号情况的不同，自适应地调整量化台阶，这种系统就是自适应增量编码系统（ADM）。这种系统有效地解决了斜率过载现象，减小了颗粒误差。鉴于篇幅有限，关于 ADM 系统的详细内容本书不再陈述，读者可参考有关文献。

预测编码实现技术简单，但压缩能力不高而且抗干扰能力比较差，对传输中误差有积累现象。一般不单独使用预测编码，而是与其他方法结合起来使用，例如在 JPEG 标准中，采用的直流(DC)预测算法，就是对离散余弦变换后的直流系数进行帧内预测编码。

8.3　统计编码

统计编码是指建立在图像统计特性基础之上的一类压缩编码方法，根据信源的概率分布特性，分配不同长度的码字，降低平均码字长度，以提高传输速度，节省存储空间。

8.3.1　游程长度编码

游程长度编码(Run Length Encoding)又叫行程编码，其原理很简单，就是将一行中灰度值相同的相邻像素用一个计数值和该灰度值来代替。

例如：aaaa bbb cc d eeeee fffffff，假设每个像素用 8bit 编码，共需 $22 \times 8\text{bit} = 176\text{bit}$。若表示为 4a3b2c1d5e7f，只需 $12 \times 8\text{bit} = 96\text{bit}$。

我们把具有相同灰度值的相邻像素组成的序列称为一个游程，游程中像素的个数称为游程长度，简称游长。

对于黑、白二值图像，由于图像的相关性，在每一扫描行上，总是可以分割成若干个白像素段（白长）和黑像素段（黑长）之和，如图 8-9 所示。因为白长和黑长是交替出现的，所以在编码时，只需对于每一行的第一个像素有一个标志，以区分该行是以白长还是以黑长开始，后面就只写游长即可。实际上，行程编码是分两步进行的，首先对每一行交替出现的白长和黑长进行统计，图 8-9 可写成：4 个白，5 个黑，7 个白，5 个黑，9 个白，3 个黑，3 个白。然后，再对游长进行变长编码，即根据其不同的出现概率分配以不同长度的码字。在进行变长编码时，经常采用霍夫曼编码，关于霍夫曼编码，后面讲述。

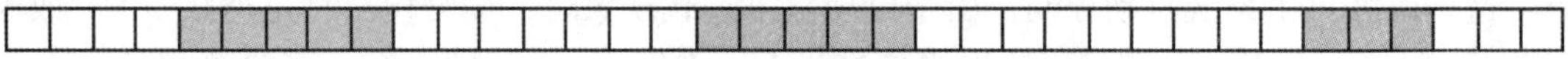

图 8-9 白长和黑长

对于灰度图像或彩色图像，也可以采用行程编码。如果一幅图像是由很多块灰度相同的大面积区域组成，那么采用行程编码的压缩效率是惊人的。但是，如果图像中每两个相邻点的灰度都不同，用这种算法不但不能压缩，反而数据量会增加一倍，所以现在单纯采用行程编码的压缩算法并不多。

8.3.2 霍夫曼编码

霍夫曼编码（Huffman Coding）是一种常用的数据压缩编码方法，是 Huffman 于 1952 年建立的一种非等长最佳编码方法。所谓最佳编码，即在具有相同输入概率集合的前提下，其平均码长比其他任何一种唯一可译码都短。

霍夫曼编码的理论依据是变字长编码理论。在变字长编码中，编码器的输出码字是字长不等的码字，按编码输入信息符号出现的统计概率不同，给输出码字分配以不同的字长。在编码输入中，对于那些出现概率大的信息符号分配较短字长的码，而对于那些出现概率小的信息符号分配较长字长的码。可以证明，按照概率出现大小的顺序，对输出码字分配不同码字长度的变字长编码方法，其输出码字的平均码长最短，与信源熵值最接近。

在讲霍夫曼编码之前，先举个例子：

假设一个文件中出现了 8 种符号 S_0、S_1、S_2、S_3、S_4、S_5、S_6、S_7，那么每种符号编码至少需要 3bit，假设编码成

$S_0 = 000$，$S_1 = 001$，$S_2 = 010$，$S_3 = 011$，$S_4 = 100$，$S_5 = 101$，$S_6 = 110$，$S_7 = 111$

那么符号序列 $S_0S_1S_7S_0S_1S_6S_2S_2S_3S_4S_5S_0S_0S_1$ 编码后变成

000 001 111 000 001 110 010 010 011 100 101 000 000 001 （共 42bit）

我们发现 S_0、S_1、S_2 这三个符号出现的频率比较大，而其他符号出现的频率比较小，如果我们采用一种编码方案使得 S_0、S_1、S_2 的码字短，其他符号的码字长，这样就能减少上述符号序列占用的比特数。例如，我们采用这样的编码方案：

$S_0 = 01$，$S_1 = 11$，$S_2 = 101$，$S_3 = 0000$，$S_4 = 0010$，$S_5 = 0001$，$S_6 = 0011$，$S_7 = 100$

那么上述符号序列变成

01 11 100 01 11 0011 101 101 0000 0010 0001 01 01 11 （共 39bit）

尽管有些码字如 S_3、S_4、S_5、S_6 变长了（由 3 位变成 4 位），但使用频繁的几个码字，如 S_0、S_1 则变短了，使得整个序列的编码缩短了，从而实现了压缩。

编码必须保证不能出现一个码字和另一个码字的前几位相同的情况，比如说，如果 S_0

的码字为 01，S_2 的码字为 011，那么当序列中出现 011 时，便不知道是 S_0 的码字后面跟了个 1，还是完整的一个 S_2 的码字。我们给出的编码就能够保证这一点，它是按照霍夫曼编码算法得到的。

下面给出具体的霍夫曼编码算法：

1）首先统计出每个符号出现的概率，上例 S_0 到 S_7 的出现概率分别为 4/14、3/14、2/14、1/14、1/14、1/14、1/14、1/14。

2）把上述符号按概率大小顺序排列。

3）选出概率最小的两个值相加，形成一个新的概率集合，再按概率大小重排，选出概率最小的两个值相加。重复该步骤，直至有两个概率为止。

4）对每个信源符号编码，从最后两个概率开始逐步向前进行编码，每一步只需对两个分支各赋予一个二进制码，如对概率大的赋予 0 码，对概率小的赋予 1 码，这里赋 0 或赋 1 是完全随机的，不影响结果。

本例的霍夫曼编码过程如图 8-10 所示。最终各符号的霍夫曼编码如下：

S_0：00　　　S_1：10　　　S_2：010　　　S_3：111

S_4：0100　　S_5：0101　　S_6：0110　　S_7：0111

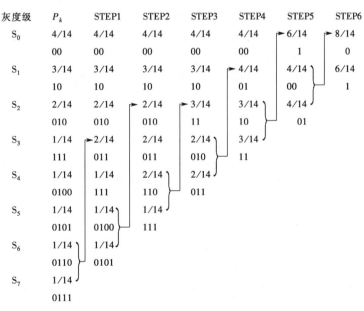

图 8-10　霍夫曼编码过程

霍夫曼编码获得后，编码和解码都可用简单的查表方式实现。这种码具有以下特点：

- 这种编码方法形成的码字是可辨别的，即一个码字不能成为另一码字的前缀。
- 霍夫曼编码对不同的信源其编码效率不同，适合于对概率分布不均匀的信源编码。

由此，任何霍夫曼码串都可通过从左到右不断合并各个符号进行解码，例如根据上例的编码，可求出码串 111100100100110 对应的符号串为 $S_3S_1S_2S_2S_6$。

霍夫曼编码是依据符号出现的概率对符号进行编码，需要对原始数据扫描两遍：第一遍扫描要精确统计出原始数据中每个符号出现的概率；第二遍是进行霍夫曼编码。因此当源数据成分复杂时，霍夫曼编码非常麻烦与耗时，限制了霍夫曼编码的实际应用。所以在一些图像压缩标准中普遍采用一些霍夫曼码表以省去对原始数据的统计,这些码表是通过对许多图像测试而得到的平均结果,对大多数图像来说,利用它作压缩参考,得到的结果差异并不大,即两种方法得到的压缩比相差较小,可见采用霍夫曼码表进行压缩是非常方便有效的。

8.3.3 算术编码

算术编码(Arithmetics Coding)是一种从整个符号序列出发,采用递推形式连续编码的方法。在算术编码中,源符号和码之间的一一对应关系并不存在。一个算术码字是赋给整个信源符号序列的,而码字本身确定0和1之间的一个实数区间。

下面通过一个实例来说明算术编码的具体方法。

令待编码的信息为来自一个4-符号信源 $\{a,b,c,d\}$ 的符号序列:abccd。已知各个信源符号的概率为 $P(a)=0.2$、$P(b)=0.2$、$P(c)=0.4$、$P(d)=0.2$。

各数据符号在半封闭实数区间 $[0,1)$ 内的赋值范围设定为

$a=[0.0,0.2)$ \qquad\qquad $b=[0.2,0.4)$

$c=[0.4,0.8)$ \qquad\qquad $d=[0.8,1.0)$

为讨论方便,再给出一组关系式

$$N\_area_s = F\_area_s + C\_flag_l \times L \tag{8-26}$$

$$N\_area_e = F\_area_s + C\_flag_r \times L \tag{8-27}$$

式中,N_area_s 为新子区间的起始位置;N_area_e 为新子区间的结束位置;F_area_s 为前子区间的起始位置;L 为前子区间的长度;C_flag_l 为当前符号的区间左端;C_flag_r 为当前符号的区间右端。

根据以上假定,本例的编码过程大致为:

第一个符号为"a",代码的取值范围为 $[0,0.2)$。

第二个符号为"b",由于前面的符号"a"已将取值区间限制在 $[0,0.2)$ 范围内,所以"b"的取值范围应在前符号区间 $[0,0.2)$ 之中的 $[0.2,0.4)$ 之间。由式(8-26)、式(8-27)得

$$N\_area_s = 0.0 + 0.2 \times 0.2 = 0.04$$

$$N\_area_e = 0.0 + 0.4 \times 0.2 = 0.08$$

即"b"的实际编码区间在 $[0.04,0.08)$ 之间。

第三个符号为"c",编码取值应在 $[0.04,0.08)$ 之中的 $[0.4,0.8)$ 之间,即

$$N\_area_s = 0.04 + 0.4 \times 0.04 = 0.056$$

$$N\_area_e = 0.04 + 0.8 \times 0.04 = 0.072$$

以此类推,第四个符号"c",编码取值在 $[0.056,0.072)$ 之中的 $[0.4,0.8)$ 区间内,第五个符号"d"的编码取值在 $[0.0624,0.0688)$ 之中的 $[0.8,1.0)$ 区间内。整个过程如图8-11所示。

由上面列出的编码过程可以看到,随着字符的输入,代码的取值范围越来越小。当数据串"abccd"全部编码后,"abccd"已被描述为一个实数区间 $[0.06752,0.0688)$,任何一个该区间内的实数,如 0.068 就可用来表示整个符号序列。这样,就可以用一个浮点数表示一个字符串,达到减少存储空间的目的。

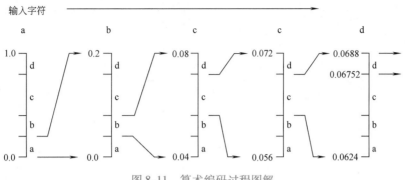

图 8-11　算术编码过程图解

与霍夫曼编码相比，算术编码更加复杂，对于"0"、"1"二值符号，算术编码可以提供更高的编码效率，尤其在其中一个符号的出现概率占绝对优势的情况下，算术编码优势更加明显。例如"0"的概率为 1/8，"1"的概率为 7/8，编码符号序列"11111110"，霍夫曼编码将用 8bit，而算术编码为 0.101_2（取 0.625，[0.6073,0.65639]），只用 3bit。这是因为霍夫曼编码为每个符号分配的码字必须为整数的缘故，而算术编码是根据符号序列的概率区间进行编码，不存在这个问题，最终结果能更好地体现小概率符号序列用长码，大概率符号序列用短码的编码原则。视频对象的二值形状特性正好与算术编码的优点相吻合，所以在 MPEG-4 标准中，对形状编码采用的是算术编码。

解码是编码的逆过程，它是根据编码时的概率分配表和压缩后数据代码所在的范围，确定代码所对应的每一个数据符号。由于任一个码字必在某个特定的区间，所以解码具有唯一性。

8.4　变换编码

所谓变换编码是指，将空间域里描述的图像变换到另一个数据域（如频率域）上，使得大量的信息能用较少的数据来表示，从而达到压缩的目的。变换编码是有损编码中应用较广泛的一类编码方法。变换编码方法有很多，如离散傅里叶变换（Discrete Fourier Transform，DFT）、离散余弦变换（Discrete Cosine Transform，DCT）、离散哈达玛变换（Discrete Hadamard Transform，DHT）等。

8.4.1　变换编码的基本原理

变换编码的基本原理是将原来在空间域描述的图像信号，变换到一些正交空间中去，用变换系数来表示原始图像，并对变换系数进行编码。一般来说在变换域里描述要比在空间域简单，因为变换降低或消除了相邻像素之间或相邻扫描行之间的相关性，使大部分能量只集中于少数几个变换系数上。变换本身并不产生数据压缩，只是提供用于编码压缩的变换系数矩阵，只有对变换系数采用量化和熵编码才能产生压缩作用。统计表明，在变换域中，图像信号的绝大部分能量集中在低频部分，编码时忽略去那些能量很小的高频分量，或者给这些高频分量分配合适的比特数，就可明显减少图像传输或存储的数据量。根据上面的原理，变换编码的系统如图 8-12 所示。

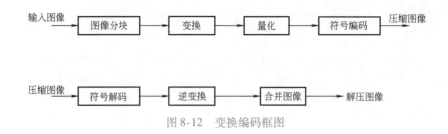

图 8-12 变换编码框图

8.4.2 变换编码特性评价

在具体讨论变换编码的方法之前，先介绍几种评价变换编码特性的准则。

1. 残余相关准则

变换域内变换系数具有的相关性称为残余相关性，它代表经过正交变换后图像相关性被削弱的程度。显然，如果变换方法及有关参数选择恰当，则变换系数矩阵所对应的相关系数会很小，原图像的相关性可得到充分的消除，冗余度可得到很好的压缩。

2. 方均误差准则

方均误差准则是一种将解码后的重建图像与未经压缩的原始图像之间的方均误差作为衡量各种正交变换效果的准则。正交变换编码是一种有失真的编码技术，因此需要规定一个可以被大家所能接受的误差限制。以方均误差作为准则，在允许的失真度下，可实现有效的编码压缩。

3. 主观评价准则

图像最后的接收者是人，但人的眼睛对图像失真的感觉与方均误差准则并不完全一致。人眼对正交变换编码的复原图像的失真比较敏感，特别是对于把图像分割成若干子块后再进行变换而产生的方块效应十分敏感。主观评价就是以人眼所能感觉出来的图像质量的好坏和可接受性作为标准进行的评价。

上述几种评价准则中，只有残余相关准则与正交变换本身的特性有关，而其余的两种准则，除了与正交变换本身的特性有关以外，还与变换系数样本的选择及量化特性有关，因此可将方均误差准则和主观评价准则看成是整个正交变换编码系统特性的评价准则。

8.4.3 变换编码中主要解决的问题

由图 8-12 变换编码框图可以看出，图像变换编码中主要解决的问题如下：

1. 选择变换方法

许多图像变换都可用变换编码，不同变换的信息集中能力不同。在理论上，K-L 变换是最优的正交变换，它能完全消除子块内像素间的线性相关性，但 K-L 基是不固定的，且与编码对象的统计特性有关，这种不确定性使得 K-L 变换使用起来非常不方便，所以 K-L 变换一般只是作为理论上的比较标准。实际上，图像压缩中最常用的是离散余弦变换（DCT），它的性能最接近 K-L 变换，并且具有快速算法，而离散傅里叶变换（DFT）和沃尔什变换（WHT）要差一些。

2. 确定子块图像的大小

在正交变换中，往往要将一帧图像划分成若干正方形的图像子块来进行。子块图像的尺寸也是影响变换编码误差和计算复杂度的一个重要因素。子块越小，计算量越小，实现时硬件装置的规模也越小。不利的是方均误差较大，在同样的允许失真度下，压缩比小。因此，从改善图像质量考虑，适当加大图像子块是需要的，但这并不意味着块可以任意地大，因为硬件的复杂程度与规模和子块大小成正比。同时，图像中某个像素与周围像素之间的相关性存在并在一定距离之内。也就是说，当子块足够大以后，再加大子块，则加进来的像素与中心像素之间的相关性甚小，甚至不相关，而计算的复杂度将显著加大。实际应用中，图像子块一般取 8×8 或 16×16。

3. 变换系数的编码

对图像子块进行变换后，得到的是其变换系数，接下来就要对这些系数进行编码。变换后图像能量更加集中，在对变换系数编码时，应结合人类视觉心理因素，可采用"区域编码"或"阈值编码"等方法，保留变换系数中幅值较大的元素，而将大多数幅值较小或某些特定区域的变换系数全部当作零处理，这样可以减少图像数据，再辅以非线性量化，还可以进一步压缩图像数据。下面简单介绍这两种系数编码方法。

（1）区域编码　区域编码就是选出能量集中的区域，对这个区域中的系数进行编码传送，而其他区域的系数可以舍弃不用，在译码时可以对舍弃的系数进行补零处理。由于大多数图像的频谱具有低通特性，通常是保留低频部分的系数，而丢弃高频部分的系数，这样能够保持大部分图像能量，在恢复图像时带来的质量劣化并不显著，图 8-13 中给出了采用不同方案时的恢复图像。

a）DC 分量

b）DC 和 2 个最低 AC 系数

c）DC 和 9 个最低 AC 系数

d）全部 64 个系数的恢复结果

图 8-13　区域编码实例

在对区域中的系数进行量化时，可以采用同样的量化器，也可以采用不同的量化器，如对低频系数进行细量化，对稍高频率系数进行粗量化；还可以在编码系数时采用更细致的比特分配方法，关于系数量化会在稍后讲述。一个具体的编码区域划分和比特分配方案如图 8-14 所示，图中数字表示为所在位置保留系数所分配的比特数，其他为舍弃的系数。

图 8-14　编码区域划分和比特分配

（2）阈值编码　这种采样方法不同于区域编码法，它不是选定固定的区域，而是先设定一个门限值。如果系数超过门限值，就保留下来并且进行编码传输，如果小于门限值，就舍弃不用。在实际应用中，选取门限和量化过程可以通过一个量化矩阵结合在一起：

$$\hat{F}(u,v) = \text{INT}\left[\frac{F(u,v)}{S(u,v)} \pm 0.5\right] \tag{8-28}$$

式中，$F(u,v)$ 是变换系数；$\hat{F}(u,v)$ 是经过量化和取门限后的结果；$S(u,v)$ 是量化矩阵中的相应元素。等式右边实际上表示一个四舍五入取整的过程，若 $\hat{F}(u,v)$ 不等于零，则保留系数 $F(u,v)$，量化矩阵的每个元素通常是一个 8bit 的整数，确定每个系数的量化步长。通常，考虑到人眼的视觉频率响应特性，对于较高频率的系数，取较大的量化步长，而对于较低频率的系数，取较小的量化步长。例如，图 8-15 给出的静止图像压缩标准（JPEG）亮度量化表就是一个常用的量化矩阵 $S(u,v)$。从图中可以看出，高频系数对应位置的数较大，即量化步长大；低频系数对应位置的数较小，即量化步长小。

16	11	10	16	24	40	51	61
12	12	14	19	26	58	60	55
14	13	16	24	40	57	69	56
14	17	22	29	51	87	80	62
18	22	37	56	68	109	103	77
24	35	55	64	81	104	113	92
49	64	78	87	103	121	120	101
72	92	95	98	112	100	103	99

图 8-15　量化矩阵 $S(u,v)$ 举例

和区域编码相比，阈值编码有一定的自适应能力，可获得较好的图像质量。但是，阈值编码中保留系数的位置是可变的，因此需要对这些系数的位置信息和幅度信息一起编码和传输，才能在接收端正确恢复图像，所以其压缩比有时会有所下降。常用的对位置编码的方法是基于对 0 值（非保留系数）的游程长度的编码，也就是通过指明一个保留系数之前有多少个 0，来确定该保留系数的位置。

8.4.4　变换编码的特点及应用

由于结合了人类视觉系统特性，变换编码所产生的失真比较容易被人们所接受，且它对图像统计特性的变化不太敏感，同时误码没有扩散性。因此，在图像质量较高的情况下，变换编码通常能取得较高的压缩比。变换编码是目前已有的多种国际图像压缩编码标准中普遍

采用的一种编码方法。例如国际静止图像压缩编码标准 JPEG，运动图像压缩标准 MPEG，国际会议电视图像压缩编码标准 H. 261，极低比特率图像压缩编码标准 H. 263，还有目前最新的视频编码标准 H. 264，以及已知的各国高清晰度电视的图像压缩编码方案，都以变换编码为其中的主要技术。

在变换编码中，编码是基于图像子块进行的，这导致了变换编码的一个固有缺点——块状效应。块状效应是指当压缩比提高到一定程度后，在相邻图像块的边界处，会出现可见的不连续性，这会使观察者有非常不舒服的感觉。图 8-16b 所示是基于 DCT 变换的压缩比为 40∶1 时产生的块状失真。

为了克服基于块的变换编码在高压缩比下的块状失真，人们开始研究其他的编码方法，如子带编码。子带编码先将原图用若干数字滤波器(分解滤波器)分解成不同频率成分的分量，再对这些分量进行亚抽样，形成子带图像，最后对不同的子带图像分别用与其相匹配的方法进行编码。在接收端，将解码后的子带图像补零、放大，并经合成滤波器的内插，将各子带信号相加，进行图像还原。与 DCT 编码方法相比，子带编码的最大优点是复原图像无方块效应，因此得到了广泛的研究。其关键技术是分解-综合滤波器的设计。

小波(Wavelet)变换用于图像压缩是近年来倍受关注的一个研究方向，它也是子带编码的一个特例，关于小波变换的原理已在第 3 章的 3.3.3 小节进行了详细的分析。基于小波变换的图像压缩可以获得更高的压缩比而不产生块状效应。其基本思想就是对原始图像进行多分辨率分解，即把原始图像分解成不同空间、不同频率的子图像，这些子图像实际上由小波变换后产生的系数构成，即系数图像。小波变换可以在一个变换中同时研究低频和高频现象，用小波变换对图像这种不平稳的复杂信源进行处理时，能有效地克服用傅里叶分析和其他分析方法所存在的不足。小波变换既有传统的 DCT 正交变换的能量聚集性，又具有子带编码方法的易于控制各带噪声的特性，同时小波变换还具有与人类视觉系统相吻合的对数特征，因此小波变换在图像压缩领域受到密切关注，现已成为获得低比特率高质量图像的一个重要方法。

与 DCT 压缩编码相比，基于小波分解的多分辨率图像压缩编码除获得更高的压缩比时不出现块状效应这一优点之外，还可以在不同分辨率下重建图像，因为每一级分解都对应不同的分辨率。因此，静止图像压缩标准 JPEG2000 和 MPEG-4 标准中对静止图像编码都采用了基于小波变换的图像编码技术。图 8-16c 所示为基于小波变换的图像压缩效果(压缩比 40∶1)。

a) 原图　　　　　　b) 基于 DCT 的图像压缩所产生的块状失真　　c) 基于小波变换的图像压缩效果

图 8-16　不同图像压缩效果

8.5 位平面编码

位平面编码将多灰度值图像分解成一系列二值图，如图 8-17 所示，然后对每一幅二值图再用二元压缩方法进行压缩。这种算法既能消除或减少编码冗余，又能消除或减少图像中像素之间的空间域冗余。

位平面编码主要分为两个步骤：位平面分解和位平面编码。

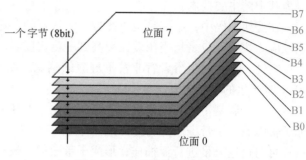

图 8-17　位平面分解示意图

8.5.1　位平面分解

位平面分解是指将一幅具有 m bit 灰度级的图像分解成 m 幅 1bit 的二值图像。

我们可以采用如下多项式：

$$a_{m-1}2^{m-1} + a_{m-2}2^{m-2} + \cdots + a_1 2^1 + a_0 2^0 \tag{8-29}$$

来表示具有 m bit 灰度级的图像中像素的灰度值。根据上述多项式把一幅灰度图分解成一系列二值图集合的一种简单方法就是把上述多项式的 m 个系数分别分到 m 个 1bit 的位平面中，但是这种分解码法有一个固有缺点，即像素点灰度值的微小变化有可能对位平面的复杂度产生明显的影响。比如，当空间相邻的两个像素点分别是 127(0111 1111) 和 128(1000 0000) 时，图像的每个位平面上在这个位置处都将有从 0→1(或 1→0) 的过渡。

为减少这种灰度值微小变化的影响，可用 1 个 m bit 的灰度码来表示图像。灰度码可由下式计算：

$$g_i = \begin{cases} a_i \oplus a_{i+1} & 0 \leqslant i \leqslant m-2 \\ a_i & i = m-1 \end{cases} \tag{8-30}$$

其中 $\oplus$ 代表异或操作。这种码的独特性质是相邻的码字只有 1 个比特位的区别，从而像素点的微小变化就不容易影响到所有位平面。比如，还是以 127 和 128 为例，如果用式(8-30)计算的话，这里只有一个平面有从 0→1 的过渡，因为此时的 127 和 128 的灰度码已经计算为 0100 0000 和 1100 0000。

例如：二值位平面图与灰度码位平面图的实例和比较。

图 8-18 给出了一组直接用二值位表示的平面图，图 a～图 h 分别为第 7～0 位平面图。

图 8-19 给出了一组用式(8-30)灰度码表示的位平面图，图 a～图 h 分别为第 7～0 位平面图。

8.5.2　位平面编码方法

位平面分解之后，每个位平面都是二值图像，编码方法有 1-D 游程编码、2-D 游程编码、常数块编码和边界跟踪编码等。游程长度编码的方法在 8.3.1 小节做了详细叙述，此处不再做过多讲述。常数块编码和边界跟踪编码都是对位平面中大片相同值(全为 1 或者全为 0)的区域(称之为常数区域)进行的编码。

常数块编码(Constant Area Coding,CAC)就是采用专门的码字表示全是 0 或 1 的连通区

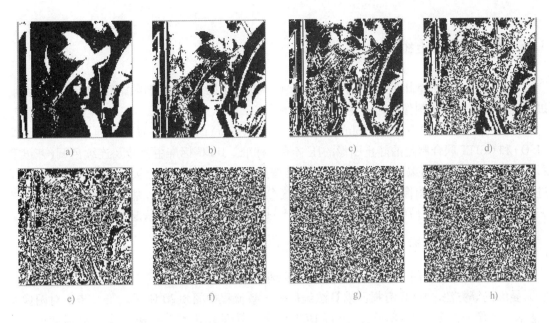

图 8-18　二值图像位平面图

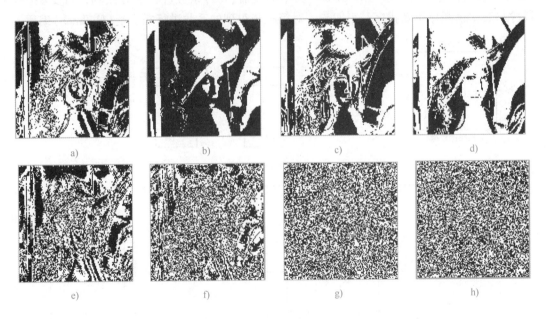

图 8-19　灰度码位平面图

域。它将图像分成全黑、全白或者混合的 $m \times n$ 尺寸的块。出现频率最高的块用 1bit 的 0 码字，其他频率略低的用 2bit 的 01 和 10 码字。这样，原来某个位平面需要 $m \times n$ bit 表示的常数块现在只用 1bit 或者 2bit 表示，从而达到了压缩的目的。

通过跟踪二值图中的区域边界并进行编码也可以达到对常数区域编码的目的。预测差异量化(Predictive Differential Quantizing, PDQ)就是一种面向扫描线的边界跟踪方法，详细介绍可参考有关文献。

8.6 静止图像压缩编码实例

前面讲述了几种常用的压缩编码技术，本节以静止图像压缩编码国际标准 JPEG 为例，讲述这些技术在静止图像压缩中是如何应用的。

JPEG 是联合图像专家组（Joint Picture Expert Group）的英文缩写，是国际标准化组织（ISO）和 CCITT 联合制定的静止图像的压缩编码标准。JPEG 标准主要涉及连续色调（灰度和彩色）静止图像的压缩编码，它的基本系统是按照通常的从左到右、从上到下的顺序对图像进行编码。对于彩色图像将其分解为一个亮度分量和两个色度分量，然后按照对灰度图像的编码方法对每个分量分别编码，所以我们以下只讨论对灰度的编码情况。

8.6.1 JPEG 基本系统

JPEG 标准主要采用了基于块的 DCT 变换编码，同时综合应用了以上讲述的游程编码、霍夫曼编码等方法。JPEG 有损压缩算法编码的大致流程如图 8-20 所示。第一步，对图像块（把整个图像分成多个 8×8 子块）进行 DCT 变换，得到 DCT 系数；第二步，根据量化表对 DCT 系数进行量化；第三步，对 DCT 系数中的直流（DC）系数进行差分预测，对交流（AC）系数按 Zig-Zag 顺序重新排序；第四步，对第三步得到的系数进行霍夫曼（Huffman）编码。

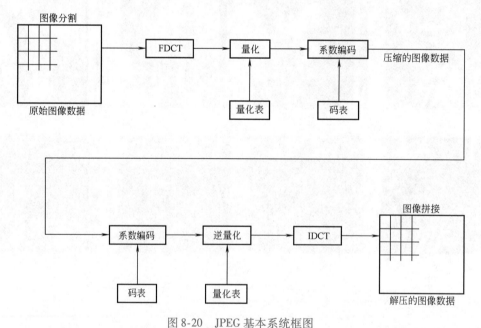

图 8-20 JPEG 基本系统框图

1. FDCT 和 IDCT

JPEG 基本系统以 DCT 变换为基础，采用固定的 8×8 方块，所以标准中采用 8×8 点的二维 DCT 变换。正向 DCT（FDCT）和反向 DCT（IDCT）的表达式分别为

$$F(u,v) = C(u)C(v) \sum_{i=0}^{7} \sum_{j=0}^{7} f(i,j) \cos\left[\frac{(2i+1)u\pi}{16}\right] \cos\left[\frac{(2j+1)v\pi}{16}\right] \qquad (8\text{-}31)$$

和

$$f(i,j) = \sum_{i=0}^{7} \sum_{j=0}^{7} F(u,v) C(u) C(v) \cos\left[\frac{(2i+1)u\pi}{16}\right] \cos\left[\frac{(2j+1)v\pi}{16}\right] \qquad (8\text{-}32)$$

其中
$$C(u),\ C(v) = \begin{cases} 1/\sqrt{2} & u,\ v = 0 \\ 1 & \text{其他} \end{cases}$$

$$\{f(i,j)\} = \begin{pmatrix} f(0,0) & f(0,1) & \cdots & f(0,7) \\ f(1,0) & f(1,1) & \cdots & f(1,7) \\ \vdots & \vdots & & \vdots \\ f(7,0) & f(7,1) & \cdots & f(7,7) \end{pmatrix} \qquad (8\text{-}33)$$

$$\{F(u,v)\} = \begin{pmatrix} F(0,0) & F(0,1) & \cdots & F(0,7) \\ F(1,0) & F(1,1) & \cdots & F(1,7) \\ \vdots & \vdots & & \vdots \\ F(7,0) & F(7,1) & \cdots & F(7,7) \end{pmatrix} \qquad (8\text{-}34)$$

在 JPEG 基本系统中，$f(x,y)$ 为 8bit 像素，即取值范围为 0 ~ 255，由 DCT 变换可求得 DC 系数 $F(0,0)$ 的取值范围为 0 ~ 2040，实际上，同样可以求出 $F(0,0)$ 是图像均值的 8 倍，除 $F(0,0)$ 外的其他系数为 AC 系数。关于二维 DCT 的具体实现，已有一些快速算法。

2. 量化与逆量化

在编码之前先对变换系数进行量化，量化降低了用以表示每一个 DCT 系数的比特数，并且还可以得到多个系数为零的结果，从而实现数据的压缩。对 DCT 系数可以根据人类视觉的生理和心理特点分别作不同策略的量化处理。例如，对低频系数细量化，对高频系数粗量化，使大部分幅值较小的系数在量化后变为零，然后只剩下一小部分系数需要存储，从而大大压缩了数据量。量化的过程就是每个 DCT 系数除以各自的量化步长并取整，然后得到量化后的系数：

$$\tilde{F}(u,v) = \text{INT}\left[\frac{F(u,v)}{S(u,v)} \pm 0.5\right] \qquad (8\text{-}35)$$

这里的取整采用四舍五入的方式。

逆量化是在解码器中由量化系数恢复 DCT 变换系数的过程：

$$\widehat{F}(u,v) = \tilde{F}(u,v) S(u,v) \qquad (8\text{-}36)$$

由前面的学习了解到，人眼视觉系统的频率响应，随着空间频率的增加而下降，且对于色度分量的下降比亮度分量要快。为此，JPEG 为亮度分量和色度分量分别推荐了量化表，如表 8-1 和表 8-2 所示。

<table>
<tr><td colspan="8" align="center">表 8-1　亮度量化表</td></tr>
<tr><td>16</td><td>11</td><td>10</td><td>16</td><td>24</td><td>40</td><td>51</td><td>61</td></tr>
<tr><td>12</td><td>12</td><td>14</td><td>19</td><td>26</td><td>58</td><td>60</td><td>55</td></tr>
<tr><td>14</td><td>13</td><td>16</td><td>24</td><td>40</td><td>57</td><td>69</td><td>56</td></tr>
<tr><td>14</td><td>17</td><td>22</td><td>29</td><td>51</td><td>87</td><td>80</td><td>62</td></tr>
<tr><td>18</td><td>22</td><td>37</td><td>56</td><td>68</td><td>109</td><td>103</td><td>77</td></tr>
<tr><td>24</td><td>35</td><td>55</td><td>64</td><td>81</td><td>104</td><td>113</td><td>92</td></tr>
<tr><td>49</td><td>64</td><td>78</td><td>87</td><td>103</td><td>121</td><td>120</td><td>101</td></tr>
<tr><td>72</td><td>92</td><td>95</td><td>98</td><td>112</td><td>100</td><td>103</td><td>99</td></tr>
</table>

<table>
<tr><td colspan="8" align="center">表 8-2　色度量化表</td></tr>
<tr><td>17</td><td>18</td><td>24</td><td>47</td><td>99</td><td>99</td><td>99</td><td>99</td></tr>
<tr><td>18</td><td>21</td><td>26</td><td>66</td><td>99</td><td>99</td><td>99</td><td>99</td></tr>
<tr><td>24</td><td>26</td><td>56</td><td>99</td><td>99</td><td>99</td><td>99</td><td>99</td></tr>
<tr><td>47</td><td>66</td><td>99</td><td>99</td><td>99</td><td>99</td><td>99</td><td>99</td></tr>
<tr><td>99</td><td>99</td><td>99</td><td>99</td><td>99</td><td>99</td><td>99</td><td>99</td></tr>
<tr><td>99</td><td>99</td><td>99</td><td>99</td><td>99</td><td>99</td><td>99</td><td>99</td></tr>
<tr><td>99</td><td>99</td><td>99</td><td>99</td><td>99</td><td>99</td><td>99</td><td>99</td></tr>
<tr><td>99</td><td>99</td><td>99</td><td>99</td><td>99</td><td>99</td><td>99</td><td>99</td></tr>
</table>

3. 对量化系数的编码

对于由量化器输出的量化系数，JPEG 采用定长和变长相结合的编码方法，具体如下：

(1) 直流(DC)系数 由于图像中相邻的两个图像块的 DC 系数一般很接近，所以 JPEG 对量化后的 DC 系数采用无失真 DPCM 编码，即对当前块的 DC 系数 $F_i(0,0)$ 和已编码的相邻块 DC 系数 $F_{i-1}(0,0)$ 的差值进行编码：

$$\Delta F(0,0) = F_i(0,0) - F_{i-1}(0,0) \tag{8-37}$$

按照其取值范围，JPEG 将差值分为 12 类，如表 8-3 所示。编码时，将 DC 系数差值表示为"符号 1 符号 2"的形式，其中符号 1 为从表中查得的类别，实际上就是用自然二进制码表示 DC 系数差值所需的最少比特数，符号 2 为实际的差值。

对符号 1，即 DC 系数差值的类别，采用霍夫曼编码。由于亮度和色度分量的 DC 系数差值统计特性差别较大，所以 JPEG 为两者分别推荐了霍夫曼码表。对符号 2，采用自然二进制码，负数用整数的反码表示。例如：差值为 2，用"10"表示；差值为 -2，用"01"表示。

表 8-3 DC 系数差值的熵编码结构

类 别	取 值	类 别	取 值
0	0	6	$-63 \sim -32,\ 32 \sim 63$
1	$-1,\ 1$	7	$-127 \sim -64,\ 64 \sim 127$
2	$-3,\ -2,\ 2,\ 3$	8	$-255 \sim -128,\ 128 \sim 255$
3	$-7 \sim -4,\ 4 \sim 7$	9	$-511 \sim -256,\ 256 \sim 511$
4	$-15 \sim -8,\ 8 \sim 15$	10	$-1023 \sim -512,\ 512 \sim 1023$
5	$-31 \sim -16,\ 16 \sim 31$	11	$-2047 \sim -1024,\ 1024 \sim 2047$

(2) 交流(AC)系数 Z 字形扫描(系数的重新排列)：因为经过量化以后，AC 系数中出现较多的 0，所以 JPEG 采用对 0 系数的游程长度编码，即将所有 AC 系数表示为

$00\cdots 0X,\ 00\cdots 0X,\ \cdots,\ 00\cdots 0X,\ \cdots$

其中，X 表示非 0 值。若干个 0 和一个非 0 值 X 组成一个编码的基本单位，连续零的个数越多，编码效率就越高。因此，根据 DCT 系数量化后的分布特点，对 DCT 系数采取如图 8-21 所示的 Z 字形扫描方式，以使大多数出现在右下角的 0 能够连起来，出现更多的连零。

熵编码：对于连零，可以用其游程即个数表示。同 DC 系数差值编码类似，JPEG 将 AC 系数中的非 0 值也分为如表 8-4 所示的 10 类，即用自然二进制码表示非 0 值所需的最小比特数。于是，可将一个基本编码单位表示为

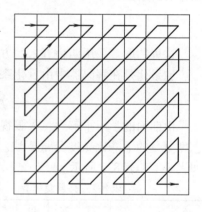

图 8-21 Z 字形扫描

(符号 1,符号 2)

其中，符号 2 为实际的非 0 值，它表示的是非零的 AC 系数的幅值；符号 1 为(游程/类别)，即游程和类别的组合，"游程"表示按"Z"字形排列顺序的非零系数前的零值系数的个数。"类别"表示对非零系数编码的比特数，即对符号 2 编码的比特数。

与 DC 系数的编码类似，对符号 1 编码方法采用霍夫曼编码，JPEG 同样为亮度和色度分量推荐了霍夫曼码表，对符号 2 也是采用自然二进制码。JPEG 还另外设了两个专用符号：一个是"ZRL"，作为符号 1 的一种，表示游程为 16，在游程大于或等于 16 时，可使用一个

或多个"ZRL"，外加一个普通的符号 1；另一个为"EOB"，即块结束标志，表示该图像块中的剩余系数都为 0。

表 8-4　AC 系数符号 2 的熵编码结构

类　　别	取　　值	类　　别	取　　值
1	− 1, 1	6	− 63 ∼ − 32, 32 ∼ 63
2	− 3, − 2, 2, 3	7	− 127 ∼ − 64, 64 ∼ 127
3	− 7 ∼ − 4, 4 ∼ 7	8	− 255 ∼ − 128, 128 ∼ 255
4	− 15 ∼ − 8, 8 ∼ 15	9	− 511 ∼ − 256, 256 ∼ 511
5	− 31 ∼ − 16, 16 ∼ 31	10	− 1023 ∼ − 512, 512 ∼ 1023

8.6.2　应用举例

以下是取自图像"Lena"的一个 8×8 的方块：

$$\{f(i,j)\} = \begin{pmatrix} 139 & 144 & 149 & 153 & 155 & 155 & 155 & 155 \\ 144 & 151 & 153 & 156 & 159 & 156 & 156 & 156 \\ 150 & 155 & 160 & 163 & 158 & 156 & 156 & 156 \\ 159 & 161 & 162 & 160 & 160 & 159 & 159 & 159 \\ 159 & 160 & 161 & 162 & 162 & 155 & 155 & 155 \\ 161 & 161 & 161 & 161 & 160 & 157 & 157 & 157 \\ 162 & 162 & 161 & 163 & 162 & 157 & 157 & 157 \\ 162 & 162 & 161 & 161 & 163 & 1158 & 158 & 158 \end{pmatrix} \tag{8-38}$$

1. 编码

对这块图像进行 JPEG 标准的编码过程如下：

（1）FDCT　经过 FDCT 后，得到其变换系数矩阵为

$$\{F(u,v)\} = \begin{pmatrix} 1260 & -1 & -12 & -5 & 2 & -2 & -3 & 1 \\ -23 & -17 & -6 & -3 & -3 & 0 & 0 & -1 \\ -11 & -9 & -2 & 2 & 0 & -1 & -1 & 0 \\ -7 & -2 & 0 & 1 & 1 & 0 & 0 & 0 \\ -1 & -1 & 1 & 2 & 0 & -1 & 1 & 1 \\ 2 & 0 & 2 & 0 & -1 & 1 & 1 & -1 \\ -1 & 0 & 0 & -1 & 0 & 2 & 1 & -1 \\ -3 & 2 & -4 & -2 & 2 & 1 & -1 & 0 \end{pmatrix} \tag{8-39}$$

（2）量化　按照式（8-35）

$$\tilde{F}(u,v) = \text{INT}\left[\frac{F(u,v)}{S(u,v)} \pm 0.5 \right]$$

进行量化，其中 $S(u,v)$ 等于表 8-1 给出的量化值，得到量化后系数矩阵

$$\{\tilde{F}(u,v)\} = \begin{pmatrix} 79 & 0 & -1 & 0 & 0 & 0 & 0 & 0 \\ -2 & -1 & 0 & 0 & 0 & 0 & 0 & 0 \\ -1 & -1 & 0 & 0 & 0 & 0 & 0 & 0 \\ 0 & 0 & 0 & 0 & 0 & 0 & 0 & 0 \\ 0 & 0 & 0 & 0 & 0 & 0 & 0 & 0 \\ 0 & 0 & 0 & 0 & 0 & 0 & 0 & 0 \\ 0 & 0 & 0 & 0 & 0 & 0 & 0 & 0 \\ 0 & 0 & 0 & 0 & 0 & 0 & 0 & 0 \end{pmatrix} \tag{8-40}$$

（3）对量化系数的编码 对以上结果做 Z 字形扫描，得表 8-5 中的第一行，其中左边第一个数字为 DC 分量。假设上一个编码块的 DC 系数为 77，则 DC 系数差值为 2，DC 和 AC 系数都可以表示为(符号 1,符号 2)的形式，如表中第二行所示。然后，对符号 1 分别查霍夫曼码表(亮度信号的 DC 系数差值霍夫曼码表,亮度分量的 AC 系数霍夫曼码表)，并用自然二进制码表示符号 2，得到编码输出码流为表中第三行。

例如，对 -2 进行编码。

1）先确定符号 1：-2 前只有一个零，查表 8-4 知 -2 的类别为 2，所以符号 1 为 1/2（游程/类别）。

2）再对符号 1(1/2)进行编码：查霍夫曼码表知(1/2)对应的码字为 11011。

3）对符号 2(-2)编码：2 的自然二进制码为 10，-2 用反码表示，则为 01。

表 8-5 编码实例

79	0 -2	-1	-1	-1	0 0 -1	0 0…
2, 2	1/2, -2	0/1, -1	0/1, -1	0/1, -1	2/1, -1	EOB
011 10	11011 01	00 0	00 0	00 0	11100 0	1010

对于该图像块，可以求得其编码的压缩比为

$$r = \frac{编码前比特数}{编码后比特数} = \frac{8 \times 64}{31} = 16.5 \qquad (8\text{-}41)$$

比特率为

$$b = \frac{总比特数}{总像素数} = \frac{31}{64}\text{bit} = 0.5\text{bit} \qquad (8\text{-}42)$$

2. 解码

解码时，首先按照相应的霍夫曼码表对接收到的比特流进行熵解码，得到和编码器完全相同的 DC 量化系数的差值和 AC 量化系数，再结合上一个图像块的解码结果，得到 DC 量化系数，并经过逆 Z 字形扫描，恢复原来的自然排列方式。解码后的量化系数与编码器中的一样，仍为

$$\{\tilde{F}(u,v)\} = \begin{pmatrix} 79 & 0 & -1 & 0 & 0 & 0 & 0 & 0 \\ -2 & -1 & 0 & 0 & 0 & 0 & 0 & 0 \\ -1 & -1 & 0 & 0 & 0 & 0 & 0 & 0 \\ 0 & 0 & 0 & 0 & 0 & 0 & 0 & 0 \\ 0 & 0 & 0 & 0 & 0 & 0 & 0 & 0 \\ 0 & 0 & 0 & 0 & 0 & 0 & 0 & 0 \\ 0 & 0 & 0 & 0 & 0 & 0 & 0 & 0 \\ 0 & 0 & 0 & 0 & 0 & 0 & 0 & 0 \end{pmatrix} \qquad (8\text{-}43)$$

然后，利用和编码器中相同的量化表，对量化系数进行逆量化，恢复出以下 DCT 系数：

$$\{\hat{F}(u,v)\} = \begin{pmatrix} 1264 & 0 & -10 & 0 & 0 & 0 & 0 & 0 \\ -24 & -12 & 0 & 0 & 0 & 0 & 0 & 0 \\ -14 & -13 & 0 & 0 & 0 & 0 & 0 & 0 \\ 0 & 0 & 0 & 0 & 0 & 0 & 0 & 0 \\ 0 & 0 & 0 & 0 & 0 & 0 & 0 & 0 \\ 0 & 0 & 0 & 0 & 0 & 0 & 0 & 0 \\ 0 & 0 & 0 & 0 & 0 & 0 & 0 & 0 \\ 0 & 0 & 0 & 0 & 0 & 0 & 0 & 0 \end{pmatrix} \qquad (8\text{-}44)$$

再经过 IDCT 后，最终得到解码输出的图像块

$$
\{\hat{f}(i,j)\} =
\begin{pmatrix}
144 & 146 & 149 & 152 & 154 & 156 & 156 & 156 \\
148 & 150 & 152 & 154 & 156 & 156 & 156 & 156 \\
155 & 156 & 157 & 158 & 158 & 157 & 156 & 155 \\
160 & 161 & 161 & 162 & 161 & 159 & 157 & 155 \\
163 & 163 & 164 & 163 & 162 & 160 & 158 & 156 \\
163 & 163 & 164 & 164 & 162 & 160 & 158 & 157 \\
160 & 161 & 162 & 162 & 162 & 161 & 159 & 158 \\
158 & 159 & 161 & 161 & 162 & 161 & 159 & 158
\end{pmatrix}
\tag{8-45}
$$

与原始图像块相比较，两者数据大小非常接近，其误差主要是量化造成的。对恢复的图像块，我们也可采用对整幅图像的评价方法计算其质量指标，例如，可得到其峰值信噪比为

$$
PSNR = 10\lg \frac{255^2}{\dfrac{1}{64}\displaystyle\sum_{i=0}^{7}\sum_{j=0}^{7}\left[f(i,j) - \hat{f}(i,j)\right]^2} dB = 41.0 dB
\tag{8-46}
$$

8.6.3　编码比特率的控制

不同的应用目的，需要不同的编码质量或编码比特率。另外，JPEG 编码的输出比特率将随图像局部的特性而变化，而大多数的传输信道是固定比特率的。为此，要求能够控制 JPEG 的编码质量或编码比特率，以满足用户或信道的需要。

JPEG 是通过改变量化步长实现这一要求的。设定一个质量控制因子 Q，在量化时，用该因子和量化表中的量化步长相乘以后，作为实际的量化步长。当要求较高的比特率时，Q 取较小的值，如 0.2，使量化步长按同一比例减小；反之，当要求较低的比特率时，Q 取较大的值，如 5.0，使量化步长按同一比例增大。这样，Q 应该作为一个编码参数和编码比特流一起传输给解码器。

对于大多数自然图像，JPEG 有损压缩能够在获得较好图像质量的条件下提供 5～20 倍的压缩比。JPEG 算法的主要缺点是在高压缩比时产生严重的块状效应和蚊式噪声，抗误码能力弱。块状效应是由低频端的量化误差和块内 DCT 变换基对低频限制引起的，蚊式噪声是由于高频端量化误差引起的。

8.7　图像压缩的国际标准简介

图像压缩标准化对广播电视、视频通信、多媒体计算机和视听工业都具有非常重要的意义。视频压缩技术在计算机、通信和家电等领域的广泛应用，必须通过实现标准化，这样才能带动集成电路的大批量生产，在大幅度降低成本的同时解决不同厂家设备的通用性问题。这方面的工作主要是由国际标准化组织（International Standardization Organization，ISO）和国际电信联盟（International Telecommunication Union，ITU）进行的。国际电信联盟的前身是国际电报电话咨询委员会（Consultative Committee of the International Telegraph and Telephone，CCITT）。

近年来，视频压缩国际标准的制定工作进展迅速，一系列关于视频信息压缩的规范标准逐渐出台，这些标准所采用的大部分基本技术（主要包括预测和变换编码技术）已在前面各节进行了原理介绍。根据各标准所处理图像类型不同，可将它们分成两个系列：①静止图像压缩编码标准；②视频图像压缩编码标准。下面将分别对各标准进行简单介绍。

8.7.1 静止图像压缩标准

1. JPEG

JPEG 标准是一个通用的静止图像压缩标准，由联合图像专家组于 1991 年提出，可适用于所有连续色调的静止图像压缩和存储。JPEG 的基本压缩方法已成为一种通用的技术，很多应用程序都采用了与之相配套的软硬件系统。JPEG 文件的应用也十分广泛，特别是在网络和光盘读物上，都有它的影子，JPEG 文件的扩展名为 jpg 或 jpeg。

JPEG 既可以用于有损压缩，也可以用于无损压缩。在无损压缩模式下，对图像的像素值采用预测编码，可以提供约 2:1 的压缩比。JPEG 有损压缩算法的流程采用离散余弦变换（DCT）、预测编码（DPCM）以及熵编码，上一节已经介绍过了。

JPEG 是一个适用范围很广的通用标准，其目标如下：

1）开发的算法在图像压缩率方面接近当前的最优水平，图像的保真度在较宽的压缩范围里的评价是"很好""优秀"到与原图像"不能区别"。

2）开发的算法可实际应用于任何一类数字图像源，如对图像的大小、色彩空间、像素的长宽比、内容、复杂程度、颜色数及统计特性等都不加限制。

3）对开发的算法，在计算的复杂程度方面可以调整，因而可根据性能和成本要求来选择用软件执行还是用硬件执行。

4）开发的算法包括 4 种编码方式：顺序编码、累进编码、无损压缩编码和分层编码。

JPEG 采用对称的压缩算法，即在同一系统环境下，压缩和解压缩所用的时间相同。采用 JPEG 压缩编码算法压缩的图像，其压缩比约为 1:5 至 1:50，甚至更高。当采用 JPEG 的高质量压缩时，未受训练的人无法察觉到变化。在低质量压缩率下，大部分的数据被剔除，而眼睛敏感的信息则几乎全部保留下来。

2. JPEG2000

JPEG2000 标准的主要动机是利用基于小波变换的压缩技术提供一套全新的图像编码系统。与原来的 JPEG 标准相比，除了采用小波变换外，JPEG2000 还增加了一批新功能，它的目标是进一步改进目前压缩算法的性能，以适应低带宽、高噪声的环境，以及医疗图像、电子图书馆、传真、Internet 网上服务和提供知识产权保护等方面的应用。其主要性能和新增功能包括：

1）高压缩效率，压缩率到 0.1bit/像素时，仍能获得相当不错的重建图像。

2）图像传输从有损到无损。

3）分辨率伸缩性，质量（像素精度）伸缩性。

4）在不解压缩的情况下，随机地访问码流中的数据段。

5）能够定义兴趣区域（如医用图像中的某区域），对该区域采用高分辨率甚至无损编码。

6）使用重同步标记（Resync Marker）以便增加在高误码率信道（如移动通信）中的鲁棒性。

7）高质量、高保真度彩色图像处理(更大的图像尺寸,更多的比特/像素)。

8）使用 alpha 通道以便满足未来的图形处理和因特网需要。

9）信息嵌入,嵌入非图像信息,如说明文字、声音等数据信息。

10）图像加密。

此外 JPEG2000 还将彩色静止图像采用的 JPEG 编码方式与二值图像采用的 JBIG 编码方式统一起来,成为对应各种图像的通用编码方式。简单原理如图 8-22 所示。

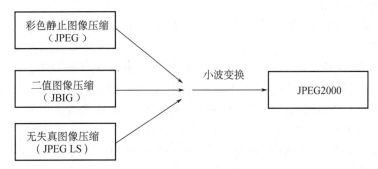

图 8-22　JPEG2000 简单原理图

表 8-6 是 JPEG2000 与 JPEG 的性能比较,其中加号表示支持或具有某种功能,加号越多表示功能越好,减号表示不具备某种功能。可以看出,JPEG2000 能够胜任许多 JPEG 无法应用的场合,并提供更优的压缩性能。

表 8-6　JPEG2000 与 JPEG 性能比较

算法	无损压缩	有损压缩	内嵌码流	感兴趣区	抗误码	渐进性	复杂度	随机访问	通用性
JPEG	−	++	−	−	−	−	++	+	+
JPEG2000	+++	+++	+++	++	++	++	+++	++	+++

8.7.2　视频压缩编码标准

1. 视频压缩编码标准发展概述

视频压缩编码标准由国际组织 ITU-T 和 ISO/IEC 制定。ITU 的标准称为建议,以字母排序,视频会议电视编码的标准在 H 的子集里,如 H.261、H.262 和 H.263。ISO 的标准按序号排列,如 MPEG-1 相对应的是 11172,MPEG-2 相对应的是 13818,MPEG-4 相对应的是 14496 等。ITU 的建议标准主要用于实时视频通信,如视频会议、可视电话等,而 MPEG 标准主要用于广播电视、DVD 和视频流媒体。

大多数情况下,这两个标准组织独立制定不同的标准,但在许多方面也有共同之处,例如 H.262 标准和 MPEG-2 的视频编码标准基本上就是同一个标准,而最新的 H.264 标准则被纳入 MPEG-4 的第 10 部分。

2. ISO 视频编码标准——MPEG-X

MPEG 是活动图像专家组(Moving Picture Experts Group)的英文简称,它是在信息技术的联合技术委员会 ISO/IEC 的框架下于 1988 年成立的,主要任务是制定活动图像及相应的声音压缩编码标准。该标准包括 MPEG 系统、MPEG 视频及 MPEG 音频三部分。从 1992 年以来,相继推出了 MPEG-1、MPEG-2、MPEG-4 和 MPEG-7 标准,以适用于不同带宽和数字影像质量的要求。

（1）MPEG-1 MPEG-1 于 1992 年 11 月发布，是第一个 MPEG 标准。该标准是针对 1.5Mbit/s 以下数据传输率的数字存储媒质运动图像及其伴音编码的国际标准。MPEG-1 标准的基本目标是：

1）在图像质量方面，普遍认为应高于电视电话的图像质量，可以被大家接受的是 VHS 录像机的图像质量和光盘（CD-ROM）的放映图像质量，这些图像质量在通用的计算机显示屏幕上也被认为是基本满意的。

2）在储存媒体方面，结合目前情况，普遍认为应该可以储存在光盘、数字录音带（DAT）等媒体中。

3）在传输码率方面，普遍认为应符合当时的计算机网络的传输码率，即 1~1.5Mbit/s，其中以 1.2Mbit/s 更适宜，因为这是 CD-ROM 和个人计算机目前传输的码率。

其主要应用是：使压缩后的视频信号适于存储在 CD-ROM 光盘上（650MB 存储约 72min 的视频信号），同时适于在窄带信道（如 ISDN）、局域网（LAN）、广域网（WAN）中传输。MPEG-1 标准的出现极大地推动了 VCD 以及影视节目存储的应用与发展。MPEG-1 视频采用了基于块的运动补偿、DCT 变换和量化的混合编码方法。

（2）MPEG-2 MPEG-2 是继 MPEG-1 之后推出的视频压缩标准，是面向高质量数字电视（HDTV）的压缩标准。MPEG-2 可以说是 MPEG-1 的扩充，因为它们的基本编码算法都相同。但 MPEG-2 增加了许多 MPEG-1 没有的功能，包括：运动补偿既可以基于帧也可以基于场；运动向量的精确度提高到半个像素；离散余弦变换中可选择精度；超前预测模式；质量伸缩性（在同一视频流中可容忍不同质量的图像）；增加了隔行扫描电视的编码等。

对视频序列进行伸缩编码的目的是使不同档次的解码器对于同样的压缩码流可以各取所需，解码出不同质量、不同时间分辨率、不同空间分辨率的视频图像。MPEG-2 的码率为 1.5~35Mbit/s，由于比 MPEG-1 的处理方法复杂并且码率较高，所以能够提供更高质量的视频信号。此外，为了能够适应多种应用级别（从大众消费视频到专业视频），MPEG-2 定义了几种类别（Profiles）和层次（Levels）。

MPEG-2 所能提供的传输率为 3~10Mbit/s，其在 NTSC 制式下的分辨率可达 720×486 像素，MPEG-2 也可提供广播级的视频图像和 CD 级的音质。MPEG-2 的音频编码可提供左、右、中及两个环绕声道，以及一个加重低音声道，并多达 7 个伴音声道（DVD 可有 8 种语言配音的原因）。由于 MPEG-2 在设计时的巧妙处理，使得大多数 MPEG-2 解码器也可播放 MPEG-1 格式的数据，如 VCD。

因为 MPEG-2 可以提供一个较广的范围改变压缩比，以适应不同画面质量、存储容量以及带宽的要求，所以除了作为 VCD 和 DVD 的指定标准外，MPEG-2 还可用于为广播、有线电视网、电缆网络以及卫星直播（Direct Broadcast Satellite）提供广播级的数字视频。

由于 MPEG-2 的出色性能表现，已能适用于 HDTV，使得原打算为 HDTV 设计的 MPEG-3，还没出世就被抛弃了。

（3）MPEG-4 MPEG-4 标准的制定始于 1993 年，最初的目标是针对视频会议、可视电话的超低比特率压缩编码。在制定过程中，MPEG 组织意识到人们对多媒体信息，特别是对视频信息的需求，由播放型转向基于内容的访问、检索和操作。于是 MPEG 就改变了 MPEG-4 的研究方向，由单纯的提高压缩效率转向制定基于内容的通用多媒体编码标准。1999 年，MPEG 制定了 MPEG-4 标准版本 1，包括 6 个部分：系统、视频、音频、一致性检

验、参考软件和多媒体传输集成框架(DMIF)。

MPEG-4 是一个面向多媒体应用的压缩标准,其应用覆盖范围远大于前述标准。从移动可视电话到专业视频编辑,既支持自然图像也支持计算机的合成图像,最重要的是它支持交互功能。之所以支持交互功能,是由于 MPEG-4 采用了基于对象(Object)的图像描述方式,这一点是 MPEG-4 与其他标准的重要区别。

MPEG-4 支持多种类型的视觉对象编码,包括自然视频编码、基于 Wavelet 的静止纹理编码、二维模型编码、三维模型编码及脸部、身体动画模型编码。不同类型的视觉对象及音频对象在码流合成一个视觉场景,一个场景可以由多个独立编码、任意形状的媒体对象(视频对象、音频对象)组成,当然也可以是单个的矩形视觉对象。由于是对象独立编码,所以计算机产生的动画对象可以和自然视觉对象组合在一起,不管是自然视频、计算机合成视频或卡通,创作者在制作节目时都可以给用户留出自由操纵和改变场景面貌的机会,如删除、增加视觉对象或改变对象的位置,从而构建具有个人特色的场景式样。MPEG-4 带给用户的多媒体体验会超过现在所使用的任何一种编码机制所能达到的效果。

与以前的多媒体编码标准相比,它还采用了许多新的压缩算法来提高压缩效率,如对静止图像采用了零树小波变换,使 MPEG-4 的静止图像编码具有高的编码效率、细致的空间及信噪比伸缩性好等特点。另外,灵影(Sprite)编码是 MPEG-4 中另一个提高压缩比的有用工具,它主要用于编码连续多帧的非变化背景,例如,摄像机对着一片静止的自然景色摇镜头,所拍摄的就是一个静止大背景,Sprite 编码把整个背景作为整体进行编码,并且一次传到接收端,为准确表达摇镜头感觉,只需传输每帧应该显示的背景位置(四角顶点位置),而不是每帧都对背景重新编码,这样可以大大节省编码所需的比特数。MPEG-4 支持空间和时间的可伸缩性,在可伸缩性编码时,码流由一个基础流和一个或多个增强流组成,从而提供不同的空间分辨率和时间分辨率(帧频),用户可根据各自的网络带宽和终端的解码能力对相应的码流进行解码。

此外,MPEG-4 中采用了多种机制来减少和消除错误的发生,主要有重同步、数据分区、头部扩展编码和反向可变长编码等。MPEG-4 还提供了对知识产权的保护,而且 MPEG-4 码流对于传输媒介而言是独立的,可以透明地通过不同的传输网络。

MPEG-4 是基于对象的视频编码,编码的基本单元是视频对象。为了描述视频对象并对其进行处理,首先需要从背景中分离出视频对象(即用户感兴趣的),这就用到了图像/视频分割技术。由于图像分割技术在分割有效和效率上存在一定局限性,使得 MPEG-4 工程应用进展缓慢,但图像/视频分割技术却引起了广泛的讨论和研究。

3. ITU 视频压缩编码标准

(1) H.261 标准　H.261 是最早出现的视频编码标准,它首次使用了运动补偿预测编码结合 DCT 变换的方法,其输出码率是 64kbit/s 的整数倍(1～31 倍)。H.261 主要是针对 ISDN 的会议电视和可视电话等应用制定的,通过缓冲控制产生恒定的输出码率。

H.261 公布于 1990 年,是第一个采用现代编码算法的通用视频标准,其后很多标准的形成都受到 H.261 的影响。

H.261 的输入视频主要支持 CIF 和 QCIF,只有帧的工作方式。H.261 编解码最大支持 30 帧/s 的 CIF 图像,最小支持 7.5 帧/s 的 QCIF 图像,通过连续丢掉 1～3 帧来降低码率,采用 16×16 大小的宏块进行整数像素的运动估计,8×8 的块进行 DCT、量化、Zig-Zag 排序和熵编码。H.261 采用了两个量化器,对帧内编码的 DCT 直流系数用均匀量化器进行量化,其他系数采用带死区的均匀量化器。为了减少计算的复杂性和延时，H.261不包括双向预测编码，另外，运动估计也只精确到整数像素。

（2）H.263标准　视频会议、可视电话等数字图像通信方面的应用越来越广泛，但这些数字图像传输的媒质——公共交换电话网（Public Switched Telephone Network，PSTN）和无线网络的带宽仍然有限，应用早期的视频编码标准H.261已经不能满足压缩性能的要求，同时H.261对信道误码鲁棒性低，也不能满足应用的需求。针对这种应用背景，H.263应运而生。H.263标准能够满足现有信道所需要的压缩性能，同时对信道误码具有一定的鲁棒性，从而成为低码率视频编码的主流标准。

H.263强调双向视频传输的重要性，主要面向低码率的视频应用（如在电话线上传输可视电话和电视会议的数字图像），它的输出码率有比较大的动态范围，不仅限于低码率。非低码率条件下，与MPEG-1比较，CIF图像在128kbit/s～1Mbit/s码率范围内，使用H.263标准一般可以获得更好的压缩效果。

H.263标准支持SUB-QCIF、QCIF、CIF、4CIF和16CIF等5种标准图像格式。原始的视频信号在Y、U、V彩色空间中描述，亮度信号按照图像本身分辨率进行采样，色度信号在X轴和Y轴方向采样为原分辨率的一半。

为了提高压缩效率，H.263标准采用半像素运动预测，运动预测基于8×8子块进行，采用了重叠运动补偿。H.263除了基本的编码模式之外，还提供了4种可选的高级模式：无限制运动矢量、高级预测模式、PB帧模式以及算法编码模式。

（3）H.263+和H.263++标准　针对PSTN和无线网络上的传输速率有限，而且误码率高的状况，继而提出了H.263的改进版本H.263+和H.263++，以满足高压缩效率和较强信道容错能力的应用要求。

H.263+是H.263标准的第二版，于1998年9月公布，它在H.263的基础上，新增了12种可选模式和新特性，并对第一版中的无限制运动矢量模式进行了修正。

H.263++是H.263标准的第三版，于2000年11月公布，它在H.263+的基础上，又添加了3种可选模式。

（4）H.264/AVC　H.264/AVC是ITU-T和ISO联合制定的编码标准，它最先由ITU-T的VCEG（Video Coding Expert Group）于1997年提出，目标是提出一种更高性能（主要与H.263比较）的视频编码标准。由于其相对于MPEG-4的优良表现，2001年底，ISO的MPEG加入到标准的制定过程中，与VCEG组成JVT（Joint Video Team）。2002年底，完成了H.264/AVC所有技术工作。2003年3月正式公布，称为H.264/AVC，该标准在ITU中被称为Recommendation H.264，在ISO/IEC中称为MPEG-4的第10部分或者AVC（Advance Video Coding）。

H.264标准继承了H.263和MPEG-1/2/4视频标准的优点，但在结构上并没有变化，仍然采用传统的混合编码框架，只是在各个主要的功能模块内部使用了一些先进的技术，提高了编码效率。在相同的重建图像质量下，能够比H.263节约50%左右的码率。采用的新技术包括：多种新的帧内预测方法、可变尺寸块运动补偿技术、多参考帧运动补偿技术、4×4整数变换技术、新的环路滤波技术等。下面对这些新技术进行简单的介绍。

1）帧内预测。H.264引入了帧内预测的方法，利用相邻宏块的相关性对编码的宏块进行预测，对预测残差进行变换编码，以消除空间冗余。值得注意的是，以前的标准是在变换域中进行预测，而H.264是直接在空间域中进行预测。

对亮度像素而言，预测块 P 可用 4×4 子块、8×8 子块或者 16×16 宏块操作。4×4 亮度子块有 9 种可选的预测模式；8×8 亮度子块也有相同的 9 种可选的预测模式；16×16 亮度块有 4 种预测模式。色度块也有 4 种预测模式，类似于 16×16 亮度块预测模式。下面只讲 4×4 亮度子块预测模式和 16×16 亮度块预测模式。帧内预测是 H.264/AVC 算法改进的一个闪亮点，是编码效率提高的一个重要因素。

2）多模式高精度的帧间预测。从 H.261 标准发布以来，各种主要编码标准在进行帧间预测时，都使用了基于块的运动补偿预测模式，H.264/AVC 也采用了这种预测模式。与以往标准的区别在于 H.264/AVC 支持多种块结构（从 16×16 到 4×4）的预测，并且预测精度能达到 1/4 像素。

块大小对运动估计的效果是有影响的。H.264/AVC 的宏块分割包括 4 种类型，每个宏块可以分割成：1 个 16×16，或 2 个 16×8，或 2 个 8×16，或 4 个 8×8。如果选择 8×8 模式，则每个 8×8 块可以进一步分割成：1 个 8×8，或 2 个 8×4，或 2 个 4×8，或 4 个 4×4。这样宏块被分割成不同尺寸的块或子块，每一个块或子块都有一个独立的运动矢量。利用各种大小的块进行的运动补偿称作树状结构运动补偿。

一个宏块有多个不同尺寸的子块，而子块又有多个不同尺寸更小子块，每个子块都可以有单独的运动矢量。在进行帧间预测的时候，每一个块和子块都要求有各自的运动矢量描述。在编码的时候，选择块大小的模式和每个块的运动矢量都要被编码和发送。选择了大的区域（如 16×16，16×8，8×16）进行编码时，意味着用少量的比特数据去描述运动矢量和块类型。然而，经过补偿后的运动的画面还有大量的运动细节需要描写。选择小的区域（如 8×4，4×4，4×8）进行编码时，会在使用运动补偿后产生少量的编码，描述运动细节，却需要较多的比特流来描述运动矢量和块类型。如何选择块的大小具有重要的意义。

另外，在 H.264 中，运动补偿精度由 H.263 中的半像素提高到 1/4 像素，并且把 1/8 像素作为可选项。

3）4×4 整数变换。与以前的标准不同，H.264 中采用的变换技术不再是基于 8×8 块的 DCT 变换，而是基于 4×4 块的整数变换，这种变换是在原 DCT 变换基础上改进的。

H.264 的 4×4 块整数变换中只有整数运算，消除了浮点运算，减少了运算量，并且精确的整数变换在编码器和解码器中可以得到相同的正变换和反变换，不会出现"反变换误差"，从而消除了因变换精度引起的图像失真。由于变换的最小单位是 4×4 像素块，相比于 8×8 点 DCT 变换编码，能够降低图像的块效应。

H.264/AVC 共有三种变换：4×4 残差数据变换、4×4 亮度直流系数变换（16×16 帧内模式下）、2×2 色度直流系数变换。

4）统一变长编码和基于内容的自适应算术编码。原 H.264 标准有两种熵编码方法：一种是对所有语法单元采用统一的 UVLC（Universal Variable Length Coding），另一种是基于内容自适应的二进制算术编码（CABAC）。CABAC 是可选项，其编码性能比 UVLC 稍好，但计算复杂度也高。

上下文自适应的可变长编码（Context-Adaptive Variable Length Coding，CAVLC）根据已编码句法元素的情况，动态调整编码中使用的码表，取得了极高的压缩比，比 UVLC 压缩效率高，计算复杂度又比 CABAC 低。由于专利持有方愿意免费将 CAVLC 贡献出来，因此被 H.264 的基本档次（Baseline Profile）、主要档次（Main Profile）、扩展档次（Extended Profile）所采用。

5）算法的分层设计。H. 264 编码算法在概念上可以分为两层：视频编码层（Video Coding Layer，VCL）负责高效的视频内容表示，包括基于块的运动补偿混合编码和一些新特性；网络提取层（Network Abstraction Layer，NAL）负责以网络所要求的恰当方式对数据进行打包和传送。在 VCL 和 NAL 之间定义了一个基于分组方式的接口，打包和相应的信令属于 NAL 的一部分。这样，高编码效率和网络友好性的任务分别由 VCL 和 NAL 来完成。

H. 264 的主要功能目标如下：

➤ 在相同的重建图像质量下，H. 264 比 H. 263 + 和 MPEG-4（Simple Profile）节约 50% 码率。

➤ 采用简洁的设计方式，简单的语法描述，避免过多的选项和配置，尽量利用现有的编码模块；对信道时延的适应性较好，既可工作于低时延模式以满足实时业务，如电视会议等，又可工作于无时延限制的宽松场合，如视频存储等。

➤ 加强对误码和丢包的处理，增强解码器差错恢复能力。

➤ 在编解码器中采用复杂度可分级设计，在图像质量和编码处理之间可分级，以适应高复杂性和低复杂性的应用。

➤ 提高网络适应性，采用"网络友好"的结构和语法，以适应 IP 网络、移动网络的应用。

H. 264 着重于解决压缩和传输的高可靠性，因而其应用面十分广泛。H. 264/AVC 规定了基本档次（Baseline Profile）、主要档次（Main Profile）、扩展档次（Extended Profile）和高端档次（High Profile，FRExt）4 个档次，分别对应于不同的应用场合。

基本档次：主要应用于视频会话，如电视会议、可视电话、远程医疗、远程教学等；

主要档次：主要应用于消费电子应用，如数字电视广播、数字视频存储等；

扩展档次：主要应用于网络的视频流，如视频点播等；

高端档次：主要应用于超高质量的视频图像，如高清数字电视、数字影院等。

各种图像压缩标准如表 8-7 所示。

表 8-7 图像压缩标准

标准名称	制定标准的机构和时间	压缩比/目标码率	主要压缩技术	应 用 范 围
JPEG	ISO/IEC（1991）	压缩比 2～30 倍	— DCT — 主观量化 — Zig-Zag 扫描排序 — 霍夫曼编码　算术编码	— 因特网图像 — 数字照相 — 图像和视频编辑
JPEG2000	ISO/IEC	压缩比 2～50 倍	— 小波变换 — 标量量化 — 邻近模型比特层编码 — 算术编码 — 分辨率伸缩性 — 质量（信噪比）伸缩性 — 兴趣区域 — 误码回避 — 码率控制	— 因特网图像 — 数字照相 — 图像和视频编辑 — 出版 — 医学图像 — 移动通信 — 彩色传真 — 卫星图像

（续）

标准名称	制定标准的机构和时间	压缩比/目标码率	主要压缩技术	应用范围
MPEG-1	ISO/IEC （1992）	比特率 1.5Mbit/s	— DCT — 主观量化 — 自适应量化 — Zig-Zag 扫描排序 — 前向、双向运动补偿 — 半采样精度运动估计 — 霍夫曼编码、算术编码	— 将视频信息存储在 CD-ROM 上 — 消费视频
MPEG-2	ISO/IEC （1994）	比特率 1.5~35Mbit/s	— DCT — 主观量化、自适应量化 — Zig-Zag 扫描排序 — 前向、双向运动补偿 — 基于帧/场的运动补偿 — 半像素精度运动估计 — 空间、时域、质量伸缩性 — 霍夫曼编码、算术编码 — 误码回避	— 数字电视 — HDTV — 高质量视频 — 卫星电视 — 有线电视 — 地面广播 — 视频编辑 — 视频存储
MPEG-4	ISO/IEC （1998~1999）	比特率 8kbit/s~35Mbit/s	— DCT、小波变换 — 主观量化、自适应量化 — Zig-Zag 扫描排序 — Zero-tree 扫描排序 — 前向、双向运动补偿 — 基于帧/场的运动补偿 — 半像素精度的运动估计 — 重叠运动补偿 — 空间、时域、质量伸缩性 — 比特平面形状编码 — 长背景灵影编码 — 脸部动画 — 动态网格（mesh）编码 — 霍夫曼编码、算术编码 — 误码回避	— 因特网 — 交互视频 — 视觉编辑 — 视觉内容操作 — 消费视频 — 专业视频 — 2D/3D 计算机图形 — 移动通信
H.261	ITU-T （1990）	比特率： $p \times 64$kbit/s （p:1~31）	— DCT — 自适应量化 — Zig-Zag 扫描排序 — 前向运动补偿 — 整数倍采样精度运动估计 — 霍夫曼编码 — 误码回避	— ISDN 电视会议

（续）

标准名称	制定标准的机构和时间	压缩比/目标码率	主要压缩技术	应用范围
H. 263	ITU-T (1996)	比特率：8kbit/s ~ 1.5Mbit/s	— DCT、自适应量化 — Zig-Zag 扫描排序 — 前向、双向运动补偿 — 半采样精度运动估计 — 重叠运动补偿 — 霍夫曼编码、算术编码 — 误码回避	— POTS 可视电话 — 桌面可视电话 — 移动可视电话
H. 264	ITU-T/ISO		— 4×4 整数变换、自适应量化 — 前向、双向运动补偿 — 多参考帧预测 — 1/4 采样精度运动估计 — 树状结构运动补偿 — 帧内预测 — 统一可变长编码 — 自适应算术编码 — 场/帧自适应编码 — 环路去块滤波 — 误码回避	— 可视电话 — 电视会议 — 远程医疗 — 远程教学 — 网络视频点播 — IPTV — 数字电视 — HDTV — 数字视频存储

习　　题

8-1　$640 \times 480 \times 8$bit 的数字化电视帧图像，每帧有 1024B 的描述结构，请问 220MB 存储空间可以存 30 帧/s的电视图像多少秒？如果用压缩比为 4.25 的无损压缩算法结果又如何？

8-2　如何全面评价一个图像压缩系统？

8-3　客观保真度准则和主观保真度准则各有什么特点？

8-4　试述预测编码的基本原理，并画出原理框图。

8-5　设某一幅图像共有 8 个灰度级，各灰度级出现的概率分别为：

$$P_1 = 0.20, \ P_2 = 0.09, \ P_3 = 0.11, \ P_4 = 0.13, \ P_5 = 0.07, \ P_6 = 0.12, \ P_7 = 0.08, \ P_8 = 0.20$$

试对此图像进行霍夫曼编码，并计算信源的熵、平均码长、编码效率及冗余度。

8-6　已知 4-符号信源 $\{a,b,c,d\}$ 由 5 个符号组成的符号序列：abccd。设各个信源符号的概率为 $P(a) = 0.2$，$P(b) = 0.2$，$P(c) = 0.4$，$P(d) = 0.2$。对信源符号进行霍夫曼编码，给出码字、码字的平均长度和编码效率（并与算术编码进行比较）。

8-7　已知符号 a、e、i、o、u、k 的出现概率分别是 0.2、0.3、0.1、0.2、0.1、0.1，对 0.23355 进行算术解码。

8-8　已知信源 $X\{0,1\}$，信源符号的概率为 $P(0) = 1/4$，$P(1) = 3/4$。试对 1001 和 10111 进行算术编码。

8-9　简述变换编码的原理及过程。

8-10　何为区域编码？何为门限编码？

8-11　图像编码有哪些国际标准？它们的基本应用对象分别是什么？

第9章 数字图像处理系统及应用实例

9.1 数字图像处理系统

数字图像处理系统由前端获取图像信息的输入设备、将模拟信息转换为数字信息的 A/D 采样设备、对图像信息进行处理和分析的数字图像处理设备（计算机或专用处理芯片）以及终端显示输出设备组成。数字图像处理系统的结构原理框图如图 9-1 所示。

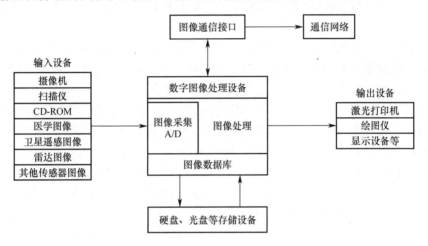

图 9-1　数字图像处理系统结构原理框图

9.1.1 数字图像处理系统的分类

数字图像处理系统是以数字信号处理理论、计算机和电子技术的发展为基础的，融合了计算机技术和电子技术的最新研究成果。数字图像处理系统按照应用目的可分为通用型和专用型两种。通用型系统主要完成各种算法研究、大型计算、多媒体技术研究、视频制作等；专用型系统一般具备一定的特殊用途，处理任务单一，且对系统的体积、重量、处理速度、功耗、成本等都有特定的要求，处理器通常选用数字信号处理器（DSP）。

通用型系统一般以普通计算机或图形图像工作站为主，结合负责 A/D 转换的采集卡，在系统环境下工作具有良好的再开发能力；专用型系统主要由专用的数字信号处理芯片设计而成，采用具有适合图像和信号处理特有规律的并行处理阵列组成；但随着数字信号处理技术和芯片技术的发展，能运行操作系统的专用芯片已开始使用，在专用芯片上进行数字图像处理技术的研究已越来越普遍。

9.1.2 计算机图像处理系统的基本构成

计算机图像处理系统由图像采集、图像处理和图像输出三部分组成。

1. 图像采集

原始的图像数据是通过图像采集进入计算机的，因此，图像采集的作用是采集模拟图像数据，并将模拟信号转换成数字信号。计算机图像处理系统常用的图像采集部件有：模拟摄像机和图像采集卡、图像扫描仪以及数字照相机等。

（1）模拟摄像机和图像采集卡　图像处理系统采用的模拟摄像机分为电子管式摄像机和固体器件摄像机两种。目前普遍采用的固体器件摄像机有两种类型，一是电荷耦合器件（Charge Coupled Device，CCD）摄像机，二是互补金属氧化物半导体（Complementary Metal-Oxide Semiconductor，CMOS）摄像机。这两种摄像机的传感器都是利用感光二极管进行光电转换，其主要差异是数据传送方式不同，CCD 传感器的电荷信息需要在同步信号控制下一位一位地实施转移和读取，再经由传感器边缘的放大器进行放大输出，整个过程需要有时钟控制电路和三组不同的电源相配合；而在 CMOS 传感器中，每个像素点都会邻接一个放大器及 A/D 转换电路，用类似内存电路的方式将数据输出，但是 CMOS 传感器的每个像素由四个晶体管与一个感光二极管构成（含放大器与 A/D 转换电路），使得每个像素的感光区域远小于像素本身的表面积，因此在像素尺寸相同的情况下，CMOS 传感器的灵敏度要低于 CCD 传感器。造成这种差异的原因在于：CCD 传感器的特殊工艺可保证数据在传送时不会失真，因此各个像素的数据可汇聚至边缘再进行放大处理；而 CMOS 传感器的数据在传送距离较长时会产生噪声，因此必须先放大，再整合各个像素的数据。

由于数据传送方式不同，CCD 与 CMOS 传感器在性能和应用上也有诸多差异，CCD 传感器在灵敏度、分辨率、噪声控制等方面都优于 CMOS 传感器，而 CMOS 传感器则具有低成本、低功耗以及高整合度的特点。但是随着 CCD 与 CMOS 传感器技术的进步，两者的差异有逐渐缩小的趋势，例如，CCD 传感器一直在功耗上做改进，以便应用于移动通信市场；CMOS 传感器则在改善分辨率与灵敏度方面的不足，以便应用于更高端的图像产品。

摄像机的参数包括空间分辨率、灰度分辨率、快门参数、最低照明度等。根据传感器的有效工作范围，可分为可见光、红外、紫外、X 射线等摄像机；根据快门速度，可分为静止和实时摄像机。模拟摄像机需要和图像采集卡配合使用，配合时要考虑两者参数的优化问题。

图像采集卡是模拟摄像机和计算机的接口，它先将模拟视频采样、量化后转换为数字视频，然后将数字视频压缩或直接传输给计算机。根据前端摄像机的不同，图像采集卡也相应地分为彩色图像采集卡和黑白图像采集卡，彩色图像采集卡也可以采集同灰度级别的黑白视频。

（2）图像扫描仪　图像扫描仪也是一种获取图像并将其转换成计算机可以显示、编辑、存储和输出数字格式的设备，是一类适合于薄片介质，如纸张、照片（胶片）、插图、图形、树叶、硬币、纺织品等物体的图像数字化设备。其空间分辨率较高，一般在 1200dpi（点/英寸）以上。根据灰度分辨率的不同，可以分成黑白 64 级灰度扫描仪、黑白 256 级灰度扫描仪和彩色图像扫描仪；根据幅面大小的不同，可以分成手提式扫描仪、平板式扫描仪、滚筒式扫描仪等；根据扫描仪结构的不同，可以分为透射式扫描仪和反射式扫描仪。由于使用机械扫描的方式采集数据，因此采集速度不如 CCD 摄像机快。

（3）数字照相机　数字照相机将图像采集和数字化部件集成在同一机器上，使其输出的信号能直接被计算机所接收。数字照相机使图像的采集部件和主机的连接更具有通配性，而且由于其携带方便，有相应的存储器，因此更适用于现场数据采集。

数字照相机使用 CCD 或 CMOS 将感应到的光信号转换成电信号，并传输给数字照相机的其他器件，如模数转换器、数字信号处理器等进行处理，从而形成以数字形式存在的图像。数字照相机形成图像的整个过程包括光电转换、图像处理、图像合成、图像压缩、图像保存、图像输出等，形成的图像是数据文件。在数字图像处理领域，常用的一种专业数字照相机是单反数字照相机，单反是指单镜头反光即 SLR（Single Lens Reflex），光线透过镜头到达反光镜后，折射到上面的对焦屏并形成影像，透过接目镜和五棱镜，使得摄影者可以从取景器中直接观察到通过镜头的影像。

随着微电子技术和数字图像处理技术的发展，数字照相机的功能多种多样，性能不断提升。下面简单介绍数字照相机成像的几个关键技术。

1）光学变焦（Optical Zoom）：通过镜片移动来放大或缩小需要拍摄的景物，光学变焦倍数越大，能拍摄的景物就越远。此外，使用增倍镜可以增大光学变焦倍数，数字照相机光学变焦倍数等于增倍镜的倍数与光学变焦倍数的积。

2）数码变焦（Digital Zoom）：通过数字照相机内的图像处理器，把原来传感器上的一部分像素使用"插值"处理手段放大，将中心区域画面放大到整个画面。

3）防抖功能：实际拍摄中由于拍摄者手抖动或拍摄物体的运动造成的图像模糊，需要靠特殊的结构或算法来抑制或消除。防抖分为三大类型：光学防抖、机械防抖和电子稳像防抖。

4）防红眼（Redeye Reduction）：距离较近和光线较暗时拍摄人像会发生红眼现象，这是由于眼睛视网膜反射闪光而引起的。数字照相机的"消除红眼"模式先让闪光灯快速闪烁一次或数次，使人的瞳孔适应之后，再进行主要的闪光和拍摄。

5）人脸识别：如果拍摄画面中含有人脸，则获取人脸的位置、大小、姿态等信息，进一步提取出人脸的特征供相机进行对焦、曝光等参数的调整。人脸的模式是复杂的，受到多种因素的影响，找到一种有效的方法提取人脸的共性特征来描述人脸模式，即人脸的建模，是人脸检测和识别的关键技术。

2. 图像处理

在计算机图像处理系统中，图像处理工作是由计算机完成的，图像处理的过程通常包括从帧存储器提取数据到计算机内存、处理内存中的图像数据和传送数据回图像帧存储器三个步骤。对于直接使用内存的采集卡，则只需和内存进行数据交换。计算机的内存越大，CPU的运算速度越快，图像处理的速度也越快。目前一个热门的研究课题是使用计算机图形处理器（Graphics Processing Unit，GPU）来进行图像处理算法研究，主要是因为 GPU 是一种高度并行化、多线程、多核的处理器，极大地提升了计算机图形处理的速度、增强了图形的质量。

目前，高端 GPU 浮点计算性能已经达到 Teraflops（每秒万亿次）级别，相当于一个高性能计算集群系统。GPU 的极高计算性能也吸引了越来越多的关注，人们期望能够将 GPU 用于图形渲染计算任务以外的通用计算领域，如数据处理、科学计算等。在各 GPU 生产厂商的大力推动下，一些原先制约 GPU 通用化的障碍（如硬件结构、编程模型）已经不同程度地得到了克服，基于 GPU 的通用计算（General Purpose Computing on GPU，GPGPU），已经成为计算领域发展的新趋势。

计算统一设备架构（Compute Unified Device Architecture，CUDA）是 NVIDIA 公司在 2007年推向市场的针对 GPGPU 的一个全新并行计算架构，使专注于图形处理的 GPU 超高性能在通用计算领域发挥优势。CUDA 作为 NVIDIA 图形处理器的通用计算引擎，它包括了 NVIDIA对于 GPGPU 的完整的解决方案：从支持通用计算并行架构的图形处理器，到实现计算所需要的硬件驱动程序、编程接口、程序库、编译器、调试器等。官方为这个架构提供的编程语

言称为 CUDA C。凭借良好的软硬件编程模式，在 CUDA
平台可方便地实现 GPU 通用计算，这也使得 CUDA 成为
目前应用最为广泛的 GPU 通用计算平台。CUDA 模型的
计算流程如图 9-2 所示。

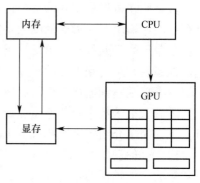

数字图像处理实质是处理图像像素矩阵，属于数据
密集型计算，因此可以考虑在 GPU 上对图像处理进行并
行计算和优化。同时，图像处理中包含了大量的浮点计
算，而 GPU 相对于 CPU 而言对浮点运算具有更好的支
持，即使存在一定误差，对图像处理的结果在视觉上也
没有什么影响。CPU 中实现的算法并不能直接移植到

图 9-2　CUDA 模型的计算流程

GPU 平台执行，因此我们要让 GPU 加速传统的图像处理算法，必须结合 CUDA 编程模型，
对原有的串行算法进行分析，把算法改造成符合 GPU 架构的并行算法，才能够充分利用
GPU 并行计算能力，体现出 GPU 在高性能计算方面的优势。

算法的改造可以从两个方面考虑：一是充分利用传统算法的天然并行性，将已有的并行
性在 CUDA 中并行化，例如点运算不需要图像中其他像素的值，因此并行化点运算是非常
简单且是完全可行的；二是利用经典并行算法的设计思路对传统图像处理算法进行并行化改
造，这在 GPU 加速图像处理算法中是最常用的方法。

3. 图像输出

从广义的角度讲，图像的输出形式可以分为以下两种：

一种是根据图像处理的结果做出判断，得到的是结果或对图像内容的数学表达和描述，
例如质量检测中的合格与不合格，输出不一定以图像作为最终形式，而只需做出提示供人或
机器选择。这种提示可以是计算机屏幕信息，或是电平信号的高低，这样的输出往往用于成
熟研究的应用上。

另一种则是以图像为输出形式，它包括中间过程的监视以及结果图像的输出。图像输出
方式有屏幕输出、打印输出和视频硬拷贝输出。

9.1.3　嵌入式图像处理系统的基本构成

随着信息化、智能化、网络化的发展，嵌入式技术在个人数据处理、多媒体通信、在线
事务处理、生产过程控制、交通控制等各个领域得到了广泛的应用。图像处理设备正朝着智
能化、小型化以及网络化方面发展。嵌入式系统自身的特点，恰恰满足了图像处理发展需
求，这就使得嵌入式系统与图像处理紧密结合在了一起，形成了嵌入式图像处理系统，并成
为当前的研究热点。

根据 IEEE 的定义，嵌入式系统是控制、监视或者辅助设备、机器和车间运行的装置。
它主要由两大部分组成：嵌入式硬件系统和嵌入式软件系统。硬件系统是整个系统的基础，
构成软件运行的硬件平台；而软件系统则是整个系统的灵魂，也是嵌入式系统特点的体现，
其复杂程度往往很高，软件系统开发的工作量要占到整个系统开发的工作量的 70% ~ 80%。
嵌入式图像处理系统的组成如图 9-3 所示。

1. 嵌入式图像处理系统的硬件

嵌入式图像处理系统的硬件架构大致可以分为：嵌入式处理器、存储器、输入/输出设
备、视频编解码器和电源管理等。

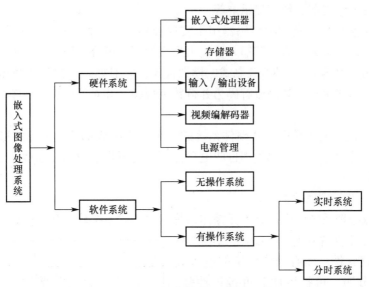

图 9-3　嵌入式图像处理系统的组成

（1）嵌入式处理器　嵌入式处理器是嵌入式系统的核心部件，主要用于加载程序代码、访问存储器、控制 I/O 口和外围电路。数字图像处理的计算量很大，需要很强的数据处理能力，常用的嵌入式处理器有 ARM、DSP 和 FPGA 等。

ARM（Advanced RISC Machine）架构提供一系列内核、体系扩展、微处理器和系统芯片方案，四个功能模块可根据用户的要求定制。ARM 处理器具有体积小、功耗低、成本低、性能高的特点，芯片上具有大量的寄存器，采用固定长度的指令格式，同一指令中包含了算术逻辑处理和移位处理。

现场可编程门阵列（Programmable Gate Array，FPGA）是在 PAL、GAL、EPLD 等可编程器件的基础上进一步发展的产物。它是作为专用集成电路（ASIC）领域中的一种半定制电路而出现的，既解决了定制电路的不足，又克服了原有可编程器件门电路数有限的缺点。FPGA 采用了逻辑单元阵列（Logic Cell Array，LCA）这样一个新概念，内部包括可配置逻辑模块（Configurable Logic Block，CLB）、输入/输出模块（Input Output Block，IOB）和互联资源（Interconnect Resource，IR）三部分。

数字信号处理器（Digital Signal Processor，DSP）是专门为快速实现各种数字信号处理算法而设计的，具有专用的硬件乘法器、片内外两级存储结构、特殊的 DSP 指令、指令系统的流水线操作、快速指令周期等特点。DSP 在数字滤波、FFT 和频谱分析等方面具有广泛应用，目前主流的 DSP 处理器有 Texas Instruments 的 TMS 320 系列和 Motorola 的 DSP 56000 系列。

（2）存储器　存储器是嵌入式系统的记忆器件，用于存储嵌入式程序、缓存数据等。它是由一组或多组具备数据输入/输出功能的集成电路组成，并能根据控制器的输入信息对指定位置进行数据或指令存入和取出的芯片。存储器按照存储信息的不同可分为只读存储器和随机存取存储器，嵌入式系统常用的存储器有 Nor Flash、Nand Flash、SRAM、SDRAM、DDR 等。

（3）输入/输出设备　嵌入式系统的输入/输出设备用于实现数字图像系统的人机交互功能。常见的输入设备有键盘、鼠标、控制手柄、触摸屏、模拟相机、数字照相机等，常见的输出设备有模拟监视器、数字显示屏等。

（4）视频编解码器 视频编解码器用于实现视频数据的格式转换，以符合嵌入式处理器的输入要求。视频编解码器按照输入、输出视频的不同可分为模拟编解码器和数字编解码器两种。前者用于解码 PAL、NTSC 制式的模拟视频，并对处理后的视频数据进行相应制式的编码；后者将高速串行视频码流解码为并行数字视频，并对处理后的视频数据进行相应格式的编码。

（5）电源管理 电源是嵌入式硬件系统的一个重要组成部分，电源的稳定性在很大程度上决定了系统的稳定性。电源管理也叫电源控制，主要指电源芯片选型、电源电压监测和工作模式管理等。

2. 嵌入式图像处理系统的软件

嵌入式图像处理系统的软件分为无操作系统的嵌入式系统软件和有操作系统的嵌入式系统软件。在传统的软件设计中多选用无操作系统的嵌入式系统软件；而有操作系统的嵌入式系统软件层次分明，可扩展性和可维护性强。有操作系统的嵌入式系统软件结构如图 9-4 所示。

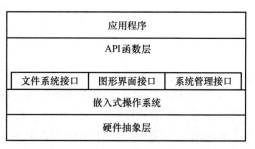

图 9-4 有操作系统的嵌入式系统软件结构

（1）硬件抽象层 硬件抽象层又可称作板级支持包，是介于硬件和操作系统驱动程序之间的一层，主要用于描述底层硬件的相关信息，实现对操作系统的支持和加载，为驱动程序提供访问接口。

（2）嵌入式操作系统 嵌入式操作系统是负责嵌入式系统的全部软/硬件资源管理、分配及执行、任务调度、控制和协调的一个功能可裁剪的管理控制程序。常见的嵌入式操作系统包括：VxWorks、Linux、Small OS、Windows CE 和 Android 等。

（3）API 函数层 API 函数层是操作系统为用户提供的文件系统管理、GUI 图形界面以及系统管理等功能的应用程序编程接口。通过 API 接口函数，程序员在设计应用程序时可以很好地实现应用程序和操作系统间的衔接和功能调用。

（4）应用程序 应用程序是由用户针对特定应用而设计的具有针对性的、运行于操作系统之上的、可直接和用户进行交互的计算机程序。通常状况下，应用程序都运行在处理器的用户模式下，而操作系统则运行在处理器的系统模式下。操作系统中每一个应用程序都可以看作一个独立的进程或任务，都拥有自己独立的地址空间。

目前，主流的嵌入式图像处理系统采用 FPGA + DSP 处理器的架构模式。基于此架构模式的数字图像处理设计流程如图 9-5 所示。第一，对系统进行需求

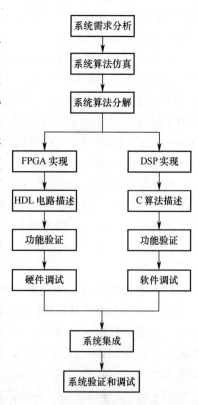

图 9-5 FPGA + DSP 系统设计流程

分析，明确系统要求实现的功能和达到的性能，如系统功耗、系统采样频率和系统带宽等，同时指出系统的集成度需求和对外接口定义。第二，进行系统算法级的仿真，确定算法的正确性和功能的完备性。第三，进行系统算法分解。算法分解的依据主要有两点：算法结构的特点和算法实现时的性能需求。对于算法结构较为规则、实现时需要高速处理的，FPGA 较为合适；对于算法结构较为复杂、对处理速度要求不高的，DSP 较为合适。第四，算法实现。对于需要 FPGA 实现的算法，根据 FPGA 设计开发流程，完成 HDL 电路描述、功能验证和硬件调试；对于需要 DSP 实现的算法，根据 DSP 设计开发流程，使用 C 语言或汇编语言完成算法描述、功能验证和软件调试。第五，将系统集成，进行系统验证和调试。

此外，Xilinx 推出的 EPP Zynq-7000 系列 FPGA 内部嵌入了两个 ARM 核，同时其内部还有 28～350KB 个逻辑单元，240～2180KB 的可扩展式 Block RAM，80～900 个 18×25 DSP Slice 等硬件逻辑资源。这样，在某些应用场合可采用 FPGA + EPP 的架构模式。

9.2　应用实例

9.2.1　生物医学图像的处理

数字图像处理应用于生物医学的历史几乎与其本身的历史相当，这是因为一些从事数字图像处理的研究人员，如 JPL(Jet Propulsion Laboratory)的 R. 内森等人对生物学和医学问题向来颇感兴趣，常用业余时间从事生物医学图像如细胞显微图像的研究。随着图像处理技术的不断发展，其在生物医学领域的应用也越来越广泛，而且成效显著。例如对医用显微图像的处理分析，如红细胞、白细胞分类，染色体分析，癌细胞识别等，此外，在 CT 技术、X 光肺部图像增晰、超声波图像处理、心电图分析、立体定向放射治疗等医学诊断方面都广泛地应用图像处理技术。本节以免疫细胞图像自动分割算法为例，介绍细胞图像分析系统里的关键图像处理技术。

免疫细胞图像是一种目标呈块状分布的图像，在背景中分布着若干个目标如椭圆状的细胞核，在实际采集到的图像中还存在着各种噪声，因此如果对一幅视野里的图像进行一次性整体分割，将会由于噪声的存在而很难得到满意的结果，自动分割也就无从谈起。为了降低分割的复杂性，实现免疫细胞图像的自动分割，可以采取分层分割的策略，即先定位找到背景中的目标，然后在细胞所在的小区域内再运用具体的分割算法，在本例中使用了水域（watershed 变换）分割方法。免疫细胞图像的自动分割大致可以分为以下四个步骤，如图 9-6 所示。

图 9-6　免疫细胞图像自动分割流程

1）对待分割图像进行边缘检测。

2）用椭圆目标定位方法找到检测结果中每个细胞核的中心位置。

3）对于得到的每个细胞核，以中心点作为种子点，进行区域生长，用一个矩形框返回细胞核轮廓的大致位置。

4）用水域生长（watershed）方法在该矩形框内进行图像分割。

图 9-7 为免疫细胞图像自动分割过程的示意图。

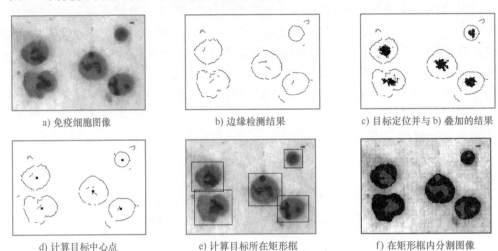

a) 免疫细胞图像   b) 边缘检测结果   c) 目标定位并与 b) 叠加的结果

d) 计算目标中心点   e) 计算目标所在矩形框   f) 在矩形框内分割图像

图 9-7   免疫细胞图像自动分割过程示意图

假设椭圆目标的半径小于等于 R，且其所在窗口大小为 $M \times M$，则建立一个同样大小的累加数组 T。从边缘点开始沿梯度切线方向（指向圆心）做一个有一定角度 α 并且半径大于 R 的扇形区，然后对扇形区内的点进行累加，并记录在累加数组 T 中，则 T 中对应椭圆圆心的区域就会有较高的值出现，这时只要对累加数组取阈值，大于阈值的位置就对应了目标的内部。图 9-8 说明了椭圆目标位置检测的全过程，从图中可以看出，对累加数组 T 取阈值后目标内部的一个点集被检测出来，这时候通过计算求出这个点集的中心点，则这个中心点就对应了目标的中心位置。

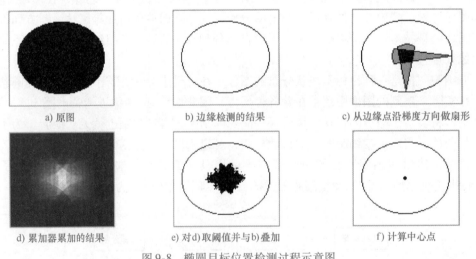

a) 原图   b) 边缘检测的结果   c) 从边缘点沿梯度方向做扇形

d) 累加器累加的结果   e) 对 d) 取阈值并与 b) 叠加   f) 计算中心点

图 9-8   椭圆目标位置检测过程示意图

利用图 9-8 的检测过程把图像中的细胞核所在的中心位置检测出来后，就可以根据步骤 3) 采用区域生长的方法获取细胞核所在的矩形区域，在该区域内利用水域分割算法即可完成细胞的分割。有关水域分割的方法可以参见 6.5.2 小节，此处不做重复表述。

以上是对免疫细胞图像自动分割算法的描述。图像分割算法的种类很多，可以说各有各的优势，但对于特定图像来说，要想找到一种有效的分割方法并不是一件容易的事情，在实际的图像处理中常常需要把各种分割算法结合起来才能达到预期的效果。而对于图像的自动分割就更加大了算法的复杂性，它需要系统而全面地分析图像的特点，然后根据具体情况来确定具体的算法。

在医学图像分析系统中，自动分割是图像分析自动化的前提，也是图像分析系统里一直在探索的问题，希望本例能给读者一点小小的启迪。

9.2.2 基于统计特征的高分辨率遥感图像道路提取

在测量与遥感领域，目标自动提取识别是实际应用中急需但离实际应用仍有一定差距的研究热点与关注焦点之一。遥感图像上的目标通常分为点状目标、线状目标（如道路、河流等）和面状目标（如建筑物等），其中线状目标提取在目标提取中具有承上启下的作用，而道路网的提取又在线状目标提取中占有重要地位。

由于道路目标复杂的光谱与形状特征，在遥感图像上进行道路网提取一直被认为是一项具有相当难度的工作，遥感工作者们为解决此问题付出了大量不懈的努力。本例根据道路目标在小区域内呈现直线的特点，在参数空间上，根据直线的灰度标准均方差和道路两边缘梯度矢量的峰谷分布规律，完成道路的自动检测。

1. 用灰度标准均方差检测直线

假设图像空间中的一条角度为 θ、截距为 q 的直线 $y = x\tan\theta + q$，映射其灰度标准均方差到参数空间上的一点 (θ, q)，该点的值 $w(\theta, q)$ 可由以下公式求得：

$$w(\theta, q) = \begin{cases} -\sqrt{\dfrac{1}{N}\sum_{i=0}^{N-1}[f_i(x,y) - u]^2} + 255, & N > 0 \\ 0, & N = 0 \end{cases} \tag{9-1}$$

式中，$u = \dfrac{1}{N}\sum_{i=0}^{N-1}f_i(x,y)$，$f_i(x,y)$ 是图像上所有满足 $y = x\tan\theta + q$ 的点。该变换的原理如图 9-9 所示。

图 9-9a 是一幅带有线目标的图像，做一条角度为 θ 且与 y 轴截距为 q 的线，该线与图像有 N 点相交，记为 (x_i, y_i)，$i = 0，1，2，3，\cdots，N-1$，如图 9-9b 所示。则 u 代表了这些点的灰度平均值，而 $\sqrt{\dfrac{1}{N}\sum_{i=0}^{N-1}[f_i(x,y) - u]^2}$ 是这些点的灰度分散程度的度量，即标准均方差。因此，$w(\theta, q)$ 是对标准均方差进行了一次反向加平移。从图上可以看出，$w(\theta, q)$ 实质上是将图像在 θ 方向上进行投影，并对处在同一投影位置上的各个像素的灰度分布进行统计。

图 9-9b 中，l 是一条截距为 q_0，角度为 θ_0 的直线，由于该直线上的灰度分布比较均匀，它的标准均方差偏低，因此变换到参数空间上，就会在 (θ_0, q_0) 处形成一个峰值点，如图 9-9c 所示；反向之后其对应的 $w(\theta_0, q_0)$ 就会偏大。同样道理，对于非直线位置，由于它们的灰度分布都比较分散，其对应位置的 $w(\theta, q)$ 值就偏小。

2. 梯度矢量均值约束的线目标检测

投影方式仍如上例所述。对原始图像进行梯度变换，对梯度矢量进行统计，用梯度矢量均值来代替上例 (θ, q) 处的值，就得到了梯度矢量在参数空间中的统计特性。

假若图像空间中有一条角度为 θ，截距为 q 的线目标 $y = x\tan\theta + q$。由于一条线有两条边，在每一条边上，其梯度幅值比较大且方向也比较集中，因而对应 (θ, q) 位置的值也会比较大。又因为直线两条边的梯度矢量是方向相反的，那么，表现在参数空间上将会在 (θ, q)

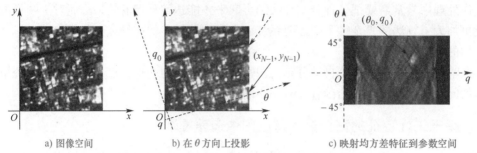

a) 图像空间　　　　　　b) 在 θ 方向上投影　　　　　c) 映射均方差特征到参数空间

图9-9　映射均方差特征到参数空间的示意图

处的左右两边形成一个高峰和一个低谷(反向峰)紧密相连的峰谷并存现象,峰与谷的距离则由被检测目标的粗细程度决定。对于非直线上的位置,要么梯度幅值偏低,要么方向不集中,因此它们的平均统计量将趋向于 0,从而不会在参数空间上形成峰谷并存的现象。图9-10是将图9-9a的梯度矢量均值映射到参数空间的示意图。

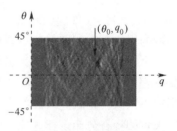

图9-10　映射图9-9a 的梯度矢量均值到参数空间的示意图

如果一幅图像内只有一条直线,那么具有最大值的 $w(\theta, q)$ 就对应了直线位置。而当图像中有若干个线目标时,就需要对 $w(\theta, q)$ 取合适的阈值来检测目标。然而,如果这个阈值选得太大就会丢失目标,太小又会造成过分割现象。有了直线的梯度矢量均值特征,加上直线灰度均方差特征,那么在直线的参数空间中同时具有最大标准均方差以及梯度矢量均值峰谷并存现象的点就是直线的参数点。这样一来,即使对两个特征空间的阈值设定得宽一些,目标也会很容易被检测出来。图9-11是用两个统计特征检测水平方向道路目标的过程,对于垂直方向的线目标通过旋转即可求得。

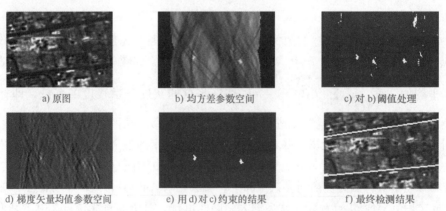

a) 原图　　　　　　　　b) 均方差参数空间　　　　　　c) 对 b) 阈值处理

d) 梯度矢量均值参数空间　　e) 用 d) 对 c) 约束的结果　　f) 最终检测结果

图9-11　用两个统计特征检测水平方向道路目标的过程

对于道路目标,在大区域范围是很难呈现直线特征的,因此我们采用分块处理的策略。图9-12是北京城区 400×300 的 15m 分辨率遥感图像采用 100×100 的块进行检测的结果。从图中可以看出,包括一些与背景区分不是很明显的弱目标在内,大部分线目标都已经被检测出来了。但有些块中的道路目标有漏检现象,这个问题可以通过曲线跟踪的方法进行解决,理论上,只要道路的某一段被检测出来,就可以通过曲线跟踪的方式将整条道路提取出来。

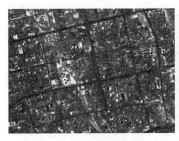

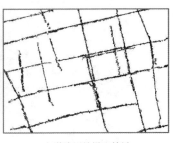

a) 北京城区 400×300 的　　　　b) 分块检测的结果　　　　　　c) 道路网的提取结果
15m 分辨率遥感影像

图 9-12　北京城区 400×300 的 15m 分辨率遥感图像分块检测结果

以上讨论的道路目标提取方法,利用的是目标的统计特征,该过程不需要人工干预,是一种自动检测过程,而且不管目标相对于背景的明暗程度如何,只要目标呈现明显的线状特征,该算法都不需要任何改动。遥感图像道路目标提取是遥感图像处理的重要内容,目前有很多有关这方面的文章发表,而且也取得了很大的成就,感兴趣的读者可以参考相关文献。

9.2.3　DSP 组成的目标检测与识别系统

数字信号处理器(Digital Signal Processor,DSP)是一种专门进行数字信号处理运算的微处理器,是建立在数字信号处理的各种理论和算法基础上,专门完成各种实时数字信息处理运算的。DSP 内部采用程序和数据分开的哈佛结构,具有专门的硬件乘法器,广泛采用流水线操作,提供特殊的 DSP 指令,可以用来快速地实现各种数字信号处理算法,它能够每秒钟处理千万条复杂的指令程序,其处理速度比以往最快的微处理器还快数十倍。近年,许多大公司都为用户提供针对不同应用背景的整套 DSP 解决方案。美国的 TI 公司为全球几万个计算机、通信、消费类、汽车、军用及工业应用提供创新的 DSP 方案。TI 的 DSP 解决方案是以 DSP 为核心,配以先进的混合信号存储器、ASIC 电路、软件及开发工具组成一套完整的解决方案,能够广泛应用于各个工业领域,主要有如下几项。

1)快速处理:实时控制、机器人视觉、电机控制等。

2)图形图像处理:三维动画、图像传输、图像压缩、电话会议、多媒体、图像识别等。

3)语音处理:语音压缩编码、语音识别、语音信箱等。

4)仪器仪表:医疗、数字滤波、谱分析等。

5)通信:Modem、程控交换机、可视电话、蜂窝站、ATM、移动电话等。

6)民用:数字音响、数字电视、多媒体等。

7)军用:雷达、声呐、通信等。

目前,DSP 芯片的主要供应商有美国的 TI、ADI、AT&T 和 Motorola 公司等,其中,TI 公司占世界 DSP 芯片市场的 50% 以上,在国内被广泛采用。

1. DSP 实现目标检测识别的基本框图

图 9-13 所示为用于目标自动检测与识别的基于 DSP 的图像信号处理器硬件系统总体结构。该系统采用 TMS320C6x + FPGA 架构完成实时图像预处理、目标检测、识别与跟踪及视频合成输出等功能。

2. 图像算法的处理流程

系统中 DSP 主要完成图像预处理、目标检测、目标识别、目标跟踪及视频合成输出功

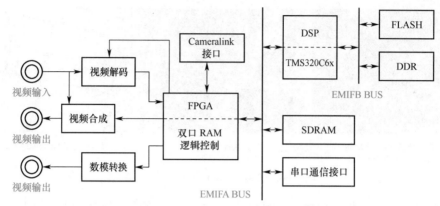

图 9-13　基于 DSP 的图像信号处理器硬件系统总体结构

能，图像处理流程如图 9-14 所示。

图 9-14　图像处理流程

下面简要分析各模块的功能。

（1）图像预处理模块　抑制背景和噪声，对降质图像进行恢复，提高目标的信噪比。

图像在传输和转换过程中，由于图像的传输或转换系统的传递函数对高频成分的衰减作用，加之噪声的影响，造成图像的细节轮廓不清晰。图像预处理的作用：一是补偿图像的轮廓，使图像更清晰；二是抑制噪声和背景，提高目标的信噪比。这里重点介绍采用高通滤波进行的图像预处理，与图像平滑处理相对应，图像高通滤波也分为空间域图像高通滤波和频率域图像高通滤波两大类型。

在该应用中，简要介绍一下针对复杂背景下小目标检测采用的图像增强算法。

对于远距离小目标而言，背景中细节成分较少，在大部分情况下，背景是大面积平缓变化场景，像素之间有强相关性，占据图像频率域的低频分量，而小目标本身信噪比低，占据图像的高频部分。因此利用背景像素之间灰度的相关性及目标灰度与背景灰度的无关性，首先进行图像增强（又称图像锐化）来提高小目标的信噪比。

通过上述图像预处理（高通滤波）后，对图像中灰度相关的背景噪声起到了抑制目的，特别是图像的空间相关性越强，滤波效果越明显。表 9-1 给出了高通滤波前后图像统计特性的变化。从中可以清楚地看出，空间高通滤波算法对图像的不均匀性有明显的均衡作用，提高了图像的信噪比。

表 9-1　高通滤波前后的统计特性

序列 1			序列 2		
类别	图像均值	图像均方差	类别	图像均值	图像均方差
原始图像	107.17	41.02	原始图像	39.56	4.97
高通滤波后的图像	129.10	2.51	高通滤波后的图像	128.11	3.82

（2）目标检测模块　接收在预处理阶段经过抑制噪声和增强处理后的图像序列，从目标和背景的混合图像中将背景和目标初步分离，提取出可能的潜在目标，完成预处理后的图像分割，并根据目标的灰度、大小、运动和方向等特征进行搜索、分类，检测出可能的目标位置。

图像分割的好坏，直接影响到图像匹配的好坏和整个系统性能，因此阈值分割是该系统的关键技术之一。在设计上选取了多种阈值分割（自适应门限）方法，采用软、硬件结构方式，实时性达到系统要求，效果理想。

高通滤波后怎样选择一个合适的门限把小目标和孤立噪声点提取出来是一个关键问题。在该系统中，采用高通滤波后自适应门限进行分割的方法。基于上一步的 $N \times N$ 的高通滤波模板，设 $f(i,j)$ 周围的 $N \times N$ 方阵中灰度值为 $E = \sum\limits_{i-2}^{i+2} \sum\limits_{j-2}^{j+2} f(i,j)$。设高通滤波后该点灰度值变为 $\hat{f}(i,j)$，则

$$f(i,j) = \begin{cases} f(i,j), & \hat{f}(i,j) - \alpha E > 0 \\ 0, & \hat{f}(i,j) - \alpha E \leq 0 \end{cases} \tag{9-2}$$

通过将高通滤波后的目标与它周围的背景作自适应门限比较可以很好地分割出小目标，这样既可以解决单纯的自适应门限算法造成的预选点过多，又可解决采用单纯的高通滤波算法时，目标出现在强噪声下分割不出来的弊病。

（3）目标识别模块　基于目标的特征或运动信息，分析虚假目标特性，从所有可能的目标中剔除假目标，提取出真实的目标；通过计算目标的边缘、形心或通过相关匹配确定目标的坐标位置。

经过上述初步检测、聚合后，图像中除了真、假目标之外，还可能有少量的背景干扰。这时，为了能识别真实目标，先对其进行区域标记。完成标记后，在多帧连续处理过程中，引入"检测前跟踪"及"边跟踪边检测"的思想，对各潜在目标建立置信度目标链，目标链中包含了有关区域的特征。在经过若干帧检测后，对应置信度最高的区域就被确定为目标区域。图 9-15 为目标识别的流程图。

图 9-15　目标识别流程

图 9-15 中几个模块的作用如下。

图像标记：将进行了阈值处理又区域生长后的图像进行特征标记。

建立目标链：对标记过的区域逐一提取特征并建立潜在目标记录。

目标匹配：对各目标链上的潜在目标记录与当前帧的所有区域记录进行匹配、比较，找出特征相近的区域。

目标链刷新：对已存储的目标链，用当前帧匹配上的区域记录代替目标链上老的潜在目标记录，并对新出现的区域建立相应的目标链，删除目标匹配次数很少的目标链。

目标识别：将已知目标特征与目标链中的各潜在目标记录进行比较，找出最相近者。

算法中引入了快速图像目标标记方法和目标数据动态维护技术（目标链），有效地将图像处理和目标识别部分分隔开来，减少了用于中间结果传输的时间开销和对处理器存储空间的要求，从而使系统随时依处理结果进行处理流程自行组织和调整，并易于移植到流水阵列结构的信息处理机上实时处理。这部分应用了图像模式识别的知识。

（4）目标跟踪模块　利用图像帧目标的运动信息（运动的一致性、连续性、方向性），准确预测目标的运动轨迹。

（5）视频合成模块　在调试和设备维护过程中，使用监视器作为显示输出设备。将要显示的原始图像与目标识别及跟踪模块的输出结果送到视频合成部分。由视频合成部分产生

复合同步信号、复合消隐信号、场同步信号、场消隐信号，与要求输出的图像合成标准电视信号输出，供显示器显示。

图 9-16a 为远距离小目标，通过图像预处理(高通滤波)后，目标的信噪比得到增强，但图 9-16b 所示的增强图像中，除了目标还有许多高频噪声和假目标存在，后续通过自适应门限分割和根据目标的特性进行目标识别后，得到图 9-16c 所示的检出目标。

a) 原目标图像　　　　　　　b) 预处理增强后的图像　　　　　　c) 检测出的目标

图 9-16　目标自动检测识别示意图

3. 算法中的关键技术

在整个目标检测识别系统中，应用的图像处理技术有如下几项。

1) 如何从噪声背景和干扰中将小目标提取出来，是进行后续目标检测、识别的关键，这里我们用到了图像增强技术中的图像锐化，采用空间域高通滤波将小目标进行增强，提高它的信噪比。

2) 怎样选择一个合适的门限把增强后的目标从复杂背景中提取出来是整个算法中的又一个关键问题，这里我们针对具体情况采用了图像处理中的自适应门限分割技术。

3) 将可能的目标分割出来后，应用数字图像处理技术中的图像特征对目标进行匹配、识别，通过多帧检测，识别出真正的目标。

9.2.4　立体视觉系统

人类视觉系统能够融合两只眼睛获得的图像视差，进而能够获得明显的深度感。模仿人类视觉的系统称为立体视觉系统，立体视觉系统包括两个过程：融合两个(或多个)成像系统观察到的特征；重建这些特征对应的三维原像。立体感知算法在机器视觉导航、地图生成、航空勘测和近距离定位测量等领域都有很好的应用价值。

1. 机器视觉导航

针对现在社会普遍存在的安全驾驶问题，机器视觉导航技术的应用显得尤为重要，半自动驾驶技术或无人驾驶技术正在慢慢从技术研究走向市场应用，这必将成为迈向全自动、零事故驾驶的里程碑。在航空航天领域，从 1970 年苏联第一辆月球探测车成功登陆月球开始，月球车的研究就一直方兴未艾，到 2013 年，"嫦娥三号"搭载我国的月球车开展探月之旅。美国在近些年的火星探测计划中，也通过火星探测器完成了火星表面影像和岩石标本等的采集。无人驾驶汽车、月球车和火星探测器都成功应用了立体视觉领域的机器视觉导航技术，如图 9-17 所示。

由火星科学实验室研制的"好奇号"火星探测车，任务总耗资达 25 亿美元，主照相机由马林空间科学系统公司提供，具有彩色照片拍摄功能，同时可以拍摄高清晰度视频。主相机共四台(CCD 感应器)，分辨率为 1600×1200 像素，使用贝尔 RGB 的滤镜提供真彩色成

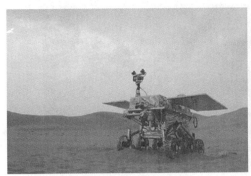

a) 我国月球车在沙漠训练

b) 美国"好奇号"火星探测器

图 9-17　月球车和火星探测器示意图

像功能，使用多组滤镜提供科学研究的多谱成像功能，使用两个独立的镜头提供立体成像功能，提供高清晰度视频压缩功能（720P）。装在桅杆上的相机有两个：一个中段定焦、一个望远定焦。第三个微距镜相机装在机械手臂上，用来近距离拍摄岩石，而第四个则装在"好奇号"的底下，负责在降落过程中持续拍摄下方的地形，在整个过程中最多可以拍到

4000 张相片，作为之后在火星上漫游时的参考。主照相机以 10 帧/s 的速度采集并压缩成 MPEG－2 视频流，不需要探测器的主计算机进行协助，视频大小由相机内部缓冲区大小决定。图 9-18 所示为"好奇号"携带的相机所拍摄的首张火星表面图像。

图 9-18　"好奇号"拍摄的首张火星表面图像

对于机器而言，摄像机系统相当于人的眼睛，软件处理系统相当于人的大脑，通过摄像机去采集图像，通过算法处理和分析，最终对环境做出判断。一个完整的视觉导航系统应能够完成两个基本的功能：一是准确地判断自身的位置；二是对于目标位置，合理规划出可行路线，检测道路和避开障碍物。在本节，我们主要介绍一下道路和障碍物的检测方法。

图 9-19 为道路检测处理流程，主要是通过检测路面的边界来实现路面定位，但这仅限于比较理想的情况。考虑到光照、阴影等复杂环境因素的影响，近年来，有人提出了通过像素的分类来实现整个路面定位检测的方法，如图 9-20 所示。

如果摄像机能够和人眼一样获取环境的深度信息，那么对环境中障碍物的定位自然不成问题，因为视差图的边缘正是物体的边缘，如图 9-21 所示。图 9-21c 中，不同灰度范围表示不同的物体，灰度的深

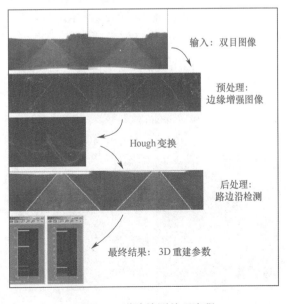

输入：双目图像

预处理：
边缘增强图像

Hough 变换

后处理：
路边沿检测

最终结果：3D 重建参数

图 9-19　道路检测处理流程

图 9-20　路面像素分类结果

浅代表物体在三维空间的深度，灰度值越大说明物体离摄像机越远。从图中可以看出，目前的算法还不能精确地估算整个空间的深度信息，同时立体匹配算法的海量运算限制了实时应用。

a) 左图像　　　　　　　　　　b) 右图像　　　　　　　　　c) 计算机差

图 9-21　立体匹配算法

2. 利用立体视觉原理进行地图绘制

在城市规划和勘测中，希望能够利用不同角度的航拍图像，重建出城市建筑的三维模型。城市建筑基本都是立方体，相对野外地形勘测和建模来说相对简单。基本的流程如图 9-22 所示。图 9-23 为图像的轮廓匹配结果，图 9-24 是在轮廓匹配基础上进行边缘精细匹配的结果，最后得到图 9-25 所示的带纹理的重建三维建筑图像。图 9-26 是结合 GIS（地理信息系统）进行的三维建筑重建图像。

图 9-22　地图绘制算法流程

 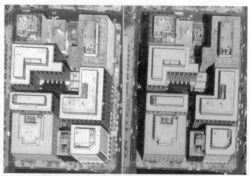

图 9-23　轮廓匹配结果　　　　　　　　图 9-24　边缘精细匹配结果

图 9-25 带纹理的重建三维建筑图像

图 9-26 结合 GIS 进行的三维建筑重建图像

9.2.5 影视制作领域的增强现实技术

增强现实（Augmented Reality，AR）技术，也称为混合现实技术，融合了图像处理、计算机视觉和计算机图形技术等诸多前沿技术，能够将真实场景、角色动作与通过计算机建模制作的虚拟场景相结合，在同一空间里通过叠加虚实图像，更丰富、更形象地呈现画面效果。增强现实是近年来最热门的研究领域之一，其应用领域极其广泛，如医学手术的精确定位、飞行员的模拟飞行训练、古迹复原、旅游景点展示以及娱乐、艺术领域等。本节针对增强现实技术在影视行业的应用进行简要地介绍。

近年来，3D 立体电影成为电影行业的热点，电影中宏大的场面和角色炫酷的动作令人叹为观止。立体电影中的立体效果得益于 9.2.4 小节介绍的立体视觉技术的发展，而电影中角色身处风暴、坍塌的楼房之中的效果的完美呈现，则可以看作是增强现实技术的一种应用，在影视制作领域的应用称之为特效合成技术。虚拟演播室是图像处理和计算机视觉技术在影视行业的另一成功应用，也是近年来在电视节目制作中最常用的技术。通过虚拟演播室，演播员能够出现在虚拟布景之内，使其能更形象、直观地介绍和表达节目内容，或为节目增加更具吸引力的计算机特效，从而达到虚实场景合成的目的。

1. 系统组成

电影特效制作和虚拟演播室系统的组成相似，基本框架如图 9-27 所示。

系统各个部分的功能介绍如下。

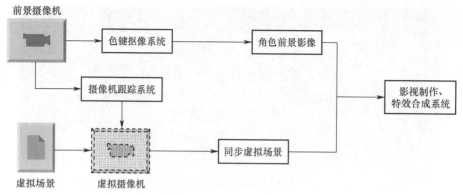

图 9-27 影视制作及特效合成系统基础框架

1）色键抠像系统：用于去除背景，获得角色表演部分的影像。

2）摄像机跟踪系统：这是决定前后景影像融合效果的关键部分，对真实摄像机参数的精确跟踪，决定了虚实场景几何透视关系的一致性。

3）影视制作、特效合成系统：在获得前后景影像之后，如何使虚实场景影像有效地融合而不留下合成的迹象是非常关键的，这部分工作由影视合成系统完成。

2. 算法基本的处理步骤

1）真人角色表演在摄影棚中拍摄完成，背景一般设为蓝色或绿色，即我们常说的蓝箱或绿箱。

2）通过色键抠像技术实现角色和背景的分离，得到角色前景影像。

3）通过计算机制作虚拟场景，虚拟场景的制作包括建模、渲染、纹理映射等。图 9-28 所示为一个简单的场景制作实例。

4）虚拟场景和角色表演的有效融合，必须依赖于真实场景拍摄时摄像机参数的精确获取，再通过在虚拟的三维场景中不断调整虚拟摄像机参数，达到虚实影像时间和角度同步的效果。

5）将同步的虚实影像进行帧处理，即融合和渲染，最终获得融合后的影像。

a) 场景建模   b) 场景元素编辑修改   c) 纹理映射、渲染

图 9-28 虚拟场景制作实例

通过摄像机跟踪技术获取真实摄像机数据，并传递给计算机设定的虚拟摄像机，虚拟背景的二维成像画面是根据真实摄像机拍摄时的镜头参数计算得到的，因而和演员或演播员的三维透视关系完全一致。最初的特效制作或虚实场景合成是采用静止图片或视频作为背景的，不具备调整背景摄像机参数的能力，因此，计算机视觉技术在影视领域的应用，避免了虚实场景结合时不真实、不自然的感觉。虚拟演播室在体育赛事的直播、节目的辅助解说和特效等方面有着广泛的应用价值，我们通常在电视中看到的二维字幕、游泳比赛时泳道水面上的运动员国别介绍等都是通过虚拟演播室来实现的，当然这只是其中一小部分简单的功能而已。

　　图 9-29 是美国演员 Iman Crosson 示范的虚拟演播室实例，图 9-30 为以色列 ORAD 虚拟演播室系统。

图 9-29　美国演员 Iman Crosson 示范的虚拟演播室实例

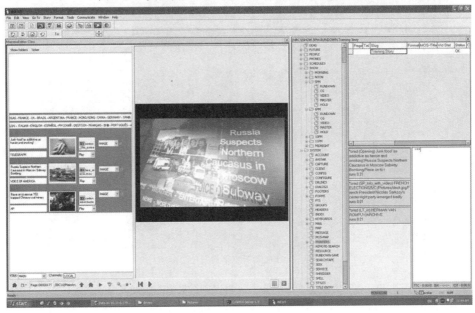

图 9-30　以色列 ORAD 虚拟演播室系统

9.2.6　行人再识别技术

　　行人再识别（Person re-Identification，re-ID）技术起源于多摄像头追踪，用于判断非重叠视域中拍摄到的不同图像中的行人是否属于同一个人。行人再识别技术涉及数字图像处理、计算机视觉、模式识别等多个学科领域，广泛应用于智能视频监控、安防、刑侦等领域，如图 9-31、图 9-32 所示。近年来，行人再识别技术引起了学术界和工业界的广泛关注，已经成为一个热点问题。

　　行人再识别的典型流程如图 9-33 所示。对于摄像头 A 和 B 采集的图像或视频，首先进行行人检测，得到行人图像。然后，针对行人图像提取稳定、鲁棒的特征，获得能够描述和区分不同行人的特征表达向量。最后根据特征表达向量进行相似性度量，按照相似性大小对图像进行排序，相似度最高的图像将作为最终的识别结果。

　　行人再识别包括两个核心部分：特征提取与表达，从行人外观出发，提取鲁棒性强且具有较强区分性的特征表示向量，来有效表达行人图像的特性；相似性度量，通过特征向量之间的相似度比对，来判断行人的相似性。特征是整个行人再识别的基础，特征的好坏会直接

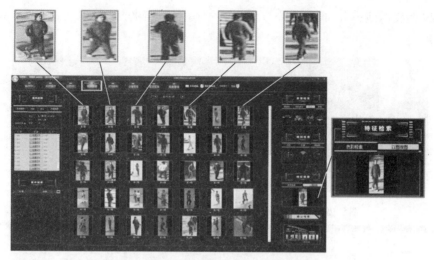

图 9-31 行人再识别技术用于对嫌疑人的侦查

图 9-32 根据多摄像头中对嫌疑人再识别结果追踪嫌疑人逃跑路线

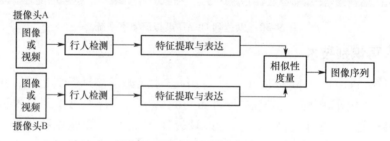

图 9-33 行人再识别典型流程

影响到最终的识别性能，而合理的相似性度量方法将会进一步提高识别准确率。根据行人再识别所采用的数据源，可将其分为基于图像与基于视频的行人再识别。

1. 特征提取与表达

总的来说，行人再识别采用的特征可分为三类：低层视觉特征、中层滤波器特征和高层属性特征。另外，在基于视频的行人再识别中，则不仅提取空间特征，还会提取时间特征来反映视频的运动信息。接下来对上述几种特征的特点进行介绍。

（1）低层视觉特征　低层视觉特征是指颜色、纹理等基本的图像视觉特征。低层视觉特征以及它们的组合是行人再识别中常用的特征。多个低层视觉特征组合起来比单个特征含有更加丰富的信息，具有更好的区分能力，因此常将低层视觉特征组合起来用于行人再识别。

行人外观具有丰富的颜色信息，颜色是行人再识别中最常用的低层视觉特征之一。其中颜色直方图、颜色矩、颜色相关图、颜色聚合向量等是几种常用的颜色特征。同时行人衣着常包含有纹理信息，且对光照具有鲁棒性，因此很多应用将颜色和纹理特征组合起来使用。

颜色和纹理特征能够提供行人图像的全局信息，但是缺乏空间信息。因此很多行人再识别方法在颜色和纹理特征中加入空间区域信息。行人图像被分成多个重叠或非重叠的局部图像块，然后分别从中提取特征，为行人特征增加空间区域信息，如图9-34所示。表9-2 对行人再识别常用的几种典型图像分割方法进行了归纳和总结。

a) 上下半身分割法　　b) 条纹分割法　　c) 滑动窗分割法　　d) 三角形分割法

图 9-34　行人图像分割方法

表 9-2　典型行人图像分割方法

分割方法	主 要 思 想
上下半身分割法	提取行人的前景图像并将行人分成头部、躯干和腿部 3 个部分。对后两个部分计算垂直对称轴。提取的特征会根据与垂直对称轴的距离进行加权，从而减少行人姿态变化对识别的影响
条纹分割法	分成 6 个水平条，分别对应于行人头部、水平躯干的上下部分、腿部的上下部分。然后提取水平条内的 ELF 特征，减少了视角变化对识别的影响
滑动窗分割法	利用滑动窗来描述行人图像的局部细节信息，在每个滑动窗内提取颜色和纹理特征
三角形分割法	利用局部运动特征对行人图像进行三角形时空分割

图像分割方法可以利用行人身体子块位置的先验知识。采用这种方法实现的识别过程相对简单。低层特征的提取不需要训练过程，可解释性较强。然而表达能力较弱，面对复杂的识别环境其泛化能力有限，无法针对具体的行人再识别应用进行优化。

（2）中层滤波器特征　中层滤波器特征是指从行人图像中具有较强区分能力的图像块组合中提取出的特征。滤波器是对行人特殊视觉模式的反映，而这些视觉模式对应着不同的身体部位，可以有效表达行人特有的身体结构信息。

中层滤波器特征通常利用聚类算法，从行人图像中学习出一系列有表达能力的滤波器。每一个滤波器都代表着一种与身体特定部位相关的视觉模式，也被称为显著区域（Salient Region）。如果在同一行人的多幅图像中存在着由若干小的图像块组成的显著区域，如红色的提包（虚线框为显著区域检测结果），会有助于人们做出判断，如图9-35 所示。

人体由各个身体部位组成，具有良好的结构特性，使用与人体部位对应的滤波器特征能够平衡行人描述符的区分能力和泛化能力。低层和中层特征结合起来使用能够充分发挥

图 9-35　行人显著区域示意图

各自的优势，在一定程度上克服行人再识别中的光照和视角变化问题。但由于人体是非刚性目标，外观易受到姿态、遮挡等各种因素的影响，仅利用低层和中层特征会导致识别精度不高，还需要利用其他更高层的特征。

（3）高层属性特征　高层属性特征是指服装样式、性别、发型、随身物品、衣着类型等人类属性，属于软生物特征，如图9-36所示。人类在辨识行人时常会使用此类离散而精确的特有属性，相比于低层和中层特征，它拥有更强的区分能力。

图9-36　高层属性特征示例

行人图像对应的属性特征通常采用离散的二进制向量表示形式，比如对于图9-35中的行人，假设定义3个属性：是否男性、是否长发、是否携带背包，则对应的属性特征向量为［1 0 1］。与其他特征相比，高层属性特征含有更加丰富的语义信息，且对于光照、视角变化具有更强的鲁棒性。

属性特征可以对行人图像进行语义层面的解释，能够有效缩小低层视觉特征与高层语义特征之间的"语义鸿沟"。通常情况下，与低层特征相比，在再识别过程中使用高层属性特征，识别能力可以有明显的提升。

（4）视频时空特征　虽然行人再识别技术最初提出的目的是用于视频追踪，但受限于有限的计算和存储能力，大多数行人再识别方法是基于静止图像的，依据各个摄像头下仅拍摄一张或少数几张行人图像。然而，静止图像中包含的信息十分有限，导致再识别的准确性难以尽如人意。近年来，许多行人再识别技术开始利用视频进行行人再识别。相对于静止图像，视频中包含更加丰富的时空信息，充分利用视频中的时空特征，可以获得更优的识别性能。

处理视频最常用的方法是提取每一帧的低层特征，然后利用平均/最大池化方法将其聚合为一个全局特征向量，用以反映行人的外观信息。与图像相比，视频序列中的帧与帧之间不仅存在空间依赖关系，也存在时间次序关系，合理利用视频的时间特征能够反映行人的运动特性，提高识别准确率。

时空特征反映了视频中的运动信息，是行人外观特征的有效补充。然而，时空特征易受视角、尺度和速度等因素的影响，在人数众多的行人识别应用上表现得差强人意。这是由于行人数量的大幅增加，行人之间的运动相似性也随之增加，这使得时空特征的区分能力大幅下降。同时，人数众多的行人再识别应用中摄像头数量多，使得同一行人的姿态差异增大，运动差异愈加明显，这些都限制了时空特征在行人识别中的作用。

2. 相似性度量

行人再识别利用特征之间的相似性来判断行人图像的相似性，特征相似的行人图像将被看作是同一个人，选择合适的相似性度量方法对行人再识别至关重要。根据度量过程中是否使用标签，相似性度量可以分为无监督度量和监督度量。

（1）无监督度量　无监督度量直接利用特征表达阶段获得的特征向量进行相似性度量。特征向量之间的相似性往往通过特征向量之间的距离来进行度量，而特征向量之间的距离越小，则说明行人图像越相似。欧式距离与巴氏距离是较为常用的两种相似性度量方法。假设 x, y 分别代表两个摄像头下的行人图像特征向量，则对应的欧式距离为

$$d(x_i, y_i) = \sqrt{\sum_{i=1}^{n} (x_i - y_i)^2} \qquad i = 1, 2, \cdots, n \tag{9-3}$$

巴氏距离经常在分类任务中用于测量类之间的可分离性，其计算公式如下：

$$D_B(x, y) = -\ln[BC(x, y)] \tag{9-4}$$

其中 $BC(x, y) = \sum \sqrt{x_i y_i}$ 代表巴氏系数。在行人再识别技术中，典型的做法是：首先提取加权颜色直方图、稳定颜色区域以及高重复结构颜色块 3 种行人特征，其次再采用巴氏距离度量前两种特征，采用欧式距离度量最后一种特征，3 种距离的加权和作为最终的特征距离。

（2）监督度量　距离度量学习是基于成对约束的监督度量方法，其基本思路是利用给定的训练样本集学习得到一个能够有效反映数据样本间相似度的度量矩阵，在减少同类样本之间距离的同时，增大非同类样本之间的距离。当特征向量提供的信息足够充足时，距离度量能够获得比非监督方式更高的区分能力。

距离度量学习最常见的是基于马氏距离的度量：给定一个 $\mathscr{R}^d$ 空间上的 n 个特征向量 x_1, x_2, $\cdots$, x_n，找到一个半正定矩阵 $M \in \mathscr{R}^{d \times d}$，则向量对 (x_i, x_j) 之间的马氏距离计算公式如下：

$$d_M(x_i, x_j) = \sqrt{(x_i - x_j)^T M(x_i - x_j)} \tag{9-5}$$

式（9-5）可以转化为凸优化问题进行求解。对于每张行人图像，选择同一行人样本和不同行人样本组成三元组，在训练过程通过最小化不同类样本距离与同类样本距离的和，得到满足相对约束的马氏距离度量矩阵。其他经典的度量学习方法还有大间隔最近邻（Large Margin Nearest Neighbor，LMNN）、基于信息论的度量学习（Information Theoretic Metric Learning，ITML）和基于逻辑判别的度量学习（Logistic Discriminant Metric Learning，LDML）等。

（3）基于视频的距离度量　在基于视频的行人再识别方法中，大多沿用基于马氏距离的度量方法。比如顶推距离学习模型（top-push distance learning model）是专门为基于视频的行人再识别设计的度量方法，通过对样本之间最大的干扰项施以较大的惩罚来快速有效地增大类间差异。顶推距离学习比较的不是正样本对与所有相关的负样本对之间的距离，而是正样本对与所有相关负样本对的最小距离。

与顶推距离学习模型采用马氏距离矩阵不同，SRID（Sparse Re-ID）方法利用字典学习来进行相似性度量，通过求解共同嵌入空间上的块稀疏恢复问题来确定行人类别。类似地，DVDL（Discriminative Dictionary Learning）方法利用与 SRID 方法相同的特征，学习出一个矩阵以及对应的稀疏编码，通过优化稀疏编码的欧式距离来提升字典的区分能力。

附 录

附录 A　数字图像处理实验

目的：实际编程操作是学习数字图像处理技术的重要环节。通过实验方案设计与编程实现，深入理解和掌握图像处理的基本技术，提高动手实践能力。

环境：MATLAB、VC + +、Python 任选其一。

实验一　数字图像处理的基本操作

本实验内容不限于 MATLAB 环境，仅以 MATLAB 环境为例描述实验内容。

1. 实验目的

1）熟悉 MATLAB 的基本操作、熟悉 OpenCV 的安装与配置、熟悉 Python 的基本操作。

2）了解 MATLAB 的图像处理工具箱、了解 OpenCV 函数手册、了解 Python 图像处理类库。

3）能够在 MATLAB、OpenCV 或 Python 环境中完成图像的读取、显示、保存等基本功能；能够对一幅图像的灰度值、分辨率进行简单的操作；能够获得一幅图像的连通域。

2. 实验原理

1）在计算机中，图像以矩阵或数组的形式表示，对图像数据的处理就是对矩阵和数组中元素的操作。

2）使用编程语言读取、显示、保存图像，以 MATLAB 的图像处理工具箱为例。

① 调用 imread 函数将一个图像文件读取至一个矩阵或数组。

② 调用 imwrite 函数将一个矩阵或数组写成一个图像文件。

③ 调用 imshow 函数显示图像。

④ 调用 size 函数获取图像的分辨率；调用 imresize 函数对图像进行放大与缩小处理；调用 imcrop 函数获得整幅图像的一个裁剪区域。

⑤ 调用 im2bw 函数对输入图像进行二值化处理；调用 bwlabel 函数获取二值图的连通区。

3. 实验内容

1）完成对矩阵及其元素数值的操作，写成一幅图像并进行显示、保存。

2）调用函数获得图像的基本信息，对整幅图像进行放大缩小、坐标裁切、简单颜色或灰度的调整。

3）对一幅字母图像进行二值化处理，在二值图中将字母以白色、背景为黑色进行显示。

4）调用函数对一幅图像进行二值化处理，获得图像的连通域。

4. 实验步骤

具体使用环境不限，以 MATLAB 环境为例。

1）建立一个 256×256 像素的 uint8 型矩阵，使用 for 循环语句，生成一张由黑到白（0~255）水平渐变和垂直渐变的图像，并用 imshow 显示、用 imwrite 保存成一幅图像。

2）建立一个 256×256×3 的 double 型矩阵，使用 for 循环语句，生成一张由红（255，0，0）、绿（0，255，0）、蓝（0，0，255）三色彩条组成的图像，并用 imshow 显示、用 imwrite 保存成一幅图像。

3）编写程序，输入彩色 Lenna 图像（图 A-1），取 R、G、B 各分量平均值，转换为 8 位灰度图像并输出。再将上一步骤的灰度图像反色处理并显示，将彩色图像 R、G、B 三通道分别反色处理并显示。

4）调用 imresize 函数，实现 Lenna 图像的 1.5 倍放大和 0.5 倍缩小并显示。使用 size 函数打印图像长宽信息。

5）调用 imcrop 和 imresize 函数，设置坐标裁切一块图像区域，分别截取 Lenna 图像的眼睛、嘴巴的正方形区域，缩放到统一的 128×128 像素并显示。

6）编写程序，将图 A-2 所示的 RGB 图像转换为二值图像输出。尝试设置合适的阈值或组合阈值，用白色标记图中的字母，黑色为背景，并显示在一个窗口中。

图 A-1　输入的彩色 Lenna 图像

a) 输入彩色图像　　　　　　　　　　b) 理想二值图像

图 A-2　尝试调整阈值获得理想的二值图像

7）输入图 A-3 所示的灰度图像，调用 im2bw 函数对输入图像进行二值化处理，然后再调用 bwlabel 函数获取二值图的连通域，并将输入图像、二值图像、连通域图像显示在一个窗口中。

实验二　图像的傅里叶变换与逆变换

本实验内容不限于 MATLAB 环境，仅以 MATLAB 环境为例描述实验内容。

1. 实验目的

1）理解傅里叶变换与傅里叶反变换的含义。

2）掌握实现傅里叶变换及反变换编程方法。

3）掌握绘制信号的幅度谱和相位谱的方法。

4）理解傅里叶谱和相角的相关性质。

图 A-3　输入灰度图像进行连通域分析

2. 实验原理

1）一维离散傅里叶变换及反变换；二维离散傅里叶变换及反变换。

2）傅里叶变换的对称性、周期性；傅里叶频谱和相角的定义性质。

3）使用编程语言对一幅图像进行傅里叶变换，进行显示，并观察频谱与相角的特点；再使用编程语言进行傅里叶反变换，得到并显示空间域图像。以 MATLAB 的图像处理工具箱为例。

① 调用 fft2 函数将一个数组进行快速傅里叶变换；调用 ifft2 函数进行傅里叶反变换。

② 调用 fftshift 函数将变换的原点移动至频谱图的中心；调用 ifftshift 函数使得居中的结果反转。

③ 调用 floor 函数向下取整；调用 ceil 函数向上取整。

④ 调用 abs 函数取绝对值；调用 real 函数获得复数的实部；调用 imag 函数得到复数的虚部；调用 angle 函数获得复数的相角，单位是弧度，范围是 $[-\pi, \pi]$。

3. 实验内容

1）实现一维时域连续信号的傅里叶变换，绘制相位谱与幅度谱；实现一维频率域信号的傅里叶反变换，并绘出其时域信号图。

2）通过数字图像的傅里叶变换与反变换，观察图像旋转和平移时，相位谱与幅度谱的变化。

3）分析图像相位谱、幅度谱与信号强度、图像纹理之间的关系。

4. 实验步骤

具体使用环境不限，以 MATLAB 环境为例。

1）编程实现下列连续时间信号的傅里叶变换，并绘出其幅度谱和相位谱。

$$f_1(t) = \frac{\sin 2\pi(t-1)}{\pi(t-1)} \tag{A-1}$$

然后编程实现下列信号的傅里叶反变换，并绘出其时域信号图。

$$F_1(\omega) = \frac{8}{2+j\omega} - \frac{3}{4+j\omega} \tag{A-2}$$

2）编程生成一幅二值图像，建议的图案如图 A-4 所示。然后对其进行傅里叶变换，显示其相位谱及幅度谱。再通过编程，将输入图像中的目标区域分别做平移、旋转 45° 处理，得到新的二值图。再对新的图像进行傅里叶变换，观察新的相位谱与幅度谱的变化，总结其中的规律。

图 A-4 编程生成的二值图像示例

3）输入图 A-5 中第一幅狒狒图像，对其进行傅里叶变换，得到相位谱与幅度谱。仅使用相位谱进行傅里叶反变换，得到空间域图像，再仅使用幅度谱进行傅里叶反变换，得到空间域图像，分别与输入原图比较，分析相位谱与幅度谱表示了图像的哪些信息。然后将狒狒图像的相位谱与二值图像的幅度谱组合，对其进行傅里叶反变换，得到空间域图像；再将狒狒图像的幅度谱与二

a) 狒狒图像　　　　　b) 二值图像

图 A-5 傅里叶幅度谱与相位谱的分析

值图像的相位谱组合，对其进行傅里叶反变换，得到空间域图像。观察实验结果是否可以印证以上的分析。

实验三　灰度变换与直方图均衡

本实验内容不限于 MATLAB 环境，仅以 MATLAB 环境为例描述实验内容。

1. 实验目的

1）理解灰度变换与直方图。

2）掌握图像灰度变换与直方图均衡化的方法。

3）掌握编程实现灰度变换和直方图均衡的方法。

2. 实验原理

1）灰度变换的常用变换函数。使用编程语言对一幅图像进行灰度值变换，以 MATLAB 的图像处理工具箱为例。

① 调用 mat2gray 函数将一幅图像转为 double 类；调用 im2uint8 将函数值限定在 $[0, 255]$ 区间内。

② 调用 imadjust 函数实现图像灰度级的变换；调用 stretchlim 函数自适应选择变换的灰度值区间。

2）直方图均衡的数学模型。使用编程语言对一幅图像进行直方图均衡，以 MATLAB 的图像处理工具箱为例。

① 调用 imhist 函数绘制一幅图像的直方图；调用 bar 函数绘制条形图。

② 调用 imadjust 函数实现图像灰度级的变换；调用 histeq 函数进行直方图均衡和直方图规定化。

3）图像白平衡的灰度世界法处理思想。

3. 实验内容

1）实现一幅图像的灰度线性拉伸，采用幂次变换对图像进行校正。

2）实现一幅图像的直方图绘制、直方图均衡与直方图规定化。

3）实现一幅图像的白平衡。

4. 实验步骤

具体使用环境不限，以 MATLAB 环境为例。

1）通过线性变换增强图 A-6 所示输入图像的对比度。统计输入图像的灰度最小值与最大值，令变换后图像灰度最小值为 0、最大值为 255。计算输出图像并显示，对比线性变换前后的图像的差异。

2）采用幂次变换对图 A-7 所示 3 组图像进行校正，统计校正后图像的全图均值，分别测试 γ 取何值时，可使输出图像的灰度值均值为 128。

3）输入图 A-8 所示图像，绘制其直方图，对其进行直方图均衡。设计一个规定的直方图。对输入图像进行直方图规定化。

4）输入图 A-9 中任意一幅彩色图像，采用灰度世界法对图像进行白平衡处理。灰度世界法（Gray World）是以灰度

图 A-6　对输入图像进行
灰度线性拉伸

图 A-7 对输入图像进行灰度值的幂次变换

世界假设为基础的，该假设认为对于一幅有着大量色彩变化的图像，R、G、B 三个分量的平均值趋于同一个灰度值 K。因此，首先令 $K = (R_{ave} + G_{ave} + B_{ave})/3$，其中 R_{ave}、G_{ave}、B_{ave} 分别表示红、绿、蓝三个通道的灰度平均值。然后，分别计算红、绿、蓝三个通道的灰度增益：$K_r = K/R_{ave}$、$K_g = K/G_{ave}$、$K_b = K/B_{ave}$。最后，对于图像中的每个像素 R、G、B 三个分量，计算调整后的灰度值：$R_{new} = RK_r$、$G_{new} = GK_g$、$B_{new} = BK_b$。完成所有像素的灰度值调整后，得到白平衡后的图像，对结果进行显示并与原输入图像进行比较。分析在什么情况下灰度世界法的处理效果不理想。

图 A-8 对输入图像进行直方图均衡与直方图规定化

图 A-9 对输入图像进行白平衡处理

实验四 图像增强

本实验内容不限于 MATLAB 环境，仅以 MATLAB 环境为例描述实验内容。

1. 实验目的

1）掌握空间域滤波与频率域滤波的原理。

2）掌握编程实现空间域滤波图像噪声去除方法、频率域滤波图像噪声去除方法。

3）掌握编程实现空间域滤波图像增强方法、频率域滤波图像增强方法。

2. 实验原理

1）使用编程语言对一幅图像在空间域滤波，去除噪声。以 MATLAB 的图像处理工具箱为例。

① 调用 imfilter 函数实现线性空间滤波。掌握函数中参数的用法与设置，如采用 corr 完

成相关运算；图像边界扩展可采用的方式有 P、replicate、sysmmetric、circular。

②　调用 fspecial 函数通过设置 type 类型为 gaussian、average，设计高斯滤波器与均值滤波器，实现线性滤波，去除图像噪声。

③　调用 ordfilt2 函数实现排序统计滤波，调用 medfilter2 函数实现中值滤波。

2）使用编程语言对一幅图像在空间域滤波，实现图像增强。以 MATLAB 的图像处理工具箱为例。

①　调用 fspecial 函数通过设置 type 类型为 sobel、prewitt、laplacian，设计一阶或二阶微分算子，实现图像增强。

②　采用二阶微分算子进行图像增强时，系数 c 的符号由模版中心值的正负决定。

3）使用编程语言对一幅图像在频率域滤波，去除噪声，实现图像增强。以 MATLAB 的图像处理工具箱为例。

①　调用 lpfilter 函数通过设置 type 类型为 ideal、bwt、gaussian，设计理想滤波器、巴特沃茨滤波器、高斯滤波器，选择合适滤波器参数，实现图像噪声去除。

②　调用 hpfilter 函数通过设置 type 类型为 ideal、bwt、gaussian，设计理想滤波器、巴特沃茨滤波器、高斯滤波器，选择合适滤波器参数，实现图像锐化。

3. 实验内容

1）编程实现图像空间域的噪声去除与增强。

2）编程实现图像频率域的噪声去除与增强。

4. 实验步骤

具体使用环境不限，以 MATLAB 环境为例。

1）输入图 A-10 所示图像，使用 imnoise 函数为图像添加椒盐噪声，使用空间域均值滤波器，高斯滤波器，最大值、最小值、中值滤波器对图像滤波，通过选择不同的参数设计滤波器，将滤波结果与未添加噪声图像比较，分析滤波器的特点及噪声去除的效果。使用 imnoise 函数为图像添加高斯噪声，重复上述实验过程，分析滤波结果。

2）输入图 A-10 所示图像，使用 imnoise 函数为图像添加高斯噪声，对图像进行傅里叶变换，观察原始图像与添加噪声的频谱差异。使用频率域理想低通滤波器、巴特沃茨低通滤波器、高斯低通滤波器，通过选择不同的参数设计滤波器，将滤波结果与未添加噪声图像比较，分析滤波器的特点及噪声去除的效果。

3）输入图 A-11 所示图像，采用空间域一阶微分 sobel 或 prewitt 算子、二阶微分 laplacian 算子实现对图像的锐化。采用频率域理想高通滤波器、巴特沃茨高通滤波器、高斯高通滤波器实现图像的锐化。比较各种方法锐化图像的特点。

图 A-10　对输入图像添加噪声与滤波处理　　　　　　图 A-11　对输入图像进行锐化处理

实验五 图像复原

本实验内容不限于 MATLAB 环境，仅以 MATLAB 环境为例描述实验内容。

1. 实验目的

1）掌握图像复原的基本原理。

2）了解图像噪声模型，掌握噪声仿真方法，掌握分析图像噪声模型的基本方法。

3）掌握编程实现运动模糊图像复原的基本方法。

2. 实验原理

1）使用编程语言为一幅图像添加各类噪声，并对噪声模型进行分析。以 MATLAB 的图像处理工具箱为例。

① 调用 imnoise2 函数为图像添加符合某种分布的随机噪声。掌握函数中参数的用法与设置，例如采用 uniform 生成均匀分布随机噪声、采用 gaussian 生成高斯分布随机分布噪声、采用 saltpeper 生成椒盐分布随机噪声。

② 调用 imnoise3 函数生成空间正弦噪声，掌握输入变量中噪声模型的设计方法，例如频率域中脉冲位置、正弦信号噪声的幅度与相位。

③ 调用 imhist 函数绘制一幅图像的直方图；调用 fft2 函数将一个数组进行快速傅里叶变换；调用 ifft2 函数进行傅里叶反变换。

2）使用编程语言生成一幅仿真运动模糊图像，并对该图像进行图像复原。以 MATLAB 的图像处理工具箱为例。

① 调用 fspecial 函数仿真图像的运动模糊 PSF；调用 imfilter 函数生成仿真的运动模糊图像；调用 imnoise2 函数为图像叠加噪声信号。

② 调用 deconvwnr 函数实现退化图像的复原，掌握逆滤波、维纳滤波的使用方法。

3. 实验内容

1）编程实现图像中不同噪声模型的添加，通过直方图、频谱图观察噪声的模型。

2）编程设计陷波滤波器，实现周期噪声污染图像的复原。

3）编程仿真一幅运动模糊图像，分别采用逆滤波和维纳滤波对图像进行复原。

4. 实验步骤

具体使用环境不限，以 MATLAB 环境为例。

1）设计并绘制一幅只包含 3 个灰度值为 50、120、200 的简单几何图像并绘制其直方图。使用 imnoise2 函数为图像添加椒盐噪声、高斯噪声、均匀噪声，绘制各自直方图，观察它们与原直方图的差异，讨论从直方图估计图像噪声模型的方法。

2）对图 A-12 所示输入图像添加正弦周期噪声，将原图像与添加噪声图像进行傅里叶变换，观察其频谱图，分析噪声信号所在的位置。设计一个陷波滤波器，在频率域上对图像进行噪声去除，再通过傅里叶反变换得到去除噪声的图像。分析采用不同形式的陷波滤波器对噪声去除效果的影响。

3）设计一个运动模糊的 PSF，将其应用于一幅图像（见图 A-13），生成运动模糊的仿真图像。设计一个噪声信号，将其叠加至上述运动模糊图像。然后分别采用逆滤波、维纳滤波对运动模糊图像进行复原。分析不同的滤波方法使用时需注意的事项及对图像复原效果的影响。

图 A-12 对输入图像添加正弦周期
噪声后设计陷波滤波器滤波

图 A-13 对输入图像进行运动
模糊仿真并实现图像复原

实验六 图像的边缘检测与 Hough 变换

本实验内容不限于 MATLAB 环境，仅以 MATLAB 环境为例描述实验内容。

1. 实验目的

1）掌握图像边缘检测的方法并能够编程实现。

2）掌握基于 Hough 变换的直线与圆检测的原理，并能够编程实现。

2. 实验原理

1）使用编程语言为一幅台阶边缘图像添加随机噪声，分析噪声对边缘提取效果的影响。以 MATLAB 的图像处理工具箱为例。

① 调用 imnoise2 函数为图像添加 gaussian 随机噪声，掌握不同强度噪声添加方法。

② 调用 plot 函数，绘制二维曲线图。

2）使用编程语言对图像中的边缘信号进行提取。以 MATLAB 的图像处理工具箱为例。

① 调用 fspecial 函数，通过设置 type 类型为 sobel、prewitt、laplacian 对图像滤波。

② 调用 edge 函数，实现对图像分别采用 sobel、prewitt、robert、LOG、Canny 方法的边缘检测。

3）使用编程语言检测图像中的线段与圆。以 MATLAB 的图像处理工具箱为例。

① 调用 hough 函数对图像中的边缘点位置进行霍夫变换。

② 调用 houghpeaks 函数实现在 hough 空间中寻找极值点。

③ 调用 houghpeaks 函数完成图像中线段的定位。

3. 实验内容

1）编程实现对一幅台阶边缘图像进行不同强度噪声的添加，通过剖面图，观察一阶微分、二阶微分信号受噪声的影响程度。

2）编程实现一幅图像的边缘检测。

3）编程实现图像中直线段和圆的检测。

4. 实验步骤

具体使用环境不限，以 MATLAB 环境为例。

1）对于图 A-14a 所示的一幅台阶边缘图像，对其添加强度不同的高斯噪声。计算噪声污染后图像的一阶差分与二阶差分。然后绘制原图像、一阶差分图像、二阶差分图像的剖面图，观察并分析噪声对边缘检测算法的影响。

a) 台阶边缘　　　　　　　　　　　　　　b) 屋顶边缘

图 A-14　输入的一幅台阶边缘与屋顶边缘图像

2）检测图像中的边缘。首先，对图 A-15 所示图像进行噪声去除，然后利用 sobel、laplacian 算子对图像进行滤波。对于一阶算子滤波结果，通过自行设计的阈值检测边缘点；对于二阶算子滤波结果，通过自行设计的阈值检测过零点，获得边缘检测结果。然后，调用环境函数，实现 sobel、prewitt、robert、LOG、canny 边缘检测。显示所有边缘检测结果，并分析各种边缘检测算子的特点。

3）设计一个方案，基于 Hough 变换检测图像中的线段，并编程实现。统计每个线段获得支持的边缘点数量。改变 Hough 空间的分辨率，讨论分辨率的变化对线段检测的影响。设计一个方案，编程

图 A-15　对输入图像进行边缘检测

实现基于 Hough 梯度法的圆的检测，并使用图 A-16 所示图像进行验证。

a) 直线段的检测　　　　　　　　　　　　b) 圆的检测

图 A-16　对输入图像进行直线段或圆的检测

实验七　图像的阈值分割

本实验内容不限于 MATLAB 环境，仅以 MATLAB 环境为例描述实验内容。

1. 实验目的

1）掌握阈值分割的基本原理。

2）掌握基于双峰迭代法的阈值分割，并能够编程实现。

3）掌握基于大津法的阈值分割，并能够编程实现。

4）能够综合运用边缘检测、阈值分割、形态学方法完成图像分割任务。

2. 实验原理

1）编程实现基于双峰迭代法的阈值分割，编程实现基于大津法的阈值分割。以 MAT-LAB 的图像处理工具箱为例。

① 调用 mean2 函数计算矩阵的平均值。

② 调用 graythresh 函数计算大津阈值。

③ 调用 imhist 函数，绘制图像直方图，调用 im2bw 函数生成二值图。

2）编程实现一幅较为复杂图像的分割，以 MATLAB 的图像处理工具箱为例。

① 调用 imfilter 函数实现图像的滤波。

② 调用 fspecial 函数实现图像的滤波。

③ 调用 imopen 函数和 imclose 函数实现形态学开运算和闭运算；调用 imerode 函数和 imdilate 函数实现形态学的腐蚀和膨胀。

3. 实验内容

1）编程实现基于双峰法的阈值分割。

2）编程实现基于大津法的阈值分割。

3）编程实现一幅较为复杂图像的目标分割。

4. 实验步骤

具体使用环境不限，以 MATLAB 环境为例。

图 A-17　采用双峰法对输入
图像进阈值分割

1）使用双峰法对图 A-17 所示图像进行阈值分割。记录分割阈值迭代次数与每次迭代的阈值，显示图像的直方图与选择的阈值，用二值图显示图像分割的结果。

2）使用大津法对图 A-18 所示图像进行阈值分割。显示图像的直方图与大津阈值，用二值图显示图像分割结果。分析分割结果存在的问题，尝试使用分块阈值处理的方法解决之前存在的问题。

3）图 A-19 是一幅酵母细胞图像，请综合运用图像处理技术，设计图像分割方案并编程实现，将酵母细胞从背景中分割出来，实现对每个细胞的分割，且各细胞边界不粘连。

图 A-18　采用大津法对输入图像进阈值分割

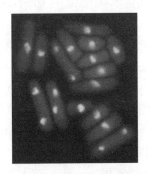

图 A-19　酵母细胞图像

实验八　图像分析与特征提取

本实验内容不限于 MATLAB 环境，仅以 MATLAB 环境为例描述实验内容。

1. 实验目的

1）理解图像矩的概念，掌握利用不变矩分析图像的方法。

2）掌握 Harris 特征提取的方法并能够编程实现。

3）掌握灰度共生矩阵的计算方法，并能够利用灰度共生矩阵分析图像纹理。

2. 实验原理

1）编程实现图像 7 个不变矩的计算，根据以下公式计算 $\varphi_1 \sim \varphi_7$：

$$m_{00} = \sum_x \sum_y f(x, y)$$

$$m_{10} = \sum_x \sum_y x f(x, y) \quad ; \quad m_{01} = \sum_x \sum_y y f(x, y)$$

$$\bar{x} = \frac{m_{10}}{m_{00}}, \quad \bar{y} = \frac{m_{01}}{m_{00}}$$

$$\mu_{jk} = \sum_x \sum_y (x - \bar{x})^j (y - \bar{y})^k f(x, y)$$

$$\eta_{jk} = \frac{\mu_{jk}}{(\mu_{00})^\gamma}, \quad \gamma = \left(\frac{j+k}{2} + 1\right)$$

$$\varphi_1 = \eta_{20} + \eta_{02}$$

$$\varphi_2 = (\eta_{20} - \eta_{02})^2 + 4\eta_{11}^2$$

$$\varphi_3 = (\eta_{30} - 3\eta_{12})^2 + (3\eta_{21} - \eta_{03})^2$$

$$\varphi_4 = (\eta_{30} + \eta_{12})^2 + (\eta_{21} + \eta_{03})^2$$

$$\varphi_5 = (\eta_{30} - 3\eta_{12})(\eta_{30} + \eta_{12})[(\eta_{30} + \eta_{12})^2 - 3(\eta_{21} + \eta_{03})^2] +$$
$$(3\eta_{21} - \eta_{03})(\eta_{21} + \eta_{03})[3(\eta_{30} + \eta_{12})^2 - (\eta_{21} + \eta_{03})^2]$$

$$\varphi_6 = (\eta_{20} - \eta_{02})[(\eta_{30} + \eta_{12})^2 - (\eta_{21} + \eta_{03})^2] +$$
$$4\eta_{11}(\eta_{30} + \eta_{12})(\eta_{21} + \eta_{03})$$

$$\varphi_7 = (3\eta_{21} - \eta_{03})(\eta_{30} + \eta_{12})[(\eta_{30} + \eta_{12})^2 - 3(\eta_{21} + \eta_{03})^2] +$$
$$(3\eta_{12} - \eta_{30})(\eta_{21} + \eta_{03})[3(\eta_{30} + \eta_{12})^2 - (\eta_{21} + \eta_{03})^2]$$

2）编程实现图像中 Harris 角点的特征提取和匹配。以 MATLAB 的图像处理工具箱为例。

① 调用 cornermetric 函数获得图像中每个像素的响应值 R。

② 通过考察响应值矩阵 R 中的元素，判断角点位置。当 $R < T$（预先设定阈值）时，该像素不是角点。选择 3×3 像素或者 5×5 像素的窗口对响应值矩阵进行非极大值抑制。

3）编程实现图像灰度共生矩阵的计算与纹理分析。以 MATLAB 的图像处理工具箱为例。

① 调用 graycomatrix 函数获得图像的灰度共生矩阵，通过设置参数 offset 指定感兴趣像素及其相邻像素的位置关系。

② 通过调用 graycoprops 函数计算灰度共生矩阵的对比度、能量、熵等指标，分析图像纹理特点。

3. 实验内容

1）编程实现图像不变矩的计算。

2）编程实现图像中 Harris 角点检测。

3）编程实现图像灰度共生矩阵的计算和纹理分析。

4. 实验步骤

具体使用环境不限，以 MATLAB 环境为例。

1）编程实现不变矩的计算。对图 A-20 所示图像，进行尺度上的缩小、位置上的平移、水平方向的镜像，逆时针分别旋转 45° 和 90°，生成新的图像，分别计算原图像与新生成图像的不变矩，并用表格统计数值，分析不变矩描述图像特征的鲁棒性。

2）编程实现图 A-21 所示图像中 Harris 角点的提取。获得响应矩阵后，通过设置响应值阈值并进行非极大值抑制，得到满足要求的角点像素，并标记在原图上。然后，改变响应值的阈值与非极大值抑制的窗口大小，观察这些参数的设置对角点的影响，并总结规律。

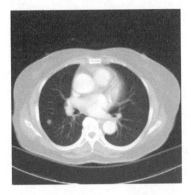

图 A-20　对输入图像进行几何变换并计算不变矩

图 A-21　在图像中检测 Harris 角点

3）编程实现图像灰度共生矩阵的计算。输入图 A-22 所示两幅图像，分别计算角度为 0°、45°、90°、135°，距离为 1 像素的灰度共生矩阵。计算描述灰度共生矩阵的评价指标，如相关、对比度、熵、能量、同质性等。分析指标的数值与纹理分布特点直线的关系。

a) 砖墙图像

b) 花朵图像

图 A-22　计算图像的灰度共生矩阵并分析纹理

附录 B　图像处理领域主要相关国际刊物

IEEE Transaction on Pattern Analysis and Machine Intelligence

International Journal of Computer Vision

Computer Vision and Image Understanding

IEEE Transaction on Image Processing

Pattern Recognition

Pattern Recognition Letters

Machine Vision and Applications

Image and Vision Computing

International Journal of Image and Graphic

Pattern Analysis and Applications

Robotics and Autonomous systems

SIAM Journal on Imaging Sciences

Journal of Mathematical Imaging and Vision

Journal of Electronic Imaging

Autonomous Robotics

Journal of Mathematical Imaging and Vision

IEEE Multimedia Magazine

IEEE Transaction on Acoustics, Speech and Signal Processing

IEEE Transaction on Circuits and Systems for Video Processing

IEEE Transaction on Information Theory

IEEE Transaction on Multimedia

IEEE Transaction on Signal Processing

Journal of Vision Communication and Image Representation

Real-time image processing

附录 C　图像处理领域主要相关国际会议

ACM SIGGRAPH

IEEE International Conference on Computer Vision and Pattern Recognition(CVPR)

IEEE International Conference on Computer Vision(ICCV)

European Conference on Computer Vision(ECCV)

British Machine Vision Conference(BMVC)

Asian Conference on Computer Vision(ACCV)

IEEE International Conference on Robotics and Automation(ICRA)

IEEE International Conference on Pattern Recognition(ICPR)

IEEE International Conference on Image processing(ICIP)

IEEE International Conference on Acoustics, Speech and Signal Processing(ICASSP)

IEEE International Conference on Multimedia Computing and Systems(ICMCS)

International Conference on Image and Graphic(ICIG)

International Conference on Image and Video Retrieval(CIVR)

参 考 文 献

［1］ CASTLEMAN K R. Digital Image Processing ［M］. 北京：清华大学出版社，1998.

［2］ CASTLEMAN K R. 数字图像处理 ［M］. 朱志刚，译. 北京：电子工业出版社，1999.

［3］ GONZALEZ R C，WOODS R E. 数字图像处理 ［M］. 4 版. 阮秋琦，阮宇智，等译. 北京：电子工业出版社，2020.

［4］ 王耀南，李树涛，等. 计算机图像处理与识别技术 ［M］. 北京：高等教育出版社，2001.

［5］ 沈庭芝，方子文. 数字图像处理及模式识别 ［M］. 北京：北京理工大学出版社，1998.

［6］ 夏德深，傅德胜. 现代图像处理技术与应用 ［M］. 南京：东南大学出版社，1997.

［7］ 刘榴娣，刘明奇，党长民. 实用数字图像处理 ［M］. 北京：北京理工大学出版社，2001.

［8］ 朱秀昌. 数字图像处理与图像通信 ［M］. 北京：人民邮电出版社，2002.

［9］ 谷口庆治. 数字图像处理——基础篇 ［M］. 北京：科学出版社，2002.

［10］ 王汇源. 数字图像通信原理与技术 ［M］. 北京：国防工业出版社，2000.

［11］ 陆系群，陈纯. 图像处理原理、技术与算法 ［M］. 杭州：浙江大学出版社，2001.

［12］ 余松煜. 数字图像处理 ［M］. 北京：电子工业出版社，1989.

［13］ 容观澳. 计算机图像处理 ［M］. 北京：清华大学出版社，2000.

［14］ 田捷，沙飞，张新生. 实用图像分析与处理技术 ［M］. 北京：电子工业出版社，1995.

［15］ 孙即祥. 数字图像处理 ［M］. 石家庄：河北教育出版社，1993.

［16］ 沈兰荪. 图像编码与异步传输 ［M］. 北京：人民邮电出版社，1998.

［17］ 钟玉琢，冼伟铨，沈洪. 多媒体技术基础及应用 ［M］. 北京：清华大学出版社，2000.

［18］ 林福宗. 多媒体技术基础 ［M］. 2 版. 北京：清华大学出版社，2002.

［19］ 李朝晖，张弘，等. 数字图像处理及应用 ［M］. 北京：机械工业出版社，2004.

［20］ 龚声蓉，刘纯平，等. 数字图像处理与分析 ［M］. 北京：清华大学出版社，2006.

［21］ 宋丽梅，王红一. 数字图像处理基础及工程应用 ［M］. 北京：机械工业出版社，2017.

［22］ GONZALEZ R C，WOODS R E，EDDINS S L. 数字图像处理：MATLAB 版 ［M］. 2 版. 阮秋琦，译. 北京：电子工业出版社，2020.

［23］ SZELISKI R. 计算机视觉：算法与应用 ［M］. 艾海舟，兴军亮，等译. 北京：清华大学出版社，2012.

［24］ 贾永红. 数字图像处理 ［M］. 4 版. 武汉：武汉大学出版社，2023.

［25］ 章毓晋. 图像处理和分析技术 ［M］. 2 版. 北京：高等教育出版社，2008.

［26］ 夏良正，李久贤. 数字图像处理 ［M］. 2 版. 南京：东南大学出版社，2006.

［27］ 胡学龙. 数字图像处理 ［M］. 4 版. 北京：电子工业出版社，2020.

［28］ ELGENDY M. 深度学习计算机视觉 ［M］. 刘升容，安丹，郭平平，译. 北京：清华大学出版社，2022.

［29］ 洪锦魁，陈昭明. 深度学习全书：公式 + 推导 + 代码 + TensorFlow 全程案例 ［M］. 北京：清华大学出版社，2022.

［30］ DAVIES E R. 计算机视觉：原理、算法、应用及学习 ［M］. 袁春，刘婧，译. 北京：机械工业出版社，2020.

［31］ 普林斯. 计算机视觉：模型、学习和推理 ［M］. 苗启广，刘凯，孔韦韦，等译. 北京：机械工业出版社，2023.

［32］ KRIZHEVSKY A，SUTSKEVER I，HINTON G E. ImageNet classification with deep convolutional neural networks ［J］. Communications of the ACM，2017，60（6）：84-90.

［33］ SIMONYAN K，ZISSERMAN A. Very deep convolutional networks for large-scale image recognition ［C］ //

International Conference on Learning Representations. 2015: 1-14.

[34] HE K, ZHANG X Y, REN S Q, et al. Deep residual learning for image recognition [C] //Proceedings of the IEEE conference on computer vision and pattern recognition. 2016: 770-778.

[35] DOSOVITSKIY A, BEYER L, KOLESNIKOV A, et al. An image is worth 16x16 words: Transformers for image recognition at scale [C] //International Conference on Learning Representations. 2021: 1-35.

[36] LECUN Y, BOTTOU L, BENGIO Y, et al. Gradient-based learning applied to document recognition [J]. Proceedings of the IEEE, 1998, 86 (11): 2278-2324.

[37] CHEN T. Going deeper with convolutional neural network for intelligent transportation [J]. Worcester Polytechnic Institute: Worcester, MA, USA, 2015.

[38] PHAM H, GUAN M Y, ZOPH B, et al. Efficient neural architecture search via parameters sharing [C] //International conference on machine learning. PMLR, 2018, 80: 4095-4104.